벡터해석

황석윤 지음

KM 경문사

머리말

이 책은 일변수 실함수의 미적분 개념을 기반으로 다변수 벡터함수의 미분 및 적분에 관한 개념의 일반화를 다룬다. 다변수 벡터함수의 미분 및 도함수에 관한 개념을 설명하기 위하여 벡터에 관한 기초개념들로 시작하기 때문에 초보단계의 독자들도 이해하기 쉽도록 편성하였다.

내용은 5개의 장으로 구성되어 있으며, 1장에서는 벡터연산 및 응용, 선형변환과 행렬을, 벡터함수의 미분인 2장에서는 다양한 다변수 벡터함수의 미분 및 도함수를, 미분의 응용인 3장에서는 스칼라장 및 벡터장의 미분을, 선적분과 면적분인 4장에서는 스칼라함수 및 벡터장에 대한 적분을, 적분정리인 5장에서는 평면 및 공간에서의 적분정리를 다룬다.

예제 및 연습문제와 그림의 일부분은 참고문헌을 참고하였으나 더 다양한 예제와 응용문제를 많이 수록하지 못한 점이 아쉬움으로 남는다. 그동안 수고를 아끼지 않은 이정연 박사와 정재현 양에게 진심으로 감사를 드린다.

2013년 5월
저자 씀

VECTORS ANALYSIS

차례

제 1 장 벡터공간

제 2 장 벡터함수의 미분

제 3 장 미분의 응용

CONTENTS

제 4 장 선적분과 면적분

제 5 장 적분정리

제1장

벡터공간

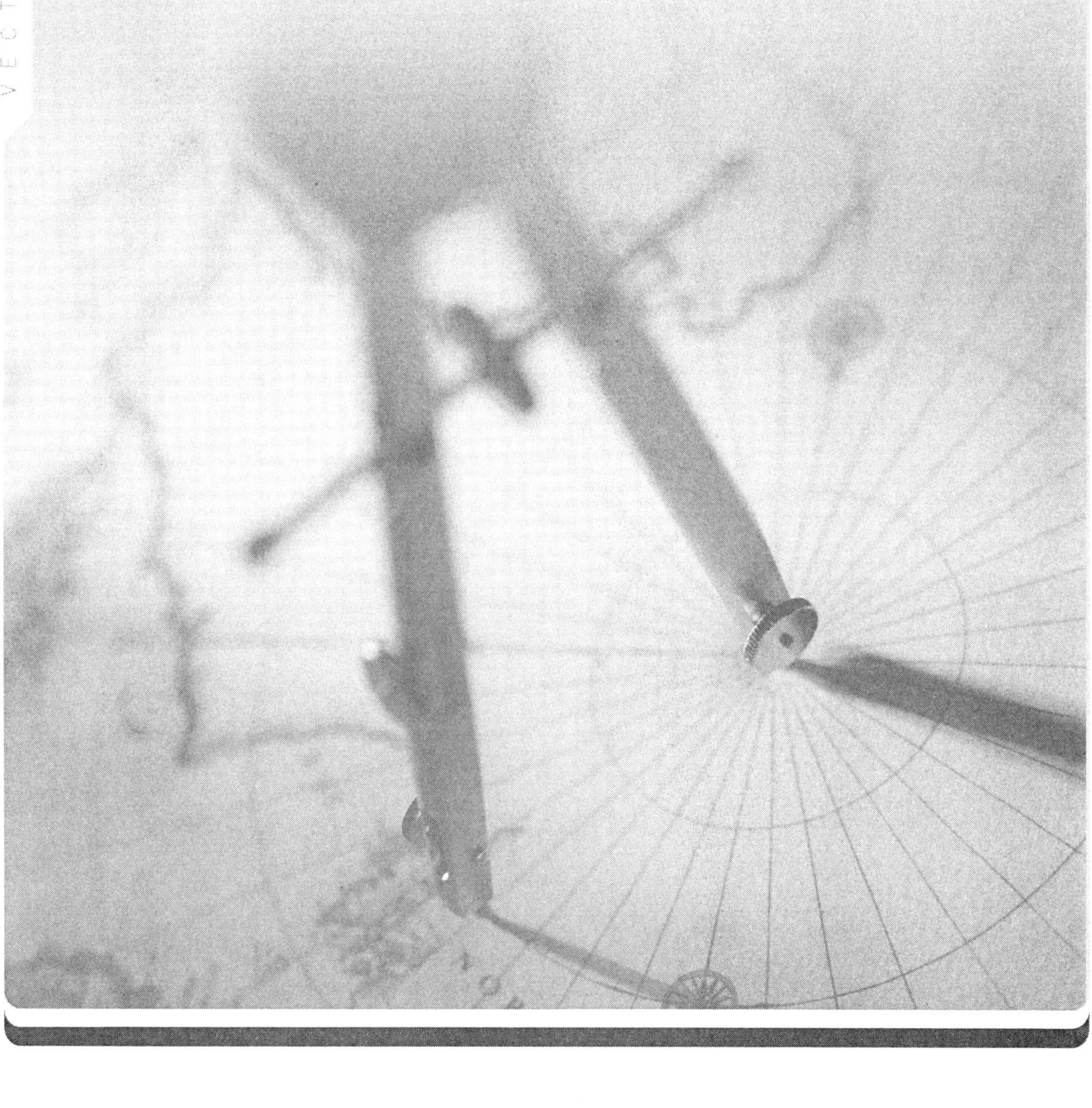

1.1 벡터

길이, 시간, 온도, 질량, 거리 등과 같이 물리적 양을 표현하는 수를 스칼라(scalar)라 한다. 이 절에서는 스칼라를 실수집합($\mathbb{R}$)으로 제한한다. 물리적 양(크기)뿐만 아니라 어떤 특성(방향성)까지 고려한 개념, 즉 크기와 방향을 동시에 갖는 것을 벡터(vector)라 한다. 벡터의 표현은 기하학적 표현과 수표현의 두 가지가 있다.

(1) 벡터의 기하학적 정의 및 연산

정의 1.1 Vector

(1) 시점(initial point) P와 종점(end point) Q를 갖는 유향선분을 벡터라 하고, $\overrightarrow{PQ}$로 나타낸다.

(2) 선분 PQ의 길이를 벡터 $\overrightarrow{PQ}$의 크기라 하고 $\|\overrightarrow{PQ}\|$로 나타낸다. 또한, 크기가 1 인 벡터를 단위벡터(unit vector)라 한다.

(3) 그림 1.1에서와 같이 평행이동에 의하여 일치하는 두 벡터, 즉 크기와 방향이 같은 두 벡터 $\overrightarrow{PQ}$, $\overrightarrow{RS}$를 같은 벡터로 정의하고, $\overrightarrow{PQ} = \overrightarrow{RS}$와 같이 표기한다. 특히, 시점과 종점이 같은 경우, 즉 $\overrightarrow{PP}$도 벡터로 인정하고 이를 영벡터(zero vector)라 하며, $\mathbf{0}$으로 나타낸다.

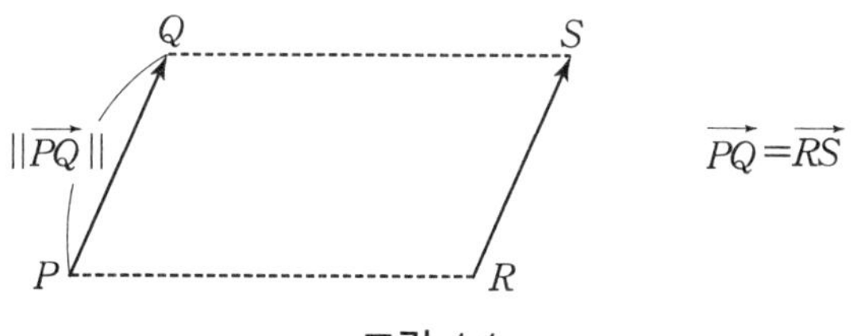

그림 1.1

벡터는 두 점을 잇는 선분에 방향성을 제시한 것이다. 이는 시점에서 종점까지 점이 이동할 수 있는 무수히 많은 방법 가운데 두 점을 잇는 선분을 따라 이동하는 하나의 방법을 나타낸 것이다. 위에서 정의한 것처럼 벡터는 크기와 방향의 두 가지 특성을 나타내는 것이므로, 주어진 벡터의 시점은 모든 점이 될 수 있음에 유의해야 한다.

공간의 점, 벡터 및 스칼라를 구별하기 위하여 다음과 같은 표기방법을 사용하기로 한다.

- 벡터: $\mathbf{a}$, $\mathbf{b}$, $\mathbf{c}$, $\cdots$
- 스칼라: a, b, c, $\cdots$, α, β, γ, $\cdots$
- 공간의 점: P, Q, R, S, $\cdots$

벡터의 기본적인 연산으로 합과 스칼라곱의 두 가지가 있다. 이 두 연산을 기하학적인 의미로 정의해보자.

정의 1.2 Sum of Vectors

두 벡터 $\mathbf{a} = \overrightarrow{PQ}$, $\mathbf{b} = \overrightarrow{RS}$가 주어졌을 때, $\mathbf{b}$와 같은 벡터로서 Q를 시점으로 하는 벡터 $\overrightarrow{QT}$에 의하여 결정되는 벡터 $\overrightarrow{PT}$를 $\mathbf{a}$와 $\mathbf{b}$의 합(sum)이라 하고, $\mathbf{a}+\mathbf{b}$로 표기한다.

그림 1.2에 나타난 것처럼 벡터 $\mathbf{a}+\mathbf{b}$는 $\mathbf{a}$와 $\mathbf{b}$를 이웃 변으로 하는 평행사변형의 대각선 벡터임을 알 수 있다.

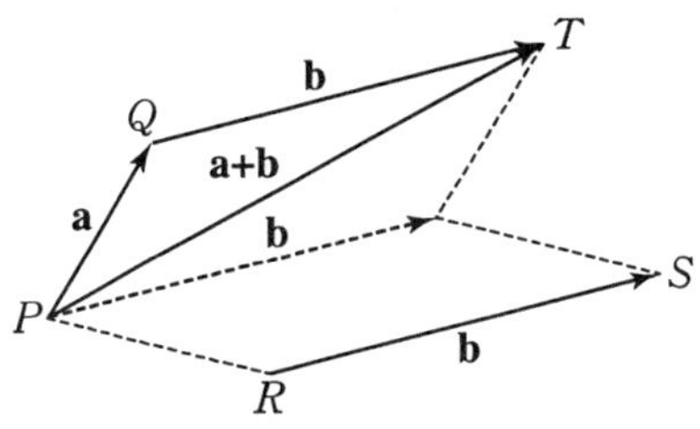

그림 1.2

벡터 $\mathbf{a}$와 크기가 같고, 방향이 반대인 벡터를 $-\mathbf{a}$로 표기한다. 이 표기방법과 벡터의 합을 이용하여 두 벡터 $\mathbf{a}$와 $\mathbf{b}$의 차(difference) $\mathbf{a}-\mathbf{b}$를 다음과 같이 정의한다.

$$\mathbf{a} - \mathbf{b} := \mathbf{a} + (-\mathbf{b})$$

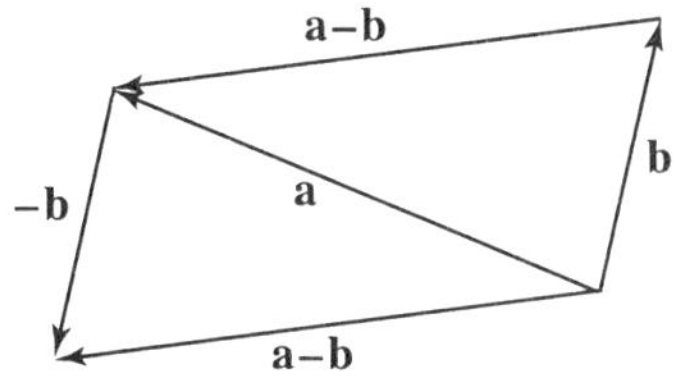

그림 1.3

여기서, 'p := q'는 q를 p로 표기 또는 정의함을 의미한다.

기하학적으로 정의한 벡터의 합은 다음의 성질을 만족한다.

정리 1.1 Addition Property of Vectors

임의의 벡터 $\mathbf{a}$, $\mathbf{b}$, $\mathbf{c}$에 대하여,

(1) $(\mathbf{a}+\mathbf{b})+\mathbf{c} = \mathbf{a}+(\mathbf{b}+\mathbf{c})$

(2) $\mathbf{a}+\mathbf{0}=\mathbf{0}+\mathbf{a}$

(3) $\mathbf{a}+(-\mathbf{a})=\mathbf{0}=(-\mathbf{a})+\mathbf{a}$

(4) $\mathbf{a}+\mathbf{b}=\mathbf{b}+\mathbf{a}$

증명 (1)은 그림 1.4를 통하여 증명할 수 있다.

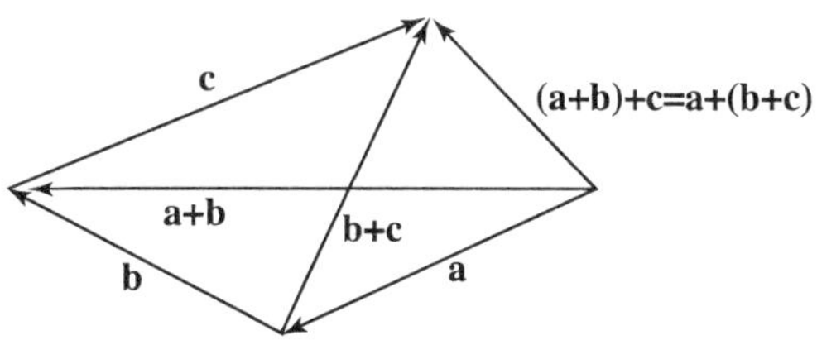

그림 1.4

같은 방법으로 (2), (3), (4)를 증명할 수 있다. □

정의 1.3 Scalar Product of a Vector

임의의 벡터 $\mathbf{a}$와 스칼라 α에 대하여 스칼라곱 $\alpha \cdot \mathbf{a}$를 다음과 같이 정의한다.

$$\alpha \cdot \mathbf{a} := \begin{cases} \text{크기가 } |\alpha|\|\mathbf{a}\| \text{이고 } \mathbf{a}\text{와 같은 방향인 벡터} & : \alpha > 0 \\ \mathbf{0} & : \alpha = 0 \\ \text{크기가 } |\alpha|\|\mathbf{a}\| \text{이고 } \mathbf{a}\text{와 반대방향인 벡터} & : \alpha < 0 \end{cases}$$

앞으로 스칼라곱 연산표기인 '·'는 생략하기로 한다.

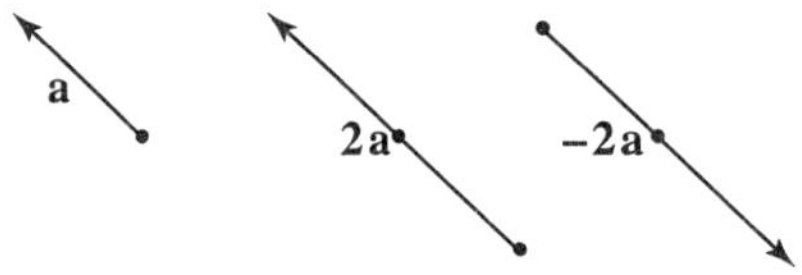

그림 1.5

벡터 $\mathbf{a}$와 크기가 같고 방향이 반대인 벡터 $-\mathbf{a}$는 스칼라곱 $(-1)\mathbf{a}$와 같다. 기하학적으로 정의한 벡터의 합과 스칼라곱 연산은 다음의 성질을 만족한다.

정리 1.2 Scalar Product Property

임의의 벡터 $\mathbf{a}$, $\mathbf{b}$와 스칼라 α, β에 대하여,

(1) $\alpha(\mathbf{a}+\mathbf{b}) = \alpha\mathbf{a} + \alpha\mathbf{b}$

(2) $(\alpha+\beta)\mathbf{a} = \alpha\mathbf{a} + \beta\mathbf{a}$

(3) $(\alpha\beta)\mathbf{a} = \alpha(\beta\mathbf{a})$

(4) $1\mathbf{a} = \mathbf{a}$

증명 (1)은 그림 1.6을 통하여 증명할 수 있다.

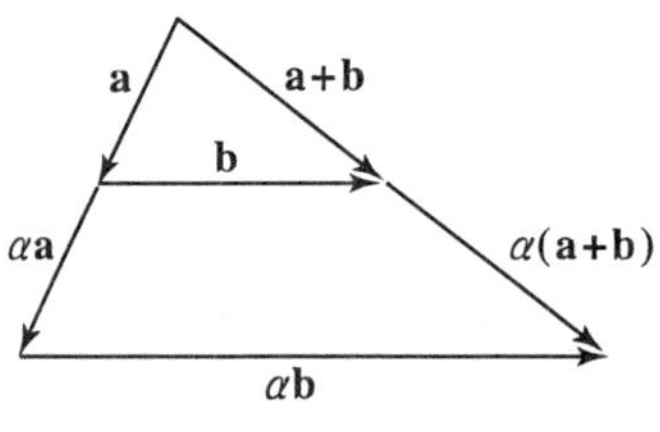

그림 1.6

같은 방법으로 (2), (3), (4)를 증명할 수 있다. □

(2) 벡터의 대수적 정의 및 연산

벡터는 상태변화를 표현하는 것이다. 벡터의 기하학적 표현으로 시점 X와 종점 Y를 가질 때 이 벡터를 $\overrightarrow{XY}$로 나타내었다. 그런데 벡터는 크기와 방향에 의하여 결정되므로, 평행이동에 의한 모든 벡터들은 같은 벡터이다. 따라서 벡터 $\overrightarrow{XY}$와 같은 벡터로서 시점이 원점인 유일한 벡터 $\overrightarrow{OA}$는 항상 존재한다. 이는 벡터를 원점을 기준으로 위치를 결정하는 하나의 점 A로 해석할 수 있다.

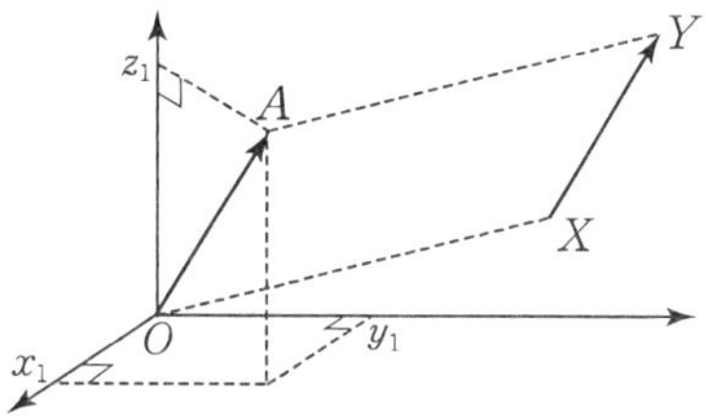

그림 1.7

즉, 벡터 $\overrightarrow{XY}$를 대응하는 점 A로 대신할 수 있다. 따라서 점과 벡터의 관계를 나타내는 위치벡터를 다음과 같이 정의한다.

정의 1.4 Position Vector

시점이 원점이고 종점이 A인 벡터 $\overrightarrow{OA}$를 점 A의 위치벡터라 하고 이 벡터를 $\mathbf{A}$로 표기한다.

벡터의 기하학적 표현은 개념의 이해가 용이하지만 문제해결에 한계를 갖고 있다. 이러한 문제점을 해결하기 위하여 벡터를 수로 표현하고 연산을 도입함으로써 계산을 용이하게 한다. 위치벡터를 이용하여 임의의 벡터를 수표현하는 방법을 생각해보자.

기하학적 표현인 벡터 $\overrightarrow{XY}$를 위치벡터인 한 점 A로 대신할 수 있으므로, 주어진 좌표계에서 벡터 $\overrightarrow{XY}$에 대응하는 점 A의 좌표로 수표현할 수 있다. 즉, 벡터 $\overrightarrow{XY}$에 대응하는 점 A의 좌표가 $(x_1,\ y_1,\ z_1)$이면, 수표현 $[x_1,\ y_1,\ z_1]$을 벡터 $\overrightarrow{XY}$의 좌표벡터라 부른다.

2차원 벡터의 좌표벡터를 좌표평면에서 생각해보자. 점 $X(x_1,\ y_1)$을 시점,

$Y(x_2, y_2)$를 종점으로 하는 벡터 $\overrightarrow{XY}$와 같은 벡터로서 원점 O를 시점으로 하는 벡터를 $\overrightarrow{OA}$라 하면, 종점 A의 좌표는 $(x_2 - x_1, y_2 - y_1)$이다. 따라서 벡터 $\overrightarrow{XY}$의 좌표벡터는 $[x_2 - x_1, y_2 - y_1]$이다.

예를 들어, 시점이 $A(1, 1)$이고 종점이 $B(3, 2)$인 벡터의 상태변화는 x좌표가 2 증가, y좌표가 1 증가하므로 시점이 원점 $O(0, 0)$, 종점이 $C(2, 1)$인 벡터와 같다. 따라서 벡터 $\overrightarrow{AB}$의 좌표벡터는 $[2, 1]$이다.

그리고 좌표벡터가 $[2, -1]$인 벡터는 시점에서 종점까지 x좌표가 2 증가, y좌표가 1 감소하므로 시점을 $B(2, 3)$으로 한다면 종점은 $C(4, 2)$이다.

앞에서 벡터의 기본적인 연산인 합과 스칼라곱을 기하학적 의미로 정의하였다. 이 두 연산을 대수적 의미(수표현)로 정의해보자.

점 $A(1, 2)$, $B(2, 4)$, $C(3, 1)$, $D(5, 2)$에 대하여 벡터 $\overrightarrow{AB}$, $\overrightarrow{BC}$의 기하학적 의미로서의 $\overrightarrow{AB} + \overrightarrow{BC}$는 $\overrightarrow{AC}$이다. $\overrightarrow{AB}$, $\overrightarrow{BC}$, $\overrightarrow{AC}$의 좌표벡터는 각각 $[1, 2]$, $[1, -3]$, $[2, -1]$이므로 $\overrightarrow{AB} + \overrightarrow{BC} = \overrightarrow{AC}$를 좌표벡터로 나타내면

$$[1, 2] + [1, -3] = [2, -1]$$

이다. 또 벡터 $\overrightarrow{AB}$를 두 배로 늘린 벡터는 $2\overrightarrow{AB}$이다. 이 벡터를 좌표벡터로 나타내면

$$2[1, 2] = [2, 4].$$

이와 같이 2차원 좌표벡터에 대한 합과 스칼라곱 연산을 바탕으로 임의의 차원의 벡터에 대한 합과 스칼라곱 연산을 다음과 같이 정의한다.

정의 1.5 Sum and Scalar Product of Vectors

$\mathbb{R}^n = \{[x_1, \cdots, x_n] | x_1, \cdots, x_n \in \mathbb{R}\}$에서의 합(+)과 스칼라곱(·) 연산을 다음과 같이 정의한다.

(1) $[x_1, \cdots, x_n] + [y_1, \cdots, y_n] := [x_1 + y_1, \cdots, x_n + y_n]$

(2) $t \cdot [x_1, \cdots, x_n] := [tx_1, \cdots, tx_n]$, $t \in \mathbb{R}$, $\mathbb{R}$: 실수

이 두 연산이 주어진 집합 $\mathbb{R}^n$을 (n차원) 벡터공간이라 하고, $\mathbb{R}^n$의 각 원소를 (n차원) 벡터라 한다.

주 벡터의 좌표벡터는 시점을 원점으로 하는 벡터의 종점을 좌표로 표현한 것이다. 따라서 좌표벡터는 시점이 주어지지 않는다. 좌표벡터가 $[a,\ b]$ 이고 시점이 X인 벡터를 $[a,\ b]_X$로 표현하기도 한다.

벡터의 스칼라곱의 합에 의한 식을 벡터 $\mathbf{v}_i(i=1,\ \cdots,\ n)$의 일차결합이라 한다.

$$\sum_{i=1}^{n} \alpha_i \mathbf{v}_{\mathrm{i}}\ (\alpha_{\mathrm{i}} \in \mathbb{R}\ )$$

(예) $\mathbf{v}_1=[2,\ 1,\ 3]$, $\mathbf{v}_2=[0,\ 1,\ -1]$, $\mathbf{v}_3=[3,\ -1,\ 1]$에 대하여 벡터 $[5,\ 2,\ 2]$는 $\mathbf{v}_i$들의 일차결합 $\mathbf{v}_1+2\mathbf{v}_2+\mathbf{v}_3$와 같다.

임의의 3차원 벡터 $[a,\ b,\ c]$는 $\mathbf{e}_1=[1,\ 0,\ 0]$, $\mathbf{e}_2=[0,\ 1,\ 0]$, $\mathbf{e}_3=[0,\ 0,\ 1]$의 일차결합으로 나타낼 수 있다. 즉,

$$[a,\ b,\ c]=a\mathbf{e}_1+b\mathbf{e}_2+c\mathbf{e}_3.$$

이와 같은 벡터 $\mathbf{e}_i$를 다음과 같이 정의한다.

정의 1.6 Fundamental Unit Vectors

$\mathbf{e}_1=[1,\ 0,\ \cdots,\ 0]$, $\mathbf{e}_2=[0,\ 1,\ \cdots,\ 0]$, $\cdots$, $\mathbf{e}_n=[0,\ \cdots,\ 0,\ 1]$을 벡터공간 $\mathbb{R}^n$의 기본단위벡터라 한다.

정리 1.3 Linear Combination

$\mathbb{R}^n$의 임의의 벡터는 기본단위벡터 $\mathbf{e}_i$의 일차결합으로 나타낼 수 있다. 즉, $\mathbf{v}=[v_1,\ \cdots,\ v_n]\in\mathbb{R}^n$에 대하여

$$\mathbf{v}=\sum_{i=1}^{n} v_i \mathbf{e}_i$$

(예) 벡터 $\mathbf{v} = [2,\ 3,\ -4]$를 기본단위벡터들의 일차결합으로 표시하면

$$\mathbf{v} = 2\mathbf{e}_1 + 3\mathbf{e}_2 + (-4)\mathbf{e}_3$$

이다.

3차원 벡터공간 $\mathbb{R}^3$의 기본단위벡터 $\mathbf{e}_1 = [1,\ 0,\ 0]$, $\mathbf{e}_2 = [0,\ 1,\ 0]$, $\mathbf{e}_3 = [0,\ 0,\ 1]$는 그림 1.8과 같다.

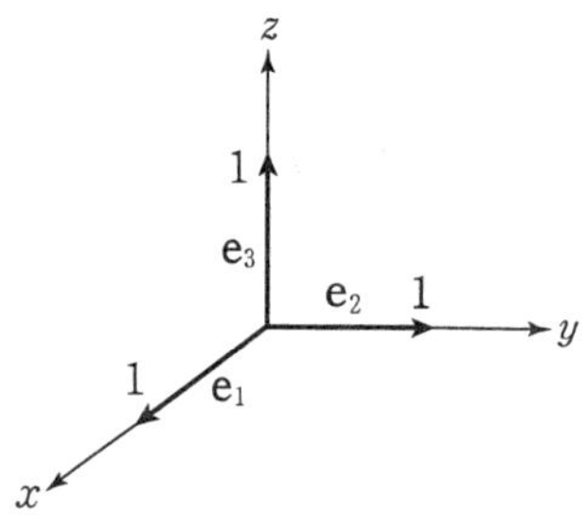

그림 1.8

기하학적으로 정의한 벡터의 합과 스칼라곱의 기본연산에 대한 성질을 대수적 표현으로도 확인할 수 있다.

정리 1.4 Sum and Scalar Product Property

벡터 $\mathbf{a}, \mathbf{b}, \mathbf{c} \in \mathbb{R}^n$와 스칼라 $\alpha, \beta \in \mathbb{R}$에 대하여

(1) $(\mathbf{a}+\mathbf{b})+\mathbf{c} = \mathbf{a}+(\mathbf{b}+\mathbf{c})$

(2) $\mathbf{a}+\mathbf{0} = \mathbf{0}+\mathbf{a} = \mathbf{a}$

(3) $\mathbf{a}+(-\mathbf{a}) = \mathbf{0} = (-\mathbf{a})+\mathbf{a}$

(4) $\mathbf{a}+\mathbf{b} = \mathbf{b}+\mathbf{a}$

(5) $\alpha(\mathbf{a}+\mathbf{b}) = \alpha\mathbf{a}+\alpha\mathbf{b}$

(6) $(\alpha+\beta)\mathbf{a} = \alpha\mathbf{a}+\beta\mathbf{a}$

(7) $(\alpha\beta)\mathbf{a} = \alpha(\beta\mathbf{a})$

(8) $1\mathbf{a} = \mathbf{a}$

증명 (6) 3차원 벡터에 대하여 생각해보자.

$\mathbf{a}=[a_1, a_2, a_3]$, $\alpha, \beta \in \mathbb{R}$ 일 때

$$\begin{aligned}(\alpha+\beta)\mathbf{a} &= [(\alpha+\beta)a_1, (\alpha+\beta)a_2, (\alpha+\beta)a_3] \\ &= [\alpha a_1+\beta a_1, \alpha a_2+\beta a_2, \alpha a_3+\beta a_3] \\ &= [\alpha a_1, \alpha a_2, \alpha a_3]+[\beta a_1, \beta a_2, \beta a_3] \\ &= \alpha[a_1, a_2, a_3]+\beta[a_1, a_2, a_3] \\ &= \alpha\mathbf{a}+\beta\mathbf{a}\end{aligned}$$

나머지도 같은 방법으로 증명할 수 있다. □

(예) 벡터 $\mathbf{a}=[1, 2, 3]$, $\mathbf{b}=[2, -1, 1]$과 스칼라 $\alpha=2$에 대하여 벡터의 합과 스칼라곱의 예를 들면,

$$\mathbf{a}+\mathbf{b}=[3, 1, 4]$$
$$2\mathbf{a}-\boldsymbol{b}=[2, 4, 6]-[2, -1, 1]=[0, 5, 5]$$

1.2 벡터의 내적

직각삼각형의 빗변과 나머지 두 변의 길이를 각각 c, a, b라 하면 피타고라스 정리에 의하여 다음의 관계식이 성립한다.

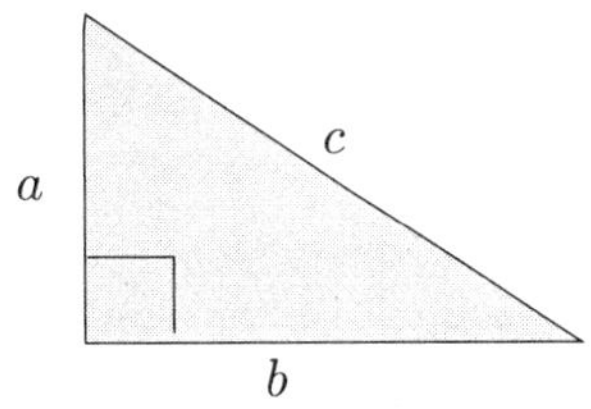

$$c^2 = a^2 + b^2$$

그림 1.9

직각삼각형인 경우에 성립하는 피타고라스 정리를 이용하면, 다음과 같이 임의의 삼각형에 관한 일반식인 코사인법칙을 얻을 수 있다.

정리 1.5 Cosine Rule

세 변의 길이 a, b, c와 $\angle C = \theta$인 임의의 삼각형 ABC에 대하여

$$c^2 = a^2 + b^2 - 2ab\cos\theta$$

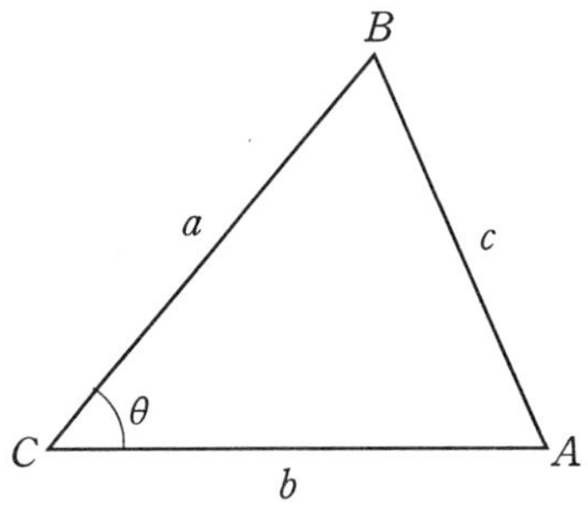

그림 1.10

이 정리에 의하여, 삼각형의 두 변의 끼인각은 세 변의 길이에 의해 결정됨을 알 수 있다. 이 식을 벡터 형태로 나타내는 방법을 생각해보기로 한다.

(1) 내적

직교좌표공간에서의 벡터의 길이는 피타고라스 정리에 의하여 다음과 같다.

정리 1.6 Norm of a Vector

$\mathbb{R}^3$의 벡터 $\mathbf{a}=[a_1,\ a_2,\ a_3]$의 길이(또는 크기) $\|\mathbf{a}\|$:

$$\|\mathbf{a}\| := \sqrt{a_1^2+a_2^2+a_3^2}$$

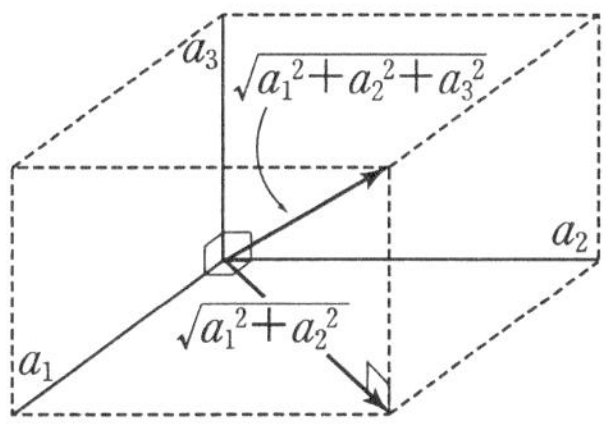

그림 1.11

벡터의 길이에 대하여 다음의 성질을 만족한다.

정리 1.7 Norm Property

임의의 벡터 $\mathbf{a}$, $\mathbf{b}$와 스칼라 α에 대하여

(1) $\|\mathbf{a}\|=0 \Leftrightarrow \mathbf{a}=\mathbf{0}$

(2) $\|\alpha\mathbf{a}\|=|\alpha|\|\mathbf{a}\|$

(3) $\|\mathbf{a}+\mathbf{b}\| \le \|\mathbf{a}\|+\|\mathbf{b}\|$

(예) 벡터 $\mathbf{a}=[2,\ 3,\ 3]$의 길이 $\|\mathbf{a}\|$는 $\sqrt{2^2+3^2+3^2}=\sqrt{22}$ 이다.

피타고라스 정리는 직각삼각형에 대하여 성립하므로, 임의의 삼각형에 대한 코사인 법칙의 특별한 경우이다. 그렇다면 일반삼각형에서의 코사인법칙은 직각삼각형에서의 피타고라스 정리와 어떤 차이를 보이는지 살펴보자.

피타고라스 정리를 벡터로 표현하면 다음과 같다.

$$\|\mathbf{a}\|^2+\|\mathbf{b}\|^2=\|\mathbf{b}-\mathbf{a}\|^2$$

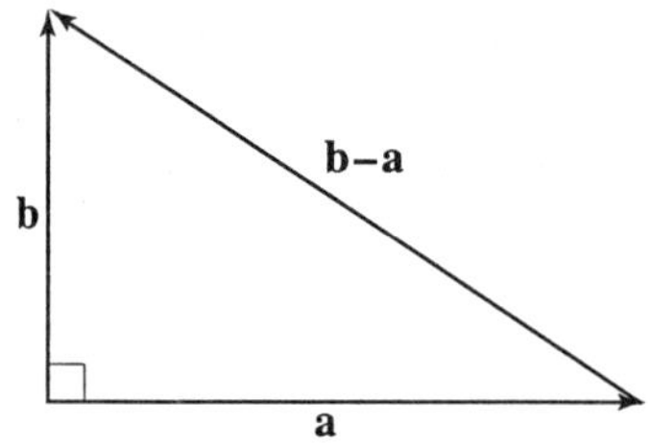

그림 1.12

또한 그림 1.13과 같은 일반삼각형에서의 코사인법칙을 벡터로 표현하면

$$\|\mathbf{b}-\mathbf{a}\|^2 = \|\mathbf{a}\|^2 + \|\mathbf{b}\|^2 - 2\|\mathbf{a}\|\|\mathbf{b}\|\cos\theta$$

또는,

$$\|\mathbf{a}\|\|\mathbf{b}\|\cos\theta = \frac{1}{2}(\|\mathbf{a}\|^2 + \|\mathbf{b}\|^2 - \|\mathbf{b}-\mathbf{a}\|^2).$$

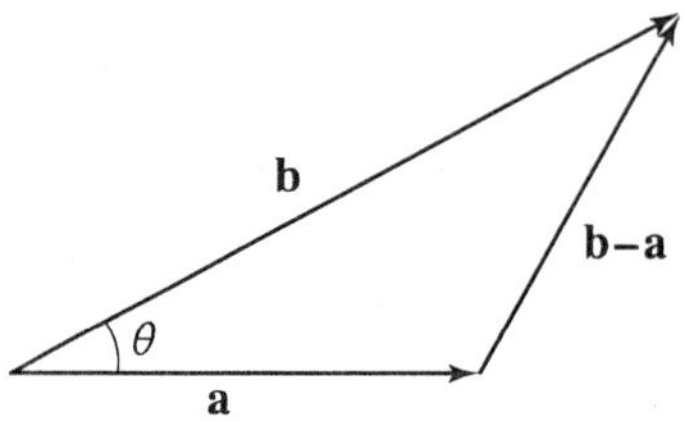

그림 1.13

특히, $\theta = 90°$인 경우 다음과 같다.

$$\|\mathbf{a}\|^2 + \|\mathbf{b}\|^2 - \|\mathbf{b}-\mathbf{a}\|^2 = 0$$

이 식에서 보는 것처럼, 일반삼각형에서 성립하는 코사인법칙이 직각삼각형에서 성립하는 피타고라스 정리와의 차이를 나타내는 척도로 $\|\mathbf{a}\|\|\mathbf{b}\|\cos\theta$가 사용될 수 있음을 보여준다.

두 벡터와 끼인각에 의한 이 값은 매우 중요한 벡터의 연산으로 다음과 같이 정의한다.

정의 1.7 Inner Product

$\measuredangle(\mathbf{a},\mathbf{b})=\theta\ (0 \leq \theta \leq \pi)$일 때, 다음과 같이 정의된 $\mathbf{a}\cdot\mathbf{b}$를 $\mathbf{a}$와 $\mathbf{b}$의 내적이라 한다.

$$\mathbf{a}\cdot\mathbf{b} := \|\mathbf{a}\|\|\mathbf{b}\|\cos\theta$$

단, $\mathbf{a}$ 또는 $\mathbf{b}$가 영벡터일 때 $\mathbf{a}\cdot\mathbf{b} := 0$이다.

벡터의 길이와 내적을 이용하여 코사인법칙을 다음과 같이 표현할 수 있다.

정리 1.8 Cosine Rule

임의의 벡터 $\mathbf{a}$, $\mathbf{b}$에 대하여

$$\mathbf{a}\cdot\mathbf{b} = \frac{1}{2}(\|\mathbf{a}\|^2 + \|\mathbf{b}\|^2 - \|\mathbf{b}-\mathbf{a}\|^2)$$

다음의 정리에서 두 벡터의 평행성과 직교성은 내적에 의하여 결정됨을 내적의 정의를 이용하여 증명할 수 있다.

정리 1.9 Parallel and Orthogonal Property

영이 아닌 벡터 $\mathbf{a}$, $\mathbf{b}$와 기본단위벡터 $\mathbf{e}_i$에 대하여

(1) $\mathbf{e}_i\cdot\mathbf{e}_j = \delta_{ij}$ 여기서, $\delta_{ij} = \begin{cases} 1 : i=j \\ 0 : i\neq j \end{cases}$

(2) $\mathbf{a}/\!/\mathbf{b} \Leftrightarrow \mathbf{a}\cdot\mathbf{b} = \pm\|\mathbf{a}\|\|\mathbf{b}\|$

(3) $\mathbf{a}\perp\mathbf{b} \Leftrightarrow \mathbf{a}\cdot\mathbf{b} = 0$

증명 (2) 두 벡터 $\mathbf{a}$와 $\mathbf{b}$가 평행인 경우 $\mathbf{a}=k\mathbf{b}\ (k\in\mathbb{R})$를 만족한다.

$k>0$ 이면 같은 방향이므로 $\mathbf{a}\cdot\mathbf{b} = \|\mathbf{a}\|\|\mathbf{b}\|\cos 0^\circ = \|\mathbf{a}\|\|\mathbf{b}\|$,

$k<0$ 이면 반대 방향이므로 $\mathbf{a}\cdot\mathbf{b} = \|\mathbf{a}\|\|\mathbf{b}\|\cos 180^\circ = -\|\mathbf{a}\|\|\mathbf{b}\|$.

□

앞에서 벡터의 내적은 끼인각으로 정의하였다. 그러나 성분들로 표시된 벡터들을 중심으로 주로 다루어지기 때문에 이에 관한 계산방법을 필요로 한다. 벡터에 대한 코사인법칙을 이용하면 다음과 같은 간단한 내적 계산공식을 얻을 수 있다.

정리 1.10 Inner Product

두 벡터 $\mathbf{a}=[a_1,\ a_2,\ a_3]$, $\mathbf{b}=[b_1,\ b_2,\ b_3]$에 대하여

$$\mathbf{a}\cdot\mathbf{b} = a_1b_1 + a_2b_2 + a_3b_3$$

증명 $\mathbf{b}-\mathbf{a}=[b_1-a_1,\ b_2-a_2,\ b_3-a_3]$이므로, 벡터에 대한 코사인법칙인

$$\mathbf{a}\cdot\mathbf{b} = \frac{1}{2}(\|\mathbf{a}\|^2 + \|\mathbf{b}\|^2 - \|\mathbf{b}-\mathbf{a}\|^2)$$

에 대입하면

$$\mathbf{a}\cdot\mathbf{b} = \frac{1}{2}[(a_1^2+a_2^2+a_3^2)+(b_1^2+b_2^2+b_3^2)-(b_1-a_1)^2-(b_2-a_2)^2-(b_3-a_3)^2]$$

$$\therefore\ \mathbf{a}\cdot\mathbf{b} = a_1b_1 + a_2b_2 + a_3b_3$$ □

(예) 벡터 $\mathbf{a}=[1,\ 2,\ -1]$, $\mathbf{b}=[0,\ 1,\ 1]$에 대하여
$\mathbf{a}\cdot\mathbf{b} = 1\cdot 0 + 2\cdot 1 + (-1)\cdot 1 = 1$이다.

예제 1 벡터 $\mathbf{a}=2\mathbf{e}_1-\mathbf{e}_2+\mathbf{e}_3$, $\mathbf{b}=\mathbf{e}_1+\mathbf{e}_2+2\mathbf{e}_3$의 끼인각을 구하라.

풀이 $\mathbf{a}\cdot\mathbf{b}=\|\mathbf{a}\|\|\mathbf{b}\|\cos\theta$, $\|\mathbf{a}\|=\sqrt{6}$, $\|\mathbf{b}\|=\sqrt{6}$, $\mathbf{a}\cdot\mathbf{b}=3$이다.

$\cos\theta = \dfrac{\mathbf{a}\cdot\mathbf{b}}{\|\mathbf{a}\|\|\mathbf{b}\|} = \dfrac{1}{2}$이므로, $\theta=60^\circ$이다. □

예제 2 벡터 $\mathbf{a}=2\mathbf{e}_1+a\mathbf{e}_2+\mathbf{e}_3$와 $\mathbf{b}=4\mathbf{e}_1-2\mathbf{e}_2-2\mathbf{e}_3$가 수직일 때, a의 값을 구하라.

풀이 $\mathbf{a}$, $\mathbf{b}$가 수직이면 $\mathbf{a}\cdot\mathbf{b}=8-2a-2=0$이므로, $a=3$이다. □

정리 1.10를 이용하여 벡터의 내적에 관한 다음의 성질들을 쉽게 얻을 수 있다.

정리 1.11 Inner Product Property

벡터 $\mathbf{a}$, $\mathbf{b}$, $\mathbf{c}$와 실수 α에 대하여

(1) $\mathbf{a} \cdot \mathbf{b} = \mathbf{b} \cdot \mathbf{a}$

(2) $\mathbf{a} \cdot (\mathbf{b} + \mathbf{c}) = \mathbf{a} \cdot \mathbf{b} + \mathbf{a} \cdot \mathbf{c}$

(3) $(\alpha \mathbf{a}) \cdot \mathbf{b} = \mathbf{a} \cdot (\alpha \mathbf{b}) = \alpha(\mathbf{a} \cdot \mathbf{b})$

(4) $\|\mathbf{a}\| = \sqrt{\mathbf{a} \cdot \mathbf{a}}$

증명 (2) 벡터 $\mathbf{a}$, $\mathbf{b}$, $\mathbf{c}$의 좌표벡터를 각각 $[a_1,\ a_2,\ a_3]$, $[b_1,\ b_2,\ b_3]$, $[c_1,\ c_2,\ c_3]$ 라 두면,

$$\begin{aligned}\mathbf{a} \cdot (\mathbf{b}+\mathbf{c}) &= [a_1,\ a_2,\ a_3] \cdot [b_1 + c_1,\ b_2 + c_2,\ b_3 + c_3] \\ &= a_1(b_1 + c_1) + a_2(b_2 + c_2) + a_3(b_3 + c_3) \\ &= (a_1 b_1 + a_2 b_2 + a_3 b_3) + (a_1 c_1 + a_2 c_2 + a_3 c_3) \\ &= \mathbf{a} \cdot \mathbf{b} + \mathbf{a} \cdot \mathbf{c}\end{aligned}$$

□

정리 1.12 Schwarz Inequality

임의의 두 벡터 $\mathbf{a} = [a_1,\ a_2,\ a_3]$, $\mathbf{b} = [b_1,\ b_2,\ b_3]$에 대하여

$$|\mathbf{a} \cdot \mathbf{b}| \le \|\mathbf{a}\|\|\mathbf{b}\|$$

증명 내적의 정의에 의하여 $|\mathbf{a} \cdot \mathbf{b}| = |\|\mathbf{a}\|\|\mathbf{b}\|\cos\theta| = \|\mathbf{a}\|\|\mathbf{b}\||\cos\theta| \le \|\mathbf{a}\|\|\mathbf{b}\|$.

□

정리 1.12를 벡터의 성분으로 표시하면 다음과 같다.

$$\left|\sum_{i=1}^{3} a_i b_i\right| \le \sqrt{\sum_{i=1}^{3} a_i^2}\ \sqrt{\sum_{i=1}^{3} b_i^2}$$

(2) 정사영

임의의 벡터 $\mathbf{a}$, $\mathbf{b}$에 대하여, $\mathbf{b}$를 $\mathbf{a}$가 놓여 있는 직선에 수직으로 내린 벡터 $\mathbf{c}$와 그 길이는 문제해결에 중요한 역할을 한다. 따라서 벡터 $\mathbf{c}$를 다음과 같이 정의한다.

정의 1.8 Orthogonal Projection

벡터 $\mathbf{b}$를 벡터 $\mathbf{a}$가 놓여 있는 직선에 수직으로 내린 벡터 $\mathbf{c}$를 $\mathbf{a}$ 위로 $\mathbf{b}$의 정사영이라 하며, $P_{\mathbf{a}}\mathbf{b}$로 표기한다.

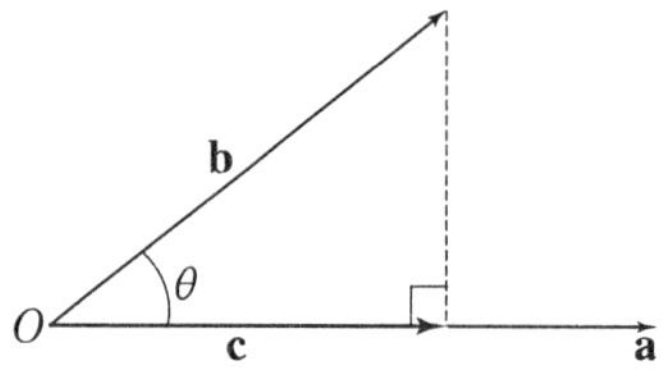

그림 1.14

㈜ 벡터 $\mathbf{a}$와 단위벡터 $\mathbf{e}=\dfrac{\mathbf{a}}{\|\mathbf{a}\|}$는 같은 직선 위에 놓여 있다. 따라서 $\mathbf{a}$ 위로 $\mathbf{b}$
의 정사영과 $\mathbf{e}$ 위로 $\mathbf{b}$의 정사영은 정의에 의하여 같음을 알 수 있다. 즉, $P_{\mathbf{a}}\mathbf{b}=P_{\mathbf{e}}\mathbf{b}$이다.

$\mathbf{a}$ 위로 $\mathbf{b}$의 정사영과 그 길이는 단위벡터 $\mathbf{e}=\dfrac{\mathbf{a}}{\|\mathbf{a}\|}$ 위로 $\mathbf{b}$의 정사영과 같으므로
$P_{\mathbf{a}}\mathbf{b}$ 대신 먼저 $P_{\mathbf{e}}\mathbf{b}$를 구해보자. 임의의 벡터 $\mathbf{b}$와 단위벡터 $\mathbf{e}$가 있을 때, $\mathbf{b}$를 $\mathbf{e}$가 놓여 있는 직선에 수직으로 내린 벡터 $P_{\mathbf{e}}\mathbf{b}$와 그 길이를 구하기 위해 벡터의 끼인각 $\theta=\measuredangle(\mathbf{b},\ \mathbf{e})$를 두 가지 경우로 나누어 정사영을 구해보면 다음과 같다.

① $0\le\theta\le\dfrac{\pi}{2}$: 벡터 $P_{\mathbf{e}}\mathbf{b}$는 길이가 $\|\mathbf{b}\|\cos\theta$이고 단위벡터 $\mathbf{e}$와 같은 방향이므로

$$\begin{aligned} P_{\mathbf{e}}\mathbf{b} &= (\|\mathbf{b}\|\cos\theta)\mathbf{e} \\ &= (\|\mathbf{b}\|\|\mathbf{e}\|\cos\theta)\mathbf{e} \\ &= (\mathbf{b}\cdot\mathbf{e})\mathbf{e} \end{aligned}$$

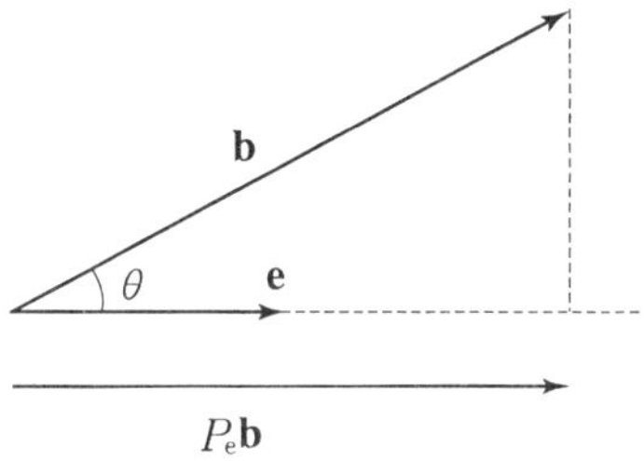

그림 1.15

② $\frac{\pi}{2} \leq \theta \leq \pi$: 벡터 $P_{\mathbf{e}}\mathbf{b}$는 길이가 $\|\mathbf{b}\|\cos(\pi-\theta)$이고 단위벡터 $\mathbf{e}$와 반대방향이므로

$$\begin{aligned} P_{\mathbf{e}}\mathbf{b} &= (\|\mathbf{b}\|\cos(\pi-\theta))(-\mathbf{e}) \\ &= (\|\mathbf{b}\|\cos\theta)\mathbf{e} \\ &= (\|\mathbf{b}\|\|\mathbf{e}\|\cos\theta)\mathbf{e} \\ &= (\mathbf{b}\cdot\mathbf{e})\mathbf{e} \end{aligned}$$

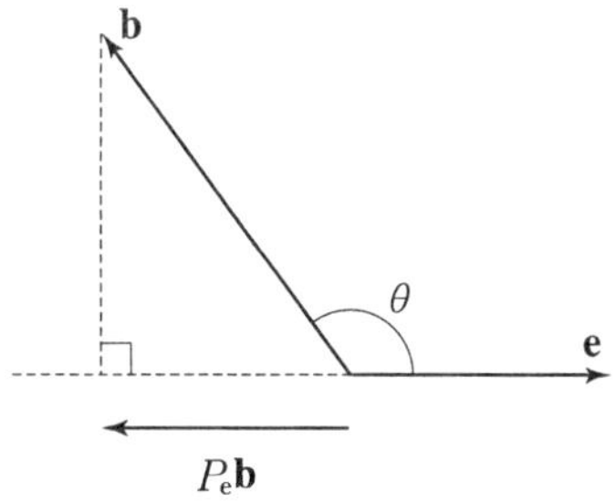

그림 1.16

위의 두 가지 끼인각의 경우 정사영이 같은 모양으로 나타난다. 즉, 정사영은 끼인각의 범위에 관계없이 $(\mathbf{b}\cdot\mathbf{e})\mathbf{e}$로 표시할 수 있다. 또한 $(\mathbf{b}\cdot\mathbf{e})\mathbf{e}$를 벡터 $\mathbf{a}$, $\mathbf{b}$로 나타내면

$$(\mathbf{b}\cdot\mathbf{e})\mathbf{e} = \left(\mathbf{b}\cdot\frac{\mathbf{a}}{\|\mathbf{a}\|}\right)\frac{\mathbf{a}}{\|\mathbf{a}\|} = \frac{\mathbf{b}\cdot\mathbf{a}}{\mathbf{a}\cdot\mathbf{a}}\mathbf{a}$$

이므로, 다음의 정리가 성립한다.

정리 1.13 Orthogonal Projection

영이 아닌 두 벡터 $\mathbf{a}$, $\mathbf{b}$에 대하여, $\mathbf{a}$ 위로 $\mathbf{b}$의 정사영 $P_{\mathbf{a}}\mathbf{b}$와 그 길이는 다음과 같다.

(1) 정사영 : $P_{\mathbf{a}}\mathbf{b} = \dfrac{\mathbf{b}\cdot\mathbf{a}}{\mathbf{a}\cdot\mathbf{a}}\mathbf{a}$

(2) 정사영의 길이 : $\|P_{\mathbf{a}}\mathbf{b}\| = \dfrac{|\mathbf{b}\cdot\mathbf{a}|}{\|\mathbf{a}\|}$

(예) 두 벡터 $\mathbf{a}=[1,\ 0,\ 1]$, $\mathbf{b}=[0,\ 4,\ 4]$에 대하여 $\mathbf{a}\cdot\mathbf{a}=2$, $\mathbf{b}\cdot\mathbf{a}=4$ 이므로 $\mathbf{a}$ 위로 $\mathbf{b}$ 의 정사영은 $P_{\mathbf{a}}\mathbf{b} = \dfrac{\mathbf{b}\cdot\mathbf{a}}{\mathbf{a}\cdot\mathbf{a}}\mathbf{a} = \dfrac{4}{2}[1,\ 0,\ 1] = [0,\ 0,\ 2]$ 이고, 그 길이는 $\dfrac{|b\cdot a|}{\|a\|} = \dfrac{4}{\sqrt{2}} = 2\sqrt{2}$ 이다.

1.3 벡터의 외적

벡터의 외적을 정의하기 위하여 오른손 법칙에 의한 방향설정과 두 벡터를 이웃 변으로 하는 평행사변형의 넓이를 필요로 한다.

① 벡터 $\mathbf{a}$, $\mathbf{b}$에 동시에 수직인 두 방향 가운데, 오른손 법칙에 의한 방향은 그림 1.17과 같으며, 이 방향을 양의 방향이라 한다.

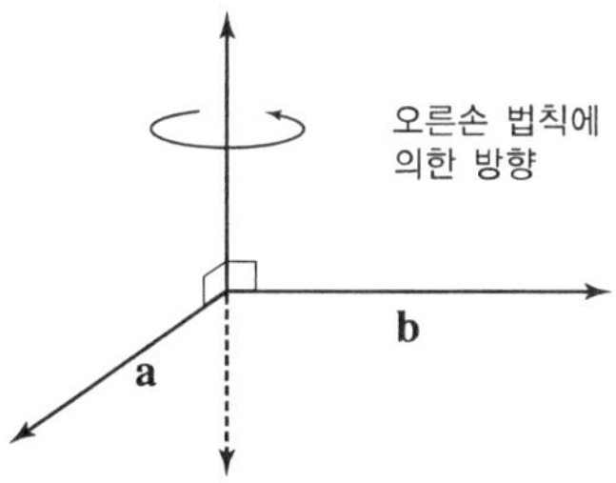

그림 1.17

② 끼인각이 θ인 두 벡터 $\mathbf{a}$, $\mathbf{b}$를 이웃 변으로 하는 평행사변형의 넓이 S는 $\|\mathbf{a}\|\|\mathbf{b}\|\sin\theta$ 이다.

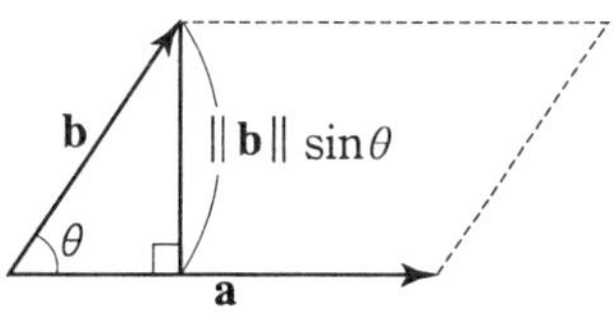

그림 1.18

(1) 외적

오른손 법칙에 의한 방향성과 평행사변형의 넓이를 이용하여 벡터의 외적을 기하학적인 방법으로 다음과 같이 정의한다.

정의 1.9 Cross Product

끼인각이 θ인 두 벡터 $\mathbf{a}, \mathbf{b}$를 이웃 변으로 하는 평행사변형의 넓이, 즉 $\|\mathbf{a}\|\|\mathbf{b}\|\sin\theta$를 크기로 하고, 양의 방향을 갖는 벡터를 $\mathbf{a}, \mathbf{b}$의 외적이라 하며, $\mathbf{a}\times\mathbf{b}$로 나타낸다.

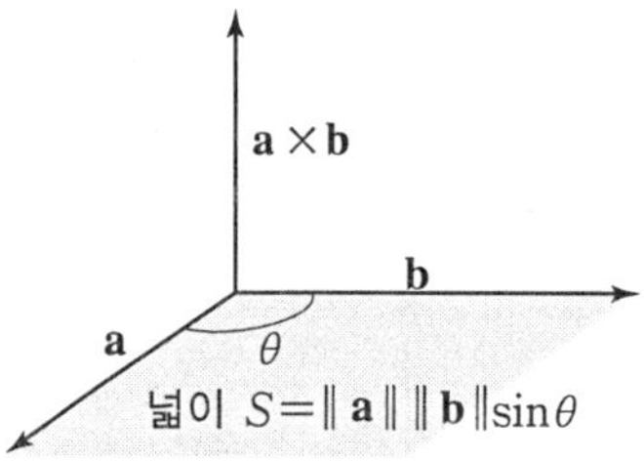

그림 1.19

예를 들어, 두 벡터 $\mathbf{a}, \mathbf{b}$의 길이와 끼인각이 각각 $\|\mathbf{a}\|=2$, $\|\mathbf{b}\|=3$, $\measuredangle(\mathbf{a}, \mathbf{b})=\frac{\pi}{6}$일 때, 외적 $\mathbf{a}\times\mathbf{b}$의 길이는 $\|\mathbf{a}\times\mathbf{b}\|=\|\mathbf{a}\|\|\mathbf{b}\|\sin\frac{\pi}{6}=2\cdot3\cdot\frac{1}{2}=3$이다.

외적에 관한 성질들을 요약하면 다음과 같다.

정리 1.14 Cross Product Property

벡터 $\mathbf{a}, \mathbf{b}$와 실수 α에 대하여

(1) $\mathbf{a}\times\mathbf{b}=-\mathbf{b}\times\mathbf{a}$

(2) $(\alpha\mathbf{a})\times\mathbf{b}=\alpha(\mathbf{a}\times\mathbf{b})=\mathbf{a}\times(\alpha\mathbf{b})$

(3) $\mathbf{a}\times\mathbf{a}=\mathbf{0}$

(4) $\mathbf{e}_1\times\mathbf{e}_2=\mathbf{e}_3$, $\mathbf{e}_2\times\mathbf{e}_3=\mathbf{e}_1$, $\mathbf{e}_3\times\mathbf{e}_1=\mathbf{e}_2$

(5) $\mathbf{a}\times(\mathbf{b}+\mathbf{c})=\mathbf{a}\times\mathbf{b}+\mathbf{a}\times\mathbf{c}$

주 (1), (4)에 의하여 $\mathbf{e}_2\times\mathbf{e}_1=-\mathbf{e}_3$, $\mathbf{e}_3\times\mathbf{e}_2=-\mathbf{e}_1$, $\mathbf{e}_1\times\mathbf{e}_3=-\mathbf{e}_2$이다.

(2) 스칼라 3중적

벡터의 내적과 외적의 성질을 이용하여 세 벡터 **a**, **b**, **c**를 이웃 변으로 하는 평행육면체의 부피를 구해보자.

그림 1.20에서와 같이 평행육면체의 밑넓이는 $\|\mathbf{a}\times\mathbf{b}\|$, 높이는 $\|P_{\mathbf{a}\times\mathbf{b}}\mathbf{c}\|$이다.

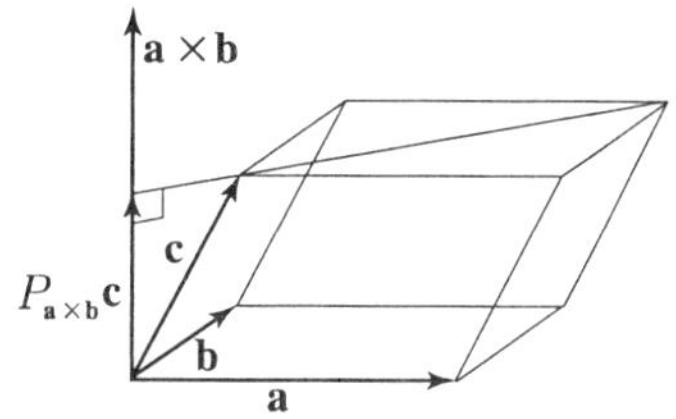

그림 1.20

$$\begin{aligned} P_{\mathbf{a}\times\mathbf{b}}\mathbf{c} &= \frac{\mathbf{c}\cdot(\mathbf{a}\times\mathbf{b})}{(\mathbf{a}\times\mathbf{b})\cdot(\mathbf{a}\times\mathbf{b})}\mathbf{a}\times\mathbf{b} \\ &= \frac{\mathbf{c}\cdot(\mathbf{a}\times\mathbf{b})}{\|\mathbf{a}\times\mathbf{b}\|^2}\mathbf{a}\times\mathbf{b} \end{aligned}$$

이므로 평행육면체의 높이 $\|P_{\mathbf{a}\times\mathbf{b}}\mathbf{c}\|$는

$$\frac{|\mathbf{c}\cdot(\mathbf{a}\times\mathbf{b})|}{\|\mathbf{a}\times\mathbf{b}\|^2}\|\mathbf{a}\times\mathbf{b}\| = \frac{|\mathbf{c}\cdot(\mathbf{a}\times\mathbf{b})|}{\|\mathbf{a}\times\mathbf{b}\|}$$

이다. 따라서 평행육면체의 부피는

$$\begin{aligned} \|\mathbf{a}\times\mathbf{b}\|\|P_{\mathbf{a}\times\mathbf{b}}\mathbf{c}\| &= \|\mathbf{a}\times\mathbf{b}\|\frac{|\mathbf{c}\cdot(\mathbf{a}\times\mathbf{b})|}{\|\mathbf{a}\times\mathbf{b}\|} \\ &= |\mathbf{c}\cdot(\mathbf{a}\times\mathbf{b})| \\ &= |\mathbf{a}\times\mathbf{b}\cdot\mathbf{c}| \end{aligned}$$

이므로 다음 정리를 얻는다.

정리 1.15

벡터 **a**, **b**, **c**를 이웃 변으로 하는 평행육면체의 부피는 $|\mathbf{a}\times\mathbf{b}\cdot\mathbf{c}|$이다.

그림 1.20에서와 같이 벡터 $\mathbf{a}$, $\mathbf{b}$가 놓여 있는 평면에 대하여 벡터 $\mathbf{c}$의 방향에 따라 $\mathbf{a}\times\mathbf{b}\cdot\mathbf{c}$의 부호가 결정되므로, 다음의 정리를 얻을 수 있다.

정리 1.16

벡터 $\mathbf{a}$, $\mathbf{b}$, $\mathbf{c}$에 대하여

$$\mathbf{a}\times\mathbf{b}\cdot\mathbf{c}=\mathbf{b}\times\mathbf{c}\cdot\mathbf{a}=\mathbf{c}\times\mathbf{a}\cdot\mathbf{b}$$

주 내적과 외적을 동시에 포함하는 계산에서는 외적을 먼저 계산한다. 즉, 내적을 먼저 표시한 식 $(\mathbf{a}\cdot\mathbf{b})\times\mathbf{c}$는 외적계산이 불가능하기 때문에 의미가 없다. 그러므로 괄호를 하지 않고 $\mathbf{a}\cdot\mathbf{b}\times\mathbf{c}$와 같이 표현하여도 의미를 갖는다.

평행육면체의 부피계산에서 나타난 것처럼 내적과 외적을 이용한 $\mathbf{a}\times\mathbf{b}\cdot\mathbf{c}$는 다양하게 응용되고 있다. 따라서 이 연산을 다음과 같이 정의한다.

정의 1.10 Triple Scalar Product

$\mathbf{a}\times\mathbf{b}\cdot\mathbf{c}$를 벡터 $\mathbf{a}$, $\mathbf{b}$, $\mathbf{c}$의 스칼라 3중적이라 한다.

스칼라 3중적에 관한 성질들을 정리하면 다음과 같다.

정리 1.17 Triple Scalar Product Property

벡터 $\mathbf{a}$, $\mathbf{b}$, $\mathbf{c}$에 대하여

(1) $\mathbf{a}\times\mathbf{b}\cdot\mathbf{a}=\mathbf{a}\times\mathbf{b}\cdot\mathbf{b}=0$

(2) $\mathbf{a}\times\mathbf{b}\cdot\mathbf{c}=\mathbf{a}\cdot\mathbf{b}\times\mathbf{c}$

(3) $\mathbf{a}\cdot\mathbf{b}\times\mathbf{c}=\mathbf{b}\cdot\mathbf{c}\times\mathbf{a}=\mathbf{c}\cdot\mathbf{a}\times\mathbf{b}$

외적과 스칼라 3중적에 관한 성질들을 이용하면 성분으로 표시된 벡터에 대하여 외적 및 스칼라 3중적을 다음과 같이 구할 수 있다.

정리 1.18

벡터 $\mathbf{a}=[a_1, a_2, a_3]$, $\mathbf{b}=[b_1, b_2, b_3]$, $\mathbf{c}=[c_1, c_2, c_3]$에 대하여, 외적과 스칼라 3중적은 다음과 같다.

(1) $\mathbf{a}\times\mathbf{b}=[a_2b_3-a_3b_2,\ a_3b_1-a_1b_3,\ a_1b_2-a_2b_1]$

(2) $\mathbf{a}\times\mathbf{b}\cdot\mathbf{c}=(a_2b_3-a_3b_2)c_1+(a_3b_1-a_1b_3)c_2+(a_1b_2-a_2b_1)c_3$

증명 (1) 외적에 대한 배분법칙과 $\mathbf{e}_i\cdot\mathbf{e}_j=\delta_{ij}$에 의하여

$$\begin{aligned}\mathbf{a}\times\mathbf{b}&=(a_1\mathbf{e}_1+a_2\mathbf{e}_2+a_3\mathbf{e}_3)\times(b_1\mathbf{e}_1+b_2\mathbf{e}_2+b_3\mathbf{e}_3)\\&=(a_2b_3-a_3b_2)\mathbf{e}_1+(a_3b_1-a_1b_3)\mathbf{e}_2+(a_1b_2-a_2b_1)\mathbf{e}_3\\&=[a_2b_3-a_3b_2,\ a_3b_1-a_1b_3,\ a_1b_2-a_2b_1].\end{aligned}$$ □

예를 들어, $\mathbf{a}=[1, -2, 1]$, $\mathbf{b}=[1, 0, 1]$일 때,

$$\mathbf{a}\times\mathbf{b}=[(-2)\cdot1-1\cdot0,\ 1\cdot1-1\cdot1,\ 1\cdot0-(-2)\cdot1]=[-2, 0, 2]$$

이다. 그리고 세 벡터 $\mathbf{a}=[1, -2, -1]$, $\mathbf{b}=[1, 0, 1]$, $\mathbf{c}=[0, 1, 1]$에 대하여 $\mathbf{a}\times\mathbf{b}\cdot\mathbf{c}=[-2, -2, 2]\cdot[0, 1, 1]=0$이다.

다음의 예제들을 통하여 외적의 이용방법을 생각해보자.

예제 3 $\mathbf{a}=[1, 1, -2]$, $\mathbf{b}=[2, 2, 1]$에 동시에 수직인 단위벡터를 구하라.

풀이 $\mathbf{a}\times\mathbf{b}=[5, -5, 0]$은 두 벡터 $\mathbf{a}$, $\mathbf{b}$에 동시에 수직이고 길이가 $5\sqrt{2}$이므로, 단위벡터는 다음의 두 가지이다.

$$\pm\frac{\mathbf{a}\times\mathbf{b}}{5\sqrt{2}}=\pm\left[\frac{1}{\sqrt{2}}, -\frac{1}{\sqrt{2}}, 0\right]$$ □

예제 4 벡터 $\mathbf{a}=[a_1,\ a_2,\ a_3]$, $\mathbf{b}=[b_1,\ b_2,\ b_3]$를 이웃 변으로 하는 삼각형의 넓이를 구하라.

풀이 $\mathbf{a}=\overrightarrow{OA}$, $\mathbf{b}=\overrightarrow{OB}$라 하면, $\triangle OAB$의 넓이는 $\mathbf{a}$, $\mathbf{b}$를 이웃 변으로 하는 평행사변형의 넓이의 반이므로 $\triangle OAB$의 넓이는 $\frac{1}{2}\|\mathbf{a}\times\mathbf{b}\|$이다. 그러므로 삼각형의 넓이는

$$\frac{1}{2}\|\mathbf{a}\times\mathbf{b}\|=\frac{1}{2}\sqrt{(a_2b_3-a_3b_2)^2+(a_3b_1-a_1b_3)^2+(a_1b_2-a_2b_1)^2}$$

□

예제 5 세 점 $P(1,\ 2,\ 1)$, $Q(2,\ 3,\ 2)$, $R(1,\ 4,\ 2)$를 잇는 $\triangle PQR$의 넓이를 구하라.

풀이 $\triangle PQR$의 넓이는 $\mathbf{a}=\overrightarrow{PQ}=[1,\ 1,\ 1]$, $\mathbf{b}=\overrightarrow{PR}=[0,\ 2,\ 1]$을 이웃 변으로 하는 평행사변형의 넓이의 반이므로

$$\frac{1}{2}\|\mathbf{a}\times\mathbf{b}\|=\frac{\sqrt{6}}{2}.$$

□

예제 6 점 $A(1,\ 1,\ 2)$, $B(-1,\ 2,\ 1)$, $C(0,\ 3,\ 2)$의 위치벡터들을 이웃 변으로 하는 평행육면체의 부피는 $|\overrightarrow{OA}\times\overrightarrow{OB}\cdot\overrightarrow{OC}|=|[-3,\ -3,\ 3]\cdot[0,\ 3,\ 2]|=3$이다. □

1.4 공간의 직선과 평면

벡터를 이용하여 공간의 직선과 평면의 방정식을 구할 수 있다. 이는 성분표시에 의한 방정식에 비해 표현이 간단하고 다루기 쉬운 장점을 갖고 있다.

(1) 공간의 직선

공간의 직선은 고정된 한 점과 벡터에 의하여 결정될 수 있다. 즉, 고정된 한 점을 위치벡터로 하고 하나의 벡터를 방향벡터로 하여 이 점에 방향벡터의 방향을 결정하는 하나의 벡터의 스칼라곱을 더함으로써 결정되는 점들의 모임이 하나의 직선을 형성한다.

공간의 한 점 X_0와 단위벡터 $\mathbf{e}$가 주어졌을 때, 점 X_0를 지나고 단위벡터 $\mathbf{e}$와 평행한 직선 g는 다음과 같은 점들의 모임으로 생각할 수 있다.

$$g = \left\{ X \in \mathbb{R}^3 \mid \overrightarrow{OX} = \overrightarrow{OX_0} + t\mathbf{e},\ t \in \mathbb{R} \right\}$$

$\overrightarrow{OX} = \mathbf{x}$, $\overrightarrow{OX_0} = \mathbf{x}_0$라 두면 직선의 벡터방정식은 다음의 일반적인 형태로 나타낼 수 있다.

정리 1.19

한 점 $\mathbf{x}_0$를 지나고 단위벡터 e와 평행한 직선의 벡터방정식은

$$\mathbf{x} = \mathbf{x}_0 + te,\quad t \in \mathbb{R}$$

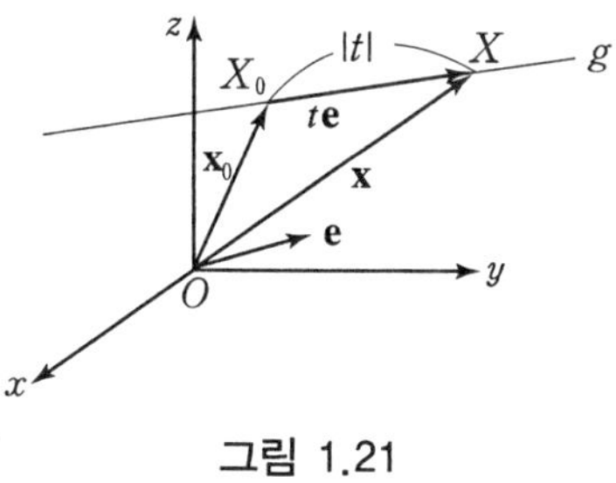

그림 1.21

직선의 벡터방정식을 성분으로 표시해보자.

$\mathbf{x_0}=[x_0,\ y_0,\ z_0]$, $\mathbf{e}=[l,\ m,\ n]$, $\mathbf{x}=[x,\ y,\ z]$라 두면 정리 1.19의 벡터방정식은

$$[x,\ y,\ z]=[x_0,\ y_0,\ z_0]+t[l,\ m,\ n],\quad t\in\mathbb{R}$$

이고, 이 식을 각 성분별로 나타내면

$$\begin{cases} x=x_0+tl \\ y=y_0+tm, \quad t\in\mathbb{R} \\ z=z_0+tn \end{cases}$$

$l,\ m,\ n$이 각각 0이 아니면, t를 소거하여 아래의 성분방정식을 얻는다.

$$\frac{x-x_0}{l}=\frac{y-y_0}{m}=\frac{z-z_0}{n}$$

직선 g를 평행이동하여 원점 O를 지나는 직선을 g'이라 하고, 이 직선이 x축, y축, z축의 양의 방향과 이루는 각을 각각 $\alpha,\ \beta,\ \gamma$라 할 때, $\mathbf{e}=[l,\ m,\ n]$이 단위벡터라는 사실로부터

$$l=\cos\alpha,\ m=\cos\beta,\ n=\cos\gamma$$

이므로 $l,\ m,\ n$을 직선 g의 방향여현(direction cosine)이라고 한다.

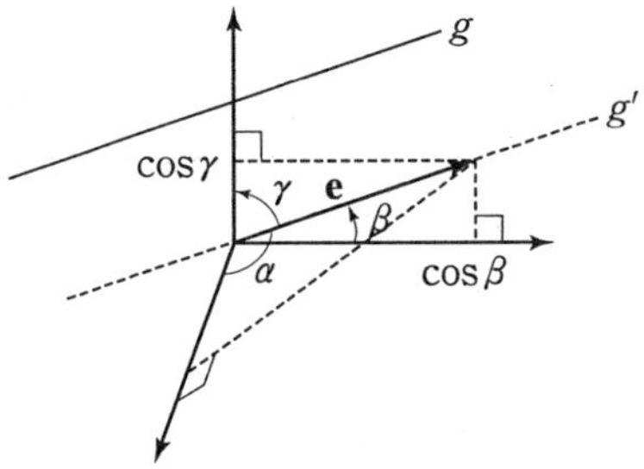

그림 1.22

직선 g를 표현하는 데 있어서 벡터 $\mathbf{e}$가 반드시 단위벡터일 필요는 없다. 즉, 영이 아닌 벡터 $\mathbf{a}=\lambda\mathbf{e}\ (\lambda\in\mathbb{R})$를 $\mathbf{e}$ 대신 선택하여도 같은 직선을 나타낸다. $\mathbf{a}=(a,\ b,\ c)$라 두면 $a:b:c=l:m:n$을 만족한다. 따라서 $a,\ b,\ c$를 직선 g의 방향비(direction ratio)라 부르고, 벡터 $\mathbf{a}$를 방향벡터라 한다.

예제 7 $\mathbb{R}^3$ 안의 서로 다른 두 벡터 $\mathbf{a}$와 $\mathbf{b}$를 지나는 직선의 방정식을 구하라.

풀이 $\mathbf{a}=[a_1,\ a_2,\ a_3]$, $\mathbf{b}=[b_1,\ b_2,\ b_3]$는 서로 다른 벡터이므로 $\mathbf{b}-\mathbf{a}\neq\mathbf{0}$이다. 따라서 $\mathbf{a}$와 $\mathbf{b}$를 지나는 직선의 방정식은 $\mathbf{a}$를 지나고 $\mathbf{b}-\mathbf{a}$를 방향벡터로 하는 직선의 방정식과 같으므로

$$\mathbf{x}=\mathbf{a}+t(\mathbf{b}-\mathbf{a}),\ \ t\in\mathbb{R}$$

또는

$$\begin{aligned} x_1(t) &= a_1+t(b_1-a_1) \\ x_2(t) &= a_2+t(b_2-a_2) \\ x_3(t) &= a_3+t(b_3-a_3),\ t\in\mathbb{R} \end{aligned}$$

이다. 여기서 구한 직선방정식은 $\mathbf{b}$를 지나고 $\mathbf{a}-\mathbf{b}$를 방향벡터로 하는 직선의 방정식과 같다. □

(2) 공간의 평면

공간에 있는 평면은 한 점과 영이 아닌 하나의 벡터에 의하여 결정된다. 즉, 고정된 한 점을 지나면서 영이 아닌 벡터에 수직인 평면이 유일하게 존재한다. 따라서 고정된 점을 시점으로 하는 벡터 가운데 주어진 벡터와 수직인 벡터의 종점들의 모임이 평면을 형성한다.

공간의 한 점 X_0와 단위벡터 $\mathbf{e}$가 주어졌을 때, 점 X_0를 지나고 단위벡터 $\mathbf{e}$에 수직인 평면 π를 생각해보자. 이 평면은 다음과 같은 점들의 모임으로 생각할 수 있다.

$$\pi=\left\{X\in\mathbb{R}^3 \mid \overrightarrow{X_0X}\cdot\mathbf{e}=0\right\}$$

$\overrightarrow{OX}=\mathbf{x}$, $\overrightarrow{OX_0}=\mathbf{x}_0$라 두면 평면 π의 벡터방정식은 다음의 일반적인 형태로 나타낼 수 있다.

정리 1.20

한 점 $\mathbf{x}_0$를 지나고 단위벡터 $\boldsymbol{e}$에 수직인 평면 π의 벡터방정식은

$$(\mathbf{x}-\mathbf{x}_0)\cdot\boldsymbol{e}=0$$

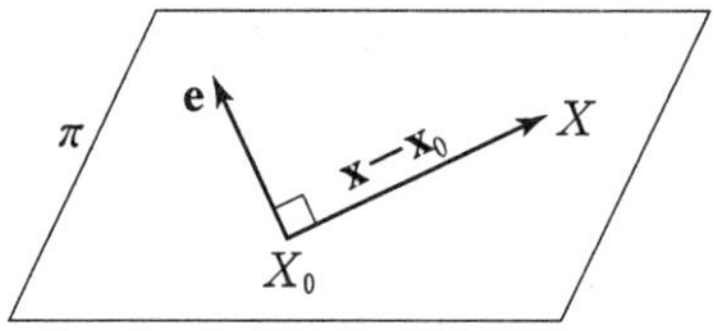

그림 1.23

벡터방정식을 성분으로 표시하기 위하여

$$\mathbf{x}_0 = [x_0,\ y_0,\ z_0],\quad \mathbf{e} = [l,\ m,\ n],\quad \mathbf{x} = [x,\ y,\ z]$$

라 두면, 벡터방정식에 의하여

$$l(x - x_0) + m(y - y_0) + n(z - z_0) = 0\,.$$

여기서 $-(lx_0 + my_0 + nz_0) = d$라 두면 평면은 다음과 같이 일차방정식으로 나타난다.

$$lx + my + nz + d = 0$$

직선에서와 같이 벡터 $\mathbf{e}$가 반드시 단위벡터일 필요는 없다. 즉, 영이 아닌 벡터 $\mathbf{a} = \lambda\mathbf{e}$ $(\lambda \in \mathbb{R})$를 $\mathbf{e}$ 대신에 선택해도 같은 평면을 나타낸다. 따라서 $\lambda l,\ \lambda m,\ \lambda n$을 평면 π의 방향비라 부르고, 벡터 $\mathbf{a}$를 법벡터(normal vector)라 한다. 점 $\mathbf{x}_0$를 지나고 법벡터 $\mathbf{a}$에 수직인 평면 π의 벡터방정식은

$$(\mathbf{x} - \mathbf{x}_0) \cdot \mathbf{a} = 0$$

예제 8 동일직선상에 있지 않는 영이 아닌 세 벡터 $\mathbf{a}$, $\mathbf{b}$, $\mathbf{c}$가 한 평면 위에 있을 때, 이 평면의 방정식을 구하라.

풀이 $\mathbf{a}$, $\mathbf{b}$, $\mathbf{c}$가 한 평면 위의 벡터로서 동일직선상에 있지 않다면 두 벡터 $\mathbf{b} - \mathbf{a}$, $\mathbf{c} - \mathbf{a}$와는 평행하지 않으므로, $(\mathbf{b} - \mathbf{a}) \times (\mathbf{c} - \mathbf{a})$는 주어진 평면에 직교하는 영이 아닌 벡터(즉 법벡터)이다. 따라서 $\mathbf{a}$, $\mathbf{b}$, $\mathbf{c}$를 포함하는 평면의 방정식은

$$(\mathbf{x} - \mathbf{a}) \cdot (\mathbf{b} - \mathbf{a}) \times (\mathbf{c} - \mathbf{a}) = 0\,. \qquad \square$$

1.5 선형변환

변환은 크게 선형변환과 비선형변환의 두 가지로 나눈다. 예를 들면, 함수 f의 함숫값이 독립변수 x에 대한 일차항으로 이루어진 $f(x)=3x$인 경우 f는 선형변환, 즉 x에 관계없이 함숫값은 일정하게 3배이다. 그러나 비선형변환은 일정한 배수로 결정되지 않는 경우이다. 예를 들면, 함수 $f(x)=3x^2$의 $x=1$에 대한 함숫값은 3배인 3이지만 $x=2$에 대한 함숫값은 6배인 12이다. 이와 같이 입력값에 대한 출력값의 비가 일정하지 않은 변환이 비선형변환이다. 대부분의 변환은 비선형 형태를 갖지만 이런 변환들은 다루기가 어렵다. 그러나 선형변환은 수학적 모델화와 계산이 용이하다. 따라서 대부분 비선형변환을 선형변환으로 근사화함으로써 선형기법에 의한 변환의 특성을 파악한다.

(1) 선형변환과 행렬

정의 1.11 Linear Transform

다음과 같은 함수 $L:\mathbb{R}^n \to \mathbb{R}^m$을 선형변환이라 한다.

$$L(x_1, \cdots, x_n)=(a_{11}x_1+\cdots+a_{1n}x_n, \cdots, a_{m1}x_1+\cdots+a_{mn}x_n)$$

특히, $m=1$(하나의 종속변수)인 경우를 선형함수라 한다.

정의에서와 같이 선형변환은 종속변수가 각각 독립변수들의 일차결합으로 나타나는 함수를 의미한다. 따라서 선형변환은 일차항들의 계수들에 의하여 결정되므로 이 계수들의 행렬에 의하여 선형변환이 결정된다.

행렬의 정의 및 연산에 관한 기본내용은 선수학습으로 가정하고, 여기서는 생략하기로 한다.

독립변수, 종속변수, 계수들을 다음과 같이 행렬로 나타낼 수 있다.

$$X = \begin{bmatrix} x_1 \\ \vdots \\ x_n \end{bmatrix},\ Y = L(\mathbf{x}) = \begin{bmatrix} y_1 \\ \vdots \\ y_m \end{bmatrix},\ A = \begin{bmatrix} a_{11} & \cdots & a_{1n} \\ \vdots & \vdots & \vdots \\ a_{k1} & \cdots & a_{kn} \\ \vdots & \vdots & \vdots \\ a_{m1} & \cdots & a_{mn} \end{bmatrix}$$

이 행렬들에 의하여 선형변환을 다음과 같이 행렬곱으로 나타낼 수 있다.

$$AX = Y$$

계수들에 의하여 구성된 $m \times n$ 행렬 A를 선형변환의 표현행렬이라 하며 특별한 언급이 없으면 독립 또는 종속변수를 3차원 범위 내에서만 다룬다. 다음의 예제를 통하여 몇 가지 경우를 살펴보자.

예제 9 독립변수와 종속변수가 각각 하나인 경우의 선형함수는 다음과 같다.

$$y = f(x) = ax$$

이 함수를 행렬 형태로 나타내면

$$[y] = [a][x]$$

따라서 이 선형함수의 표현행렬은 1×1 행렬인 $[a]$이다. □

예제 10 독립변수가 3개인 선형함수는 상수 $a_i(i = 1,\ 2,\ 3)$에 대하여 다음과 같이 나타낼 수 있다.

$$y = f(x_1,\ x_2,\ x_3) = a_1 x_1 + a_2 x_2 + a_3 x_3$$

이 함수를 행렬 형태로 나타내면

$$[y] = [a_1\ a_2\ a_3] \begin{bmatrix} x_1 \\ x_2 \\ x_3 \end{bmatrix}$$

따라서 이 선형함수의 표현행렬은 1×3 행렬인 $[a_1\ a_2\ a_3]$이다. □

예제 11 독립변수 하나에 대하여 종속변수가 3개인 선형변환은 상수 $a_i(i = 1,\ 2,\ 3)$

에 대하여 다음과 같이 나타낼 수 있다.

$$y_i = f_i(x) = a_i x \ (i = 1,\ 2,\ 3)$$

이 변환을 행렬 형태로 나타내면

$$\begin{bmatrix} y_1 \\ y_2 \\ y_3 \end{bmatrix} = \begin{bmatrix} a_1 \\ a_2 \\ a_3 \end{bmatrix} [x]$$

따라서 이 선형변환의 표현행렬은 3×1 행렬인 $\begin{bmatrix} a_1 \\ a_2 \\ a_3 \end{bmatrix}$ 이다. □

예제 12 독립변수와 종속변수가 각각 3개인 선형변환은 상수 $a_{ij}(i,\ j = 1,\ 2,\ 3)$ 에 대하여 다음과 같이 나타낼 수 있다.

$$y_i = f_i(x_1,\ x_2,\ x_3) = a_{i1}x_1 + a_{i2}x_2 + a_{i3} \ (i = 1,\ 2,\ 3)$$

이 변환을 행렬 형태로 나타내면

$$\begin{bmatrix} y_1 \\ y_2 \\ y_3 \end{bmatrix} = \begin{bmatrix} a_{11} & a_{12} & a_{13} \\ a_{21} & a_{22} & a_{23} \\ a_{31} & a_{32} & a_{33} \end{bmatrix} \begin{bmatrix} x_1 \\ x_2 \\ x_3 \end{bmatrix}$$

따라서 이 선형변환의 표현행렬은 3×3 행렬인 $\begin{bmatrix} a_{11} & a_{12} & a_{13} \\ a_{21} & a_{22} & a_{23} \\ a_{31} & a_{32} & a_{33} \end{bmatrix}$ 이다. □

독립변수와 종속변수의 개수가 같은 n개인 선형변환을 n차 선형변환이라 하며, 표현행렬인 $n \times n$ 행렬을 n차 정방행렬이라 한다.

(2) 행렬식

선형변환은 입력값의 일차항들에 의해 출력값이 결정되는 특성을 갖고 있다. 즉, 선형변환은 일정한 형태의 변화구조를 갖고 있기 때문에 변화하는 정도를 기하학적인 의미의 양으로 표현할 수 있다. 즉, 기하학적 의미로서 선분(영역, 입체)의 길이(넓이, 부피)가 늘어나는 양으로 선형변환의 특성을 나타낸다. 이 양을 행렬식이라 하는데, 3차

이하인 선형변환의 행렬에 대한 행렬식을 계산하는 방법을 찾아보자.

선형변환은 선형구조를 유지하면서 변환하는 기하학적 의미를 갖는다. 이 변환에서는 두 가지 중요한 특성인 방향성의 변화, 길이(넓이 또는 부피)의 변화를 생각해볼 수 있다. 이 두 가지를 동시에 계산할 수 있는 도구가 바로 행렬식으로 선형변환의 행렬이 정방행렬인 경우에 정의된다.

① 방향성의 변화량

1차 선형변환 $L(x) = ax$에서 a가 양수이면 출력의 방향성이 입력의 방향성을 유지하므로 '양의 방향성'이라 하고, a가 음수이면 방향성이 반대이므로 '음의 방향성'이라고 한다.

2차 선형변환에서는 기본단위벡터 $\mathbf{e}_1$, $\mathbf{e}_2$의 변환벡터 $L(\mathbf{e}_1)$, $L(\mathbf{e}_2)$가 그림 1.24처럼 두 가지 경우로 나타난다. 첫 번째의 경우를 '양의 방향성', 두 번째를 '음의 방향성'이라고 한다.

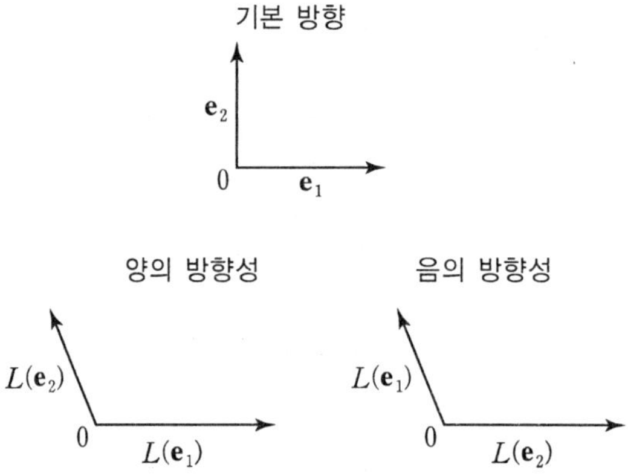

그림 1.24

3차 선형변환에서는 $\mathbf{e}_1$, $\mathbf{e}_2$, $\mathbf{e}_3$의 변환벡터 $L(\mathbf{e}_1)$, $L(\mathbf{e}_2)$, $L(\mathbf{e}_3)$가 그림 1.25처럼 두 가지 경우로 나타난다. 첫 번째의 경우를 '양의 방향성', 두 번째를 '음의 방향성'이라 한다.

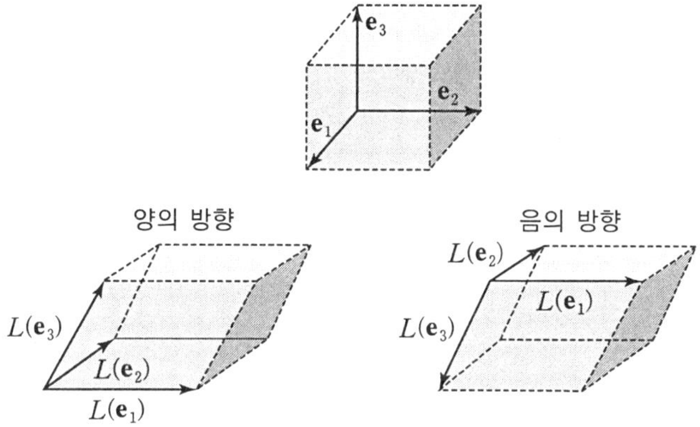

그림 1.25

② 길이(넓이, 부피)의 변화량

선형변환은 선형구조를 유지하면서 일정한 형태로 변환하므로, 위치에 관계없이 변환의 차원에 따라 길이, 넓이 또는 부피가 일정하게 늘어나는 특성을 갖고 있다. 3차원 선형변환 L의 예를 들면, 기본단위벡터 $\mathbf{e}_1$, $\mathbf{e}_2$, $\mathbf{e}_3$에 의하여 생성되는 단위부피의 정육면체는 $L(\mathbf{e}_1)$, $L(\mathbf{e}_2)$, $L(\mathbf{e}_3)$에 의하여 생성되는 부피 $|L(\mathbf{e}_1)\times L(\mathbf{e}_2)\cdot L(\mathbf{e}_3)|$의 평행육면체로 변환한다. 따라서 이 선형변환은 부피가 $|L(\mathbf{e}_1)\times L(\mathbf{e}_2)\cdot L(\mathbf{e}_3)|$배로 늘어난다고 말할 수 있다.

이와 같이 정방행렬로 표현되는 선형변환의 방향성과 길이, 넓이 또는 부피의 변화량을 나타내는 도구로써 행렬식을 다음과 같이 정의한다.

정의 1.12 Determinant

1차, 2차 또는 3차의 정방행렬 $A=[a_{ij}]$를 표현행렬로 하는 선형변환 L 각각의 길이, 넓이 또는 부피가 $a(>0)$배로 늘어날 때 변환의 방향성에 따라 $|A|$를 다음과 같이 정의하고, 이것을 선형변환 L의 행렬식 또는 표현행렬 A의 행렬식이라 한다.

$$|A| := \begin{cases} a & : \text{양의 방향성} \\ -a & : \text{음의 방향성} \end{cases}$$

정의 1.12을 이용하여 3 차 이하의 행렬에 대한 행렬식을 쉽게 유도할 수 있다. 먼저 방향성을 고려한 길이의 변화량, 즉 1차 행렬에 대한 행렬식은 다음과 같다.

정리 1.21 Determinant of 1×1 matrix

1차 행렬 $A=[a]$의 행렬식 $|A|$는 a이다. 즉,

$$|a|=a$$

여기서, $|a|$는 절댓값이 아님을 주의해야 한다.

방향성을 고려한 넓이의 변화량, 즉 2차 행렬의 행렬식은 다음과 같다.

정리 1.22 Determinant of 2×2 matrix

2차 행렬 $A=\begin{bmatrix} a & b \\ c & d \end{bmatrix}$의 행렬식 $|A|$는 $ad-bc$이다. 즉,

$$\begin{vmatrix} a & b \\ c & d \end{vmatrix}=ad-bc$$

방향성을 고려한 부피의 변화량, 즉 3차 행렬의 행렬식은 다음과 같다.

정리 1.23 Determinant of 3×3 matrix

3차 행렬 $A=\begin{bmatrix} a_1 & b_1 & c_1 \\ a_2 & b_2 & c_2 \\ a_3 & b_3 & c_3 \end{bmatrix}$의 행렬식 $|A|$는 $\mathbf{a}\times\mathbf{b}\cdot\mathbf{c}$이다. 즉,

$$\begin{aligned} |A| &= \begin{vmatrix} a_1 & b_1 & c_1 \\ a_2 & b_2 & c_2 \\ a_3 & b_3 & c_3 \end{vmatrix} \\ &= (a_2 b_3 - a_3 b_2)c_1 + (a_3 b_1 - a_1 b_3)c_2 + (a_1 b_2 - a_2 b_1)c_3 \end{aligned}$$

행렬의 각 행과 열의 위치를 바꾼 행렬을 전치행렬이라 하고 A^T로 표기한다. 즉, 행렬 $A = \begin{bmatrix} a_1 & b_1 & c_1 \\ a_2 & b_2 & c_2 \\ a_3 & b_3 & c_3 \end{bmatrix}$에 대하여 다음과 같다.

$$A^T = \begin{bmatrix} a_1 & a_2 & a_3 \\ b_1 & b_2 & b_3 \\ c_1 & c_2 & c_3 \end{bmatrix}$$

정리 1.23을 이용하여 다음과 같은 기본성질을 얻을 수 있다.

정리 1.24

3차 정방행렬 A에 대하여

(1) 행렬의 전치연산은 행렬식에 영향을 주지 않는다. 즉, $|A^T| = |A|$이다.

(2) 행렬의 두 행(열)을 교환하면 행렬식은 부호가 바뀐다.

(3) 3차 행렬의 행렬식은 다음과 같이 2차 행렬식을 이용하여 계산될 수 있다.

$$\begin{bmatrix} a_1 & a_2 & a_3 \\ b_1 & b_2 & b_3 \\ c_1 & c_2 & c_3 \end{bmatrix} = a_1 \begin{vmatrix} b_2 & b_3 \\ c_2 & c_3 \end{vmatrix} - a_2 \begin{vmatrix} b_1 & b_3 \\ c_1 & c_3 \end{vmatrix} + a_3 \begin{vmatrix} b_1 & b_2 \\ c_1 & 2_2 \end{vmatrix}$$

예제 13 2차 행렬식을 이용하여 행렬 $A = \begin{bmatrix} 1 & 2 & 0 \\ -1 & 3 & 2 \\ -2 & 0 & 4 \end{bmatrix}$의 행렬식을 구하라.

풀이 정리 1.24(3)에 의하여

$$\begin{vmatrix} 1 & 2 & 0 \\ -1 & 3 & 2 \\ -2 & 0 & 4 \end{vmatrix} = 1 \begin{vmatrix} 3 & 2 \\ 0 & 4 \end{vmatrix} - 2 \begin{vmatrix} -1 & 2 \\ -2 & 4 \end{vmatrix} + 0 \begin{vmatrix} -1 & 3 \\ -2 & 0 \end{vmatrix} = 12$$

이다. □

제1장 연습문제

1. 벡터 $\mathbf{u}$, $\mathbf{v}$를 이용하여 벡터 $\mathbf{w}$를 기하학적으로 표현하라.

(1) $\mathbf{w} = \mathbf{u} + \frac{3}{2}\mathbf{v}$

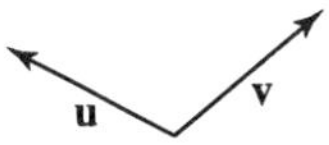

(2) $\mathbf{w} = 2\mathbf{u} - 3\mathbf{v}$

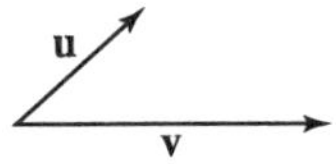

(3) $\mathbf{w} = \mathbf{u}_1 + \mathbf{u}_2 + \mathbf{u}_3$

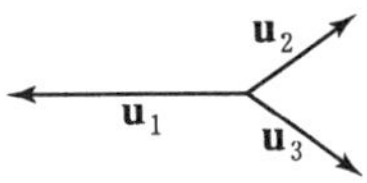

(4) $\mathbf{w} = \mathbf{u}_1 + 2\mathbf{u}_2 + \mathbf{u}_3$

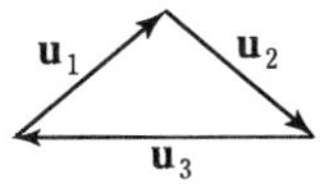

2. 벡터 $\mathbf{u}$, $\mathbf{v}$, $\mathbf{w}$가 다음의 그림과 같을 때, 벡터 $\mathbf{u}$, $\mathbf{v}$를 이용하여 $\mathbf{w}$를 표현하라.

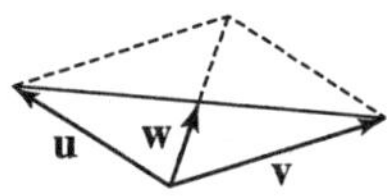

3. 다음의 점 P_1과 P_2에 대해서 유향선분 $\overrightarrow{P_1P_2}$의 좌표벡터를 구하라.

(1) $P_1(1,\ 2)$, $P_2(4,\ 5)$

(2) $P_1(-1,\ -3)$, $P_2(-2,\ 1)$

4. 벡터 $\mathbf{v} = [3,\ -4,\ 5]$에 대하여 다음을 구하라.

(1) $\mathbf{v}$방향의 단위벡터

(2) $\mathbf{v}$와 반대방향이며 길이가 5인 벡터

5. $\mathbf{a} = [3,\ -1]$, $\mathbf{b} = [1,\ -1]$, $\mathbf{c} = [0,\ 5]$에 대하여 다음을 구하라.

(1) $-4\mathbf{a} + 3\mathbf{b}$ (2) $\mathbf{b} \cdot \mathbf{c}$ (3) $(\mathbf{a} + \mathbf{b}) \cdot \mathbf{c}$

(4) $2\mathbf{c} \cdot (3\mathbf{a} + 4\mathbf{b})$ (5) $\|\mathbf{b}\|\mathbf{b} \cdot \mathbf{a}$ (6) $\|\mathbf{c}\|^2 - \mathbf{c} \cdot \mathbf{c}$

6. $\mathbf{a}$와 $\mathbf{b}$의 끼인각을 구하라.

(1) $\mathbf{a}=4\mathbf{e}_1+3\mathbf{e}_2$, $\mathbf{b}=-8\mathbf{e}_1-6\mathbf{e}_2$

(2) $\mathbf{a}=2\mathbf{e}_1+2\mathbf{e}_2-\mathbf{e}_3$, $\mathbf{b}=6\mathbf{e}_1-3\mathbf{e}_2+2\mathbf{e}_3$

(3) $\mathbf{a}=\sqrt{3}\,\mathbf{e}_1+\mathbf{e}_2$, $\mathbf{b}=3\mathbf{e}_1+\sqrt{3}\,\mathbf{e}_2$

(4) $\mathbf{a}=2\mathbf{e}_1+3\mathbf{e}_2+\mathbf{e}_3$, $\mathbf{b}=4\mathbf{e}_1-2\mathbf{e}_2-2\mathbf{e}_3$

7. 벡터 $\mathbf{a}$와 같은 방향의 단위벡터 $\mathbf{u}$를 찾고, $\mathbf{u}=u_1\mathbf{e}_1+u_2\mathbf{e}_2$ 형태로 표시하라.

(1) $\mathbf{a}=[-3,\ -4]$　(2) $\mathbf{a}=[1,\ -7]$

(3) $\mathbf{a}=[0,\ -4]$　(4) $\mathbf{a}=[-5,\ -12]$

8. $[1,\ -2,\ -3]$, $[-3,\ 2,\ 0]$과 동시에 수직인 벡터를 모두 구하라.

9. 길이가 10이고 벡터 $-4\mathbf{e}_1+5\mathbf{e}_2+\mathbf{e}_3$, $4\mathbf{e}_1+\mathbf{e}_2$와 동시에 수직인 두 벡터를 구하라.

10. 다음의 벡터 $\mathbf{a}$, $\mathbf{b}$에 대하여 $\mathbf{b}$ 위로 $\mathbf{a}$의 정사영을 구하라.

(1) $\mathbf{b}=-\mathbf{e}_1+5\mathbf{e}_2+3\mathbf{e}_3$, $\mathbf{a}=-\mathbf{e}_1+\mathbf{e}_2-\mathbf{e}_3$

(2) $\mathbf{b}=5\mathbf{e}_1+5\mathbf{e}_2+2\mathbf{e}_3$, $\mathbf{a}=-\sqrt{5}\,\mathbf{e}_1+\sqrt{5}\,\mathbf{e}_2+\mathbf{e}_3$

11. $\mathbf{a}=[3,\ 3,\ 1]$, $\mathbf{b}=[-2,\ -1,\ 0]$, $\mathbf{c}=[-2,\ -3,\ -1]$일 때, 다음을 구하라.

(1) $\mathbf{a}\times\mathbf{b}$　(2) $\mathbf{a}\times(\mathbf{b}+\mathbf{c})$　(3) $\mathbf{a}\cdot(\mathbf{b}+\mathbf{c})$

12. 외적을 이용하여 벡터 $\mathbf{a}=\mathbf{e}_1+2\mathbf{e}_2+3\mathbf{e}_3$, $\mathbf{b}=-2\mathbf{e}_1+2\mathbf{e}_2-4\mathbf{e}_3$와 동시에 수직인 벡터를 모두 구하라.

13. $\mathbf{a}=2\mathbf{e}_1+2\mathbf{e}_2-\mathbf{e}_3$, $\mathbf{b}=-\mathbf{e}_1+\mathbf{e}_2-4\mathbf{e}_3$를 이웃 변으로 하는 평행사변형 넓이를 구하라.

14. $(3,\ 2,\ 1)$, $(2,\ 4,\ 6)$, $(-1,\ 2,\ 5)$를 꼭짓점으로 하는 삼각형 넓이를 구하라.

15. $\mathbf{a}\times\mathbf{b}=\mathbf{0}$이고 $\mathbf{a}$, $\mathbf{b}$가 0이 아니라면, $\mathbf{a}$는 $\mathbf{b}$에 평행임을 보여라.

16. 정리 1.17(2)를 증명하라.

17. 점 $(-2,\ 0,\ 4)$를 지나고 벡터 $\mathbf{v}=2\mathbf{e}_1+4\mathbf{e}_2-2\mathbf{e}_3$에 평행인 직선의 벡터방정식과 성분방정식을 구하라.

18. 점 $A(-3,\ 2,\ -3)$과 $B(1,\ -1,\ 4)$를 지나는 직선의 벡터방정식과 성분방정식을 구하라.

19. 평행이 아닌 두 벡터 $\mathbf{a}$, $\mathbf{b}$에 평행하고, 점 A를 지나는 평면의 방정식을 구하라.

20. 점 $A(3,\ 0,\ 7)$을 지나고, $B=5\mathbf{e}_1+2\mathbf{e}_2-\mathbf{e}_3$에 수직인 평면의 벡터방정식과 성분방정식을 구하라.

21. 점 $A(0,\ 0,\ 1)$, $B(2,\ 0,\ 0)$, $C(0,\ 3,\ 0)$을 지나는 평면의 벡터방정식과 성분방정식을 구하라.

22. 다음 선형변환의 표현행렬을 구하라.

(1) $f(x)=3x$

(2) $f(x)=(2x,\ -4x)$

(3) $f(x,\ y)=2x+3y$

(4) $f(x,\ y)=(x+2y,\ -2x+y,\ x-y)$

(5) $f(x,\ y,\ z)=(2x+y,\ x+y+z)$

(6) $f(x,\ y,\ z)=(x-y-z,\ 2x-y+z,\ x+z)$

23. 표현행렬이 다음과 같은 선형변환을 함수식으로 나타내어라.

(1) $[7]$ (2) $[-2,\ 1,\ 4]$ (3) $\begin{bmatrix} 5 & 3 \\ -2 & 3 \end{bmatrix}$ (4) $\begin{bmatrix} 1 & 2 & 1 \\ 1 & 2 & 3 \\ 3 & -1 & 4 \end{bmatrix}$

24. 독립변수 x_i에 대한 종속변수 y_j의 관계식이 다음과 같은 선형변환을 행렬곱으로 나타내어라.

(1) $y = 2x$

(2) $y = 3x_1 - x_2 + 2x_3$

(3) $(y_1, y_2) = (x_1 + x_2, x_1 - x_2)$

(4) $(y_1, y_2, y_3) = (x, -2x, -x)$

(5) $(y_1, y_2, y_3) = (2x_1 + x_2 + 2x_3, 2x_2 + x_3, 3x_1 + 2x_2 + 3x_3)$

25. 다음의 3차 행렬식 계산을 두 가지 방법(① 벡터의 내적·외적 이용, ② 2차 행렬식 이용)으로 계산하라.

(1) $\begin{vmatrix} 9 & 0 & 0 \\ 0 & 7 & 0 \\ 0 & 0 & 8 \end{vmatrix}$ (2) $\begin{vmatrix} 1 & 3 & 4 \\ 2 & 1 & 0 \\ 3 & 5 & -1 \end{vmatrix}$ (3) $\begin{vmatrix} 6 & 7 & 2 \\ 1 & 4 & 3 \\ -1 & 1 & 4 \end{vmatrix}$

26. 평면의 각 점을 직선 $y = -x$에 대칭시키는 선형변환의 표현행렬, 방향성과 넓이 변화를 결정하라.

27. 평면의 각 점을 원점에 대칭시키는 선형변환의 표현행렬, 방향성과 넓이 변화를 결정하라.

28. 평면에서 넓이가 5인 영역이 변환식 $(y_1, y_2) = (x_1 + 4x_2, 3x_1 + 2x_2)$에 의하여 변환된 영역의 넓이를 구하라.

29. 공간의 각 점을 평면 $y = -x$에 대칭시키는 선형변환의 방향성과 부피 변화를 결정하라.

30. 공간의 각 점을 원점에 대칭시키는 선형변환의 방향성과 부피 변화를 결정하라.

제2장

벡터함수의 미분

함수는 독립변수와 종속변수의 개수에 따라 형태가 분류된다. n개의 독립변수에 대하여 하나의 종속변수를 갖는 함수를 n변수 (스칼라)함수, 여러 개의 종속변수를 갖는 함수를 n변수 벡터함수라 한다. 미적분학의 기초에서 주로 다루는 1변수 스칼라함수에 대한 미분은 비교적 간단하다. 그러나 2변수 이상의 함수, 즉 다변수함수에 대한 미분의 정확한 개념은 다소 복잡하다. 따라서 이 장에서는 1변수 스칼라함수의 미분을 이용하여 좀더 간단한 방법으로 다변수 스칼라 및 벡터함수의 미분을 정의한다.

미분은 비선형변환을 선형변환으로 근사화하기 위한 하나의 도구로 해석될 수 있다. 1변수 함수의 경우, 각 점에 대한 접선을 그래프로 갖는 함수가 주어진 함수와 가장 가까운 선형함수이다. 이 선형함수는 하나의 기울기에 의해 결정되지만, 다변수함수인 경우의 근사 선형변환은 하나의 행렬에 의하여 결정된다. 따라서 다변수함수의 도함수를 행렬 형태의 일반적인 모양으로 정의한다.

다변수함수에 대한 미분의 개념은 3차원 공간 내에서의 함수, 즉 독립변수 또는 종속변수가 3개 이하인 함수에 대한 미분을 이해함으로써 자연스럽게 일반화될 수 있으므로 3차원 공간 내에서의 미분을 다루기로 한다.

2.1 스칼라함수의 미분

(1) 1변수 스칼라함수 $y=f(x)$의 미분

① 미분

함수 $y=f(x)$의 각 점 x에 대하여, 점 x를 중심으로 순간변화량 Δx에 대한 y의 변화량 Δy의 비를 함숫값으로 하는 새로운 함수 $f'(x)$ 또는 $\dfrac{df(x)}{dx}$는 다음과 같이 정의된다.

$$f'(x) := \lim_{\Delta x \to 0} \frac{\Delta y}{\Delta x} = \lim_{\Delta x \to 0} \frac{f(x+\Delta x)-f(x)}{\Delta x}$$

$f'(x)$의 정의에 의하여, 점 x 근방에서 x의 증가량 Δx에 대한 함숫값 y의 증가량 Δy를 근사적으로 다음과 같이 나타낼 수 있다.

$$\Delta y \approx f'(x)\Delta x$$

함수 $y=f(x)$의 점 x에서, x의 증가량 $dx=\Delta x$를 독립변수로 하는 새로운 함수 $df(x)$를 다음과 같이 정의하자.

정의 2.1

함수 $y=f(x)$에 대하여 다음과 같이 정의된 함수 $df(x)$를 $f(x)$의 미분이라 한다.

$$df(x)(dx) := f'(x)dx$$

미분 $df(x)$를 다음과 같이 간단히 표기하기도 한다.

$$df(x)=f'(x)dx, \text{ 또는 } dy=f'(x)dx$$

특히, $df(a)=f'(a)dx$를 점 $x=a$에서의 미분이라 한다.

$df(x)$는 점 x 근방에서 기존의 함수 $y=f(x)$와 가장 근사한 선형함수임을 의미한다. 그림 2.1과 같이 좌표평면의 점 $(a,\ f(a))$에서 주어진 함수 $y=f(x)$와 가장 가까운 직선으로서의 함수식은 다음과 같다.

$$y=f'(a)(x-a)+f(a)$$

이 직선을 점 $(a,\ f(a))$를 기준점(원점)으로 하였을 때의 방정식으로 나타내면

$$y=f'(a)x.$$

이 직선 함수는 $dy=f'(a)dx$에서 dx를 x, dy를 y로 나타낸 것과 같다. 따라서

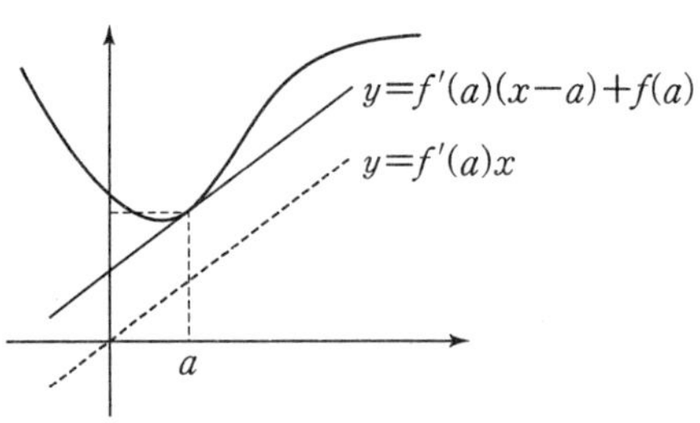

그림 2.1

$df(a)$는 점 $x=a$ 근방에서 $y=f(x)$와 가장 가까운 직선으로, 점 $(a, f(a))$를 원점으로 하였을 때의 선형함수를 의미한다.

(예) $f(x)=2x^4$의 미분 $df(x)$는 $f'(x)=8x^3$이므로 $df(x)=8x^3dx$이다.

예제 1 $f(x)=x^2\cos x$일 때, 점 $x=\frac{\pi}{2}$에서의 미분 $df\left(\frac{\pi}{2}\right)$를 구하라.

풀이 $f'(x)=2x\cos x-x^2\sin x$이므로

$$\begin{aligned} f'\left(\frac{\pi}{2}\right) &= \pi\cos\left(\frac{\pi}{2}\right)-\frac{\pi^2}{4}\sin\left(\frac{\pi}{2}\right) \\ &= -\frac{\pi^2}{4}. \end{aligned}$$

따라서 $df\left(\frac{\pi}{2}\right)=f'\left(\frac{\pi}{2}\right)dx=-\frac{\pi^2}{4}dx.$ □

$x=a$에서의 증가량 $dx=\Delta x$가 아주 작은 값이면 함숫값의 증가량 Δy는 $dy=f'(a)dx$에 가까운 값이 되므로, 미분을 이용하여 함수의 근삿값을 계산할 수 있다. 즉, $f(a)$와 $f'(a)$를 이용하여 점 $x=a+dx$에서의 함숫값의 근삿값을 다음과 같이 계산한다.

$$\begin{aligned} f(a+dx) &= f(a)+(f(a+dx)-f(a)) \\ &= f(a)+\Delta y \\ &\approx f(a)+f'(a)dx \end{aligned}$$

예제 2 $\sqrt{98}$의 근삿값을 구하라.

풀이 $f(x)=\sqrt{x}$라 하면 $f'(x)=\frac{1}{2\sqrt{x}}$이다. 점 $x=100$에서 x의 증가량을 $dx=-2$라 하면 근삿값 계산식에 의하여

$$\begin{aligned} \sqrt{98} &= f(100+dx) \\ &\approx f(100)+f'(100)(-2) \end{aligned}$$

$$= \sqrt{100} + \frac{1}{2\sqrt{100}}(-2)$$

$$= 9.9. \qquad \square$$

② 도함수

함수 $y=f(x)$의 미분인 $df(x)$는 선형함수이므로 다음과 같이 벡터로 표현할 수 있다.

$$df(x)([dx]) = [f'(x)][dx] \text{ 또는 } dy([dx]) = [f'(x)][dx]$$

즉, 선형변환 $df(x)$의 행렬표현은 1×1 행렬인 $[f'(x)]$이다. 1변수 스칼라함수인 경우 $f'(x)$를 도함수로 정의하지만, 다변수함수의 도함수로 일반화하기 위하여 $y=f(x)$의 도함수를 다음과 같이 정의한다.

정의 2.2

함수 $y=f(x)$에 대하여 다음의 1×1 행렬 $Df(x)$를 $f(x)$의 도함수라 한다.

$$Df(x) := [f'(x)]$$

주 1변수 스칼라함수 $f(x)$의 경우 $f'(x)$와 행렬 $Df(x) = [f'(x)]$를 동일하게 f의 도함수라 한다.

(예) $f(x)=x^2$의 경우 $df(x)=2xdx$이므로 미분은 $df(x)([dx]) = [2x][dx]$이고, $f(x)$의 도함수는 $Df(x)=[2x]$이다.

(2) 다변수 스칼라함수 $w=f(x, y, z)$의 미분

하나의 독립변수를 갖는 스칼라함수에 대한 도함수와 미분을 앞에서 정의하였다. 이 개념을 바탕으로 여러 개의 독립변수를 갖는 스칼라함수에 대한 편도함수와 미분을 생각할 수 있다. 여기서는 3개 이하의 독립변수를 갖는 스칼라함수에 대한 편도함수 및 미분에 대한 개념을 소개한다.

① 편도함수

3변수함수 $w = f(x,\ y,\ z)$에 대한 편도함수를 생각해보자. 3개의 독립변수 $x,\ y,\ z$에 의하여 종속변수 w가 결정되므로 독립변수의 다양한 변화에 따른 함숫값의 변화량을 생각하기가 쉽지 않다. 따라서 1변수 스칼라함수의 도함수를 이용하여 편도함수를 정의한다. 즉, 하나의 독립변수에 대하여 나머지 변수들을 상수로 취급하는 3개의 스칼라함수를 생각할 수 있다. 예를 들어, $f(x,\ y,\ z)$에서 $y,\ z$를 각각 상수 $c_1,\ c_2$로 고정시키면 $f(x,\ c_1,\ c_2)$는 x를 독립변수로 하는 1변수 스칼라함수이다. 따라서 함수 f의 x에 관한 도함수 $\dfrac{df(x,\ c_2,\ c_3)}{dx}$를 생각할 수 있다. 이 도함수를 $y = f(x)$의 도함수와 구별하기 위하여 $\dfrac{\partial f}{\partial x}$, y_x 또는 f_x로 표기하며, 함수 f의 x에 관한 편도함수라 한다. 즉

$$\frac{\partial f}{\partial x} := \lim_{\Delta x \to 0} \frac{f(x+\Delta x,\ c_2,\ c_3) - f(x,\ c_2,\ c_3)}{\Delta x}.$$

이와 같은 방법으로, 함수 f의 $y,\ z$에 관한 각 편도함수를 $\dfrac{\partial f}{\partial y}$, $\dfrac{\partial f}{\partial z}$ 또는 f_y, f_z라 표기하며, 다음과 같이 나타낼 수 있다.

$$\frac{\partial f}{\partial y} := \lim_{\Delta y \to 0} \frac{f(c_1,\ y+\Delta y,\ c_3) - f(c_1,\ y,\ c_3)}{\Delta y}$$

$$\frac{\partial f}{\partial z} := \lim_{\Delta z \to 0} \frac{f(c_1,\ c_2,\ z+\Delta z) - f(c_1,\ c_2,\ z)}{\Delta z}$$

$f(x,\ y,\ z)$에서 하나의 변수 이외의 변수들을 상수로 취급하였을 때의 세 가지 도함수인 편도함수의 일반적인 모양을 요약하면 다음과 같다.

$$\frac{\partial f}{\partial x} := \lim_{\Delta x \to 0} \frac{f(x+\Delta x,\ y,\ z) - f(x,\ y,\ z)}{\Delta x}$$

$$\frac{\partial f}{\partial y} := \lim_{\Delta y \to 0} \frac{f(x,\ y+\Delta y,\ z) - f(x,\ y,\ z)}{\Delta y}$$

$$\frac{\partial f}{\partial z} := \lim_{\Delta z \to 0} \frac{f(x,\ y,\ z+\Delta z) - f(x,\ y,\ z)}{\Delta z}$$

예제 3 함수 $f(x,\ y)=x^2y+y^3$의 편도함수 $\dfrac{\partial f}{\partial x}$, $\dfrac{\partial f}{\partial y}$를 구하라.

풀이 편도함수 $\dfrac{\partial f}{\partial x}$는 y를 상수로 취급하였을 때의 x에 관한 도함수이므로

$$\begin{aligned}\frac{\partial f}{\partial x}&=\frac{\partial(x^2y+y^3)}{\partial x}\\&=2xy.\end{aligned}$$

편도함수 $\dfrac{\partial f}{\partial y}$는 x를 상수로 취급하였을 때의 y에 관한 도함수이므로

$$\begin{aligned}\frac{\partial f}{\partial y}&=\frac{\partial(x^2y+y^3)}{\partial y}\\&=x^2+3y^2.\end{aligned}$$

□

예제 4 함수 $f(x,\ y)=\dfrac{2y}{y+\cos x}$의 f_x, f_y를 구하라.

풀이 y를 상수로 취급하였을 때의 x에 관한 도함수인 편도함수 f_x를 구하면

$$\begin{aligned}f_x&=\frac{\partial}{\partial x}\left(\frac{2y}{y+\cos x}\right)\\&=\frac{(y+\cos x)\dfrac{\partial}{\partial x}(2y)-2y\dfrac{\partial}{\partial x}(y+\cos x)}{(y+\cos x)^2}\\&=\frac{(y+\cos x)(0)-2y(-\sin x)}{(y+\cos x)^2}\\&=\frac{2y\sin x}{(y+\cos x)^2}.\end{aligned}$$

x를 상수로 취급하였을 때의 y에 관한 도함수인 편도함수 f_y를 구하면

$$\begin{aligned}f_y&=\frac{\partial}{\partial y}\left(\frac{2y}{y+\cos x}\right)\\&=\frac{(y+\cos x)\dfrac{\partial}{\partial y}(2y)-2y\dfrac{\partial}{\partial y}(y+\cos x)}{(y+\cos x)^2}\end{aligned}$$

$$= \frac{(y+\cos x)(2)-2y(1)}{(y+\cos x)^2}$$

$$= \frac{2\cos x}{(y+\cos x)^2}.$$

□

예제 5 함수 $f(x,\ y,\ z) = xy + 2yz + 3zx$의 $\frac{\partial f}{\partial x},\ \frac{\partial f}{\partial y},\ \frac{\partial f}{\partial z}$를 구하라.

풀이 y, z를 상수로 취급하였을 때의 x에 관한 도함수인 편도함수 $\frac{\partial f}{\partial x}$를 구하면

$$\frac{\partial f}{\partial x} = \frac{\partial(xy+2yz+3zx)}{\partial x}$$
$$= y + 3z.$$

x, z를 상수로 취급하였을 때의 y에 관한 도함수인 편도함수 $\frac{\partial f}{\partial y}$를 구하면

$$\frac{\partial f}{\partial y} = \frac{\partial(xy+2yz+3zx)}{\partial y}$$
$$= x + 2z.$$

x, y를 상수로 취급하였을 때의 z에 관한 도함수인 편도함수 $\frac{\partial f}{\partial z}$를 구하면

$$\frac{\partial f}{\partial z} = \frac{\partial(xy+2yz+3zx)}{\partial z}$$
$$= 2y + 3x.$$

□

② 미분

1변수 스칼라함수의 미분은 하나의 독립변수에 대해서 함숫값의 변화율인 도함수를 이용하여 기존의 함수와 근사한 선형함수를 나타낸 것이다. 그러나 여러 개의 독립변수를 갖는 함수에서는 여러 개의 편도함수가 있다. 이 편도함수들을 이용하여 기존의 함수 $f(\mathbf{x})$, $\mathbf{x} = (x,\ y,\ z)$와 근사한 선형함수의 의미로서 미분을 다음과 같이 정의한다.

정의 2.3

점 $\mathbf{x}=(x, y, z)$에서 스칼라함수 $f(\mathbf{x})$의 미분 $df(\mathbf{x})$를 다음과 같이 정의한다.

$$df(\mathbf{x})(d\mathbf{x})=\left(\frac{\partial f}{\partial x}(\mathbf{x})\right)dx+\left(\frac{\partial f}{\partial y}(\mathbf{x})\right)dy+\left(\frac{\partial f}{\partial z}(\mathbf{x})\right)dz$$

여기서, $d(\mathbf{x})=(dx, dy, dz)$이다.

점 $\mathbf{x}=(x, y, z)$와 $d\mathbf{x}$를 생략하고 다음과 같이 간단히 나타내기도 한다.

$$df=\frac{\partial f}{\partial x}dx+\frac{\partial f}{\partial y}dy+\frac{\partial f}{\partial z}dz \text{ 또는}$$
$$df=f_x\,dx+f_y\,dy+f_z\,dz$$

이 함수는 점 $\mathbf{x}=(x, y, z)$ 근방에서 기존의 함수 $f(\mathbf{x})$와 가장 근사한 선형함수임을 의미한다.

예제 6 예제 4, 5의 미분 df를 구하라.

풀이 예제 4에서 $f_x=\dfrac{2y\sin x}{(y+\cos x)^2}$, $f_y=\dfrac{2\cos x}{(y+\cos x)^2}$이므로

$$df=\frac{2y\sin x}{(y+\cos x)^2}dx+\frac{2\cos x}{(y+\cos x)^2}dy.$$

예제 5에서 $f_x=y+3z$, $f_y=x+2z$, 그리고 $f_z=2y+3x$이므로

$$df=(y+3z)dx+(x+2z)dy+(2y+3x)dz.$$ □

예제 7 반지름이 $r_0=10$인 원에서 반지름을 $dr=0.1$만큼 증가시켰을 때, 미분을 이용하여 넓이의 변화량을 근사적으로 구하고 실제 변화량과 비교하라.

풀이 반지름이 r인 원의 넓이에 대한 함수 $A(r)=\pi r^2$의 미분 $dA(r)$은

$$dA=A'(r)dr=2\pi r\,dr.$$

$r=10$, $dr=0.1$을 대입하면

$$dA = 2\pi(10)(0.1) = 2\pi.$$

따라서 변화량의 근삿값은 2π이다. 실제 변화량 ΔA를 계산하면

$$\begin{aligned}\Delta A &= \pi(10.1)^2 - \pi(10)^2\\ &= (102.01 - 100)\pi\\ &= 2.01\pi.\end{aligned}$$

그런데 실제값과 근삿값의 오차는 $0.01\pi \fallingdotseq 0.0314$로서 미분에 의한 계산이 실제값에 아주 가까움을 알 수 있다. □

미분의 개념을 좀더 직관적으로 이해하기 위하여 2변수함수 $z = f(x, y)$를 중심으로 설명해보자.

점 $\mathbf{p}_0 = (x_0, y_0)$에서 2변수함수 $z = f(x, y)$의 미분은 다음과 같다.

$$df(\mathbf{p}_0) = \left(\frac{\partial f}{\partial x}(\mathbf{p}_0)\right)dx + \left(\frac{\partial f}{\partial y}(\mathbf{p}_0)\right)dy$$

$df(\mathbf{p}_0)$는 2개의 독립변수 dx, dy에 대한 1차식, 즉 선형함수이다. 따라서 점 $\mathbf{p}_0 = (x_0, y_0)$의 근방에서 2변수함수 $z = f(x, y)$의 그래프인 곡면과 가장 가까운 평면(접평면)은 미분에 의하여 다음의 방정식으로 나타낼 수 있다.

$$z = \left(\frac{\partial f}{\partial x}(\mathbf{p}_0)\right)x + \left(\frac{\partial f}{\partial y}(\mathbf{p}_0)\right)y$$

다시 말하면, 그림 2.2와 같이 좌표공간의 점 $(x_0, y_0, f(x_0, y_0))$를 기준점(원점)으

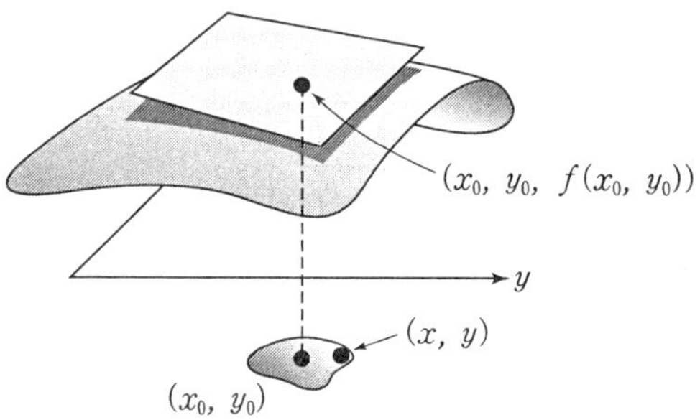

그림 2.2

로 하였을 때, 이 점에서 주어진 함수 $z=f(x,\ y)$와 가까운 평면의 방정식을 의미한다. 이 평면을 기존의 원점에 대한 방정식으로 나타내면

$$z=\left(\frac{\partial f}{\partial x}(\mathbf{p}_0)\right)(x-x_0)+\left(\frac{\partial f}{\partial y}(\mathbf{p}_0)\right)(y-y_0)+f(x_0,y_0)$$

예제 8 점 $(1,\ 0,\ 2)$에서 $z=x^2+y^4+e^{xy}$의 그래프의 접평면 방정식을 계산하라.

풀이 함수 $z=f(x,\ y)=x^2+y^4+e^{xy}$의 편미분을 계산하면

$$\frac{\partial z}{\partial x}=2x+ye^{xy},$$

$$\frac{\partial z}{\partial y}=4y^3+xe^{xy}.$$

$(x_0,\ y_0,\ z_0)=(1,\ 0,\ 2)$라 두면 점 $\mathbf{p}_0=(x_0,\ y_0)$에서의 편미분의 값은 각각 2, 1을 가진다. 그러므로 접평면의 방정식은

$$z=2(x-1)+1(y-0)+2,\ \text{즉}\ z=2x+y. \qquad \square$$

점 $(x_0,\ y_0)$에서 x와 y의 증가량 $dx=\Delta x$, $dy=\Delta y$가 아주 작은 값이면, 함숫값의 증가량 Δf는 미분인 df와 가깝다. 따라서 2변수함수 $z=f(x,\ y)$에서 $f(x_0,\ y_0)$와 $\frac{\partial f}{\partial x}(x_0,\ y_0)$, $\frac{\partial f}{\partial y}(x_0,\ y_0)$를 이용하여 점 $\mathbf{x}=(a+dx,\ b+dy)$에서의 함숫값의 근삿값을 다음과 같이 계산한다.

$$\begin{aligned}f(x_0+\Delta x,\ y_0+\Delta y)&=f(x_0,\ y_0)+(f(x_0+dx,\ y_0+dy)-f(x_0,\ y_0))\\&=f(x_0,\ y_0)+\Delta f(x_0,\ y_0)\\&\approx f(x_0,\ y_0)+\left(\frac{\partial f}{\partial x}(x_0,\ y_0)\right)dx+\left(\frac{\partial f}{\partial y}\right)(x_0,\ y_0)dy\end{aligned}$$

예제 9 $\sqrt{(3.01)^2+(4.01)^2}$의 근삿값을 구하라.

풀이 함수 $f(x,\ y)=\sqrt{x^2+y^2}$에서 $(x_0,\ y_0)=(3,\ 4)$, $dx=0.01=dy$라 두면,

$$\frac{\partial f}{\partial x} = \frac{x}{\sqrt{x^2+y^2}},$$
$$\frac{\partial f}{\partial y} = \frac{y}{\sqrt{x^2+y^2}}$$

이므로 $\frac{\partial f}{\partial x}(3,\ 4) = \frac{3}{5}$, $\frac{\partial f}{\partial y}(3,\ 4) = \frac{4}{5}$ 이다. 따라서

$$\begin{aligned} f(3.01,\ 4.01) &= \sqrt{(3.01)^2+(4.01)^2} \\ &\approx f(3,\ 4) + \frac{\partial f}{\partial x}(3,\ 4)(0.01) + \frac{\partial f}{\partial y}(3,\ 4)(0.01) \\ &= 5 + \frac{3}{5}(0.01) + \frac{4}{5}(0.01) = 5.014. \end{aligned}$$
□

③ 도함수

점 $\mathbf{x} = (x,\ y,\ z)$에서 함수 $w = f(x,\ y,\ z)$의 미분인 $df(\mathbf{x})$를 벡터에 의한 선형함수로 나타내면 다음과 같다.

$$df(\mathbf{x})\left(\begin{bmatrix} dx \\ dy \\ dz \end{bmatrix}\right) = \begin{bmatrix} \frac{\partial f}{\partial x} & \frac{\partial f}{\partial y} & \frac{\partial f}{\partial z} \end{bmatrix} \begin{bmatrix} dx \\ dy \\ dz \end{bmatrix}$$

즉, 선형함수 $df(\mathbf{x})$의 행렬표현은 $\begin{bmatrix} \frac{\partial f}{\partial x} & \frac{\partial f}{\partial y} & \frac{\partial f}{\partial z} \end{bmatrix}$ 이다. 이 행렬을 다음과 같이 정의한다.

정의 2.4

함수 $w = f(x,\ y,\ z)$에 대하여 다음의 행렬 $Df(\mathbf{x})$를 f의 도함수라 한다.

$$Df(\mathbf{x}) := \begin{bmatrix} \frac{\partial f}{\partial x} & \frac{\partial f}{\partial y} & \frac{\partial f}{\partial z} \end{bmatrix}$$

특히, $Df(\mathbf{x}_0) = \begin{bmatrix} \frac{\partial f}{\partial x}(\mathbf{x_0}), & \frac{\partial f}{\partial y}(\mathbf{x_0}), & \frac{\partial f}{\partial z}(\mathbf{x_0}) \end{bmatrix}$ 을 점 $\mathbf{x}_0 = (x_0,\ y_0,\ z_0)$에서의 도함수라 한다.

예제 10 $f(x, y, z) = xy + 2yz + 3zx$(예제 5)의 미분 $df(\mathbf{x})$와 $\mathbf{x} = (1, 0, 2)$에서의 도함수를 구하라.

풀이 $df(\mathbf{x}) = (y+3z)dx + (x+2z)dy + (2y+3x)dz$이므로

$$df(\mathbf{x}) = [y+3z \quad x+2z \quad 2y+3x]\begin{bmatrix} dx \\ dy \\ dz \end{bmatrix}.$$

따라서 $Df(\mathbf{x})$는 $[y+3z \quad x+2z \quad 2y+3x]$이다. 그러므로 $\mathbf{x} = (1, 0, 2)$에서의 도함수는 $[6 \quad 5 \quad 3]$이다. □

연습문제 2.1

1. 다음 함수에 대하여 dy를 구하라.

(1) $y = 4x^3 - 7x^2 + 2x - 1$ (2) $y = x\cos x$

(3) $y = x\sqrt{x-1}$ (4) $y = \sqrt{x^2 + 3x}$

(5) $y = \sin(x^4 - 3x^2 + 11)$

2. $y = \ln x^2$이라 하자. 다음 각각의 경우 dy를 구하라.

(1) $x = 1,\ dx = 0.5$ (2) $x = -2,\ dx = 0.75$

3. 함수 $f(x) = x^2 + 3x + 1$의 그래프에서 점 $x = 1$에서의 접선의 방정식을 구하라.

4. 미분을 이용하여 다음 근삿값을 구하라.

(1) $(61)^{1/3}$ (2) $\sqrt[4]{83.7}$

5. 다음의 미분 dz를 구하라.

(1) $z = x^2y + xy^2$ (2) $z = \tan^{-1}xy$

(3) $z = e^x \sin y + e^y \cos x$ (4) $z = \log xy^2 + \sinh x$

6. 미분을 이용하여 다음의 근삿값을 구하라.

(1) $\sqrt{(1.9)^3 + (2.2)^3}$ (2) $e^{0.1}\log 0.9$

7. 다음 함수의 편도함수 $\dfrac{\partial f}{\partial x}$, $\dfrac{\partial f}{\partial y}$를 구하라.

(1) $f(x,\ y) = x^2 - xy + y^2$ (2) $f(x,\ y) = \dfrac{1}{x+y}$

(3) $f(x,\ y) = \sqrt{x^2 + y^2}$ (4) $f(x,\ y) = (y-x)e^x$

8. $z = \sqrt{x + y^2}$일 때 다음을 구하라.

(1) $\dfrac{\partial z}{\partial x}(1,\ 2)$ (2) $\dfrac{\partial z}{\partial y}(1,\ 2)$

9. 문제 **7**의 미분 df를 구하라.

10. 점 $(1,\ -1,\ 2)$에서 $z = x^2 + y^2$의 그래프의 접평면 방정식을 구하라.

11. $f(x,\ y,\ z) = 3x^2y - y^3z^2$ 일 때 $\mathbf{x} = (1, -2, -1)$ 에서의 미분과 도함수를 구하라.

2.2 벡터함수의 미분

(1) 1변수 벡터함수 $\alpha(t)=(\alpha_1(t),\ \alpha_2(t),\ \alpha_3(t))$ 의 미분

스칼라함수의 도함수와 같이 벡터함수 $\alpha(t)$의 각 점 t를 중심으로 순간변화량 Δt에 대한 α의 변화벡터 $\Delta\alpha$의 비를 함숫값으로 하는 새로운 함수 $\dfrac{d\alpha}{dt}$ 또는 $\alpha'(t)$를 다음과 같이 정의한다.

$$\alpha'(t)=\lim_{\Delta t\to 0}\frac{\Delta\alpha}{\Delta t}=\lim_{\Delta t\to 0}\frac{\alpha(t+\Delta t)-\alpha(t)}{\Delta t}$$

함숫값 $\alpha(t)$를 직교좌표계의 위치벡터라 하면 함수를 다음과 같이 나타낼 수 있다.

$$\alpha(t)=\alpha_1(t)\boldsymbol{i}+\alpha_2(t)\boldsymbol{j}+\alpha_3(t)\boldsymbol{k}$$

여기서 $\boldsymbol{i}$, $\boldsymbol{j}$, $\boldsymbol{k}$는 각각 3차원 공간에서의 기본단위벡터 $\mathbf{e}_1$, $\mathbf{e}_2$, $\mathbf{e}_3$를 의미하며, 병행하여 쓰기로 한다.

이 식을 이용하면 $\alpha'(t)$는 다음과 같이 각 성분함수의 도함수로 구성된다.

$$\alpha'(t)=\alpha_1'(t)\boldsymbol{i}+\alpha_2'(t)\boldsymbol{j}+\alpha_3'(t)\boldsymbol{k}$$

(예) $\alpha(t)=(250t)\boldsymbol{i}+(250\sqrt{3}\,t-4.9t^2)\boldsymbol{j}$일 때, $\alpha'(t)=250\boldsymbol{i}+(250\sqrt{3}-9.8t)\boldsymbol{j}$이다.

예제 11 $\alpha(t)=(\sin t)\boldsymbol{i}+(\ln t)\boldsymbol{j}+(\tan t)\boldsymbol{k}$일 때, $t=\dfrac{\pi}{3}$에서의 도함수 $\alpha'\left(\dfrac{\pi}{3}\right)$를 구하라.

풀이 $\alpha(t)$의 각 성분을 t로 미분하면

$$\alpha'(t)=(\cos t)\boldsymbol{i}+\frac{1}{t}\boldsymbol{j}+(\sec^2 t)\boldsymbol{k}.$$

따라서 $t=\dfrac{\pi}{3}$에서의 $\alpha'\left(\dfrac{\pi}{3}\right)$는

$$\alpha'\left(\frac{\pi}{3}\right) = \frac{1}{2}\boldsymbol{i} + \frac{3}{\pi}\boldsymbol{j} + 4\boldsymbol{k}. \qquad \square$$

① 미분

1변수 스칼라함수 $\alpha_i(t)$의 미분, $d\alpha_i(t)$를 이용하여 벡터함수 $\alpha(t) = (\alpha_1(t), \alpha_2(t), \alpha_3(t))$의 미분을 다음과 같이 정의한다.

정의 2.5

벡터함수 $\alpha(t) = (\alpha_1(t), \alpha_2(t), \alpha_3(t))$의 미분 $d\alpha(t)$를 다음과 같이 정의한다.

$$d\alpha(t) = d\alpha_1(t)\boldsymbol{i} + d\alpha_2(t)\boldsymbol{j} + d\alpha_3(t)\boldsymbol{k}$$

스칼라함수의 미분에 의하여

$$d\alpha_i(t) = \alpha_i{}'(t)dt, \quad i = 1,\ 2,\ 3$$

따라서 벡터함수 $\alpha(t)$의 미분은

$$\begin{aligned} d\alpha(t) &= d\alpha_1(t)\boldsymbol{i} + d\alpha_2(t)\boldsymbol{j} + d\alpha_3(t)\boldsymbol{k} \\ &= \alpha_1{}'(t)dt\,\boldsymbol{i} + \alpha_2{}'(t)dt\,\boldsymbol{j} + \alpha_3{}'(t)dt\,\boldsymbol{k} \\ &= \alpha'(t)dt \end{aligned}$$

그림 2.3에서와 같이 벡터함수 $\alpha(t)$ $(a \le t \le b)$를 공간의 곡선으로 나타낼 수 있으며 $t = t_0$에서 곡선 $\alpha(t)$와 가장 가까운 직선은 점 $\alpha(t_0)$에서의 접선이다. 이 접선의 방정식은 다음과 같다.

$$\mathbf{x} = \alpha(t_0) + u\,\alpha'(t_0),\ \ u \in \mathbb{R}$$

여기서 $\alpha'(t_0)$는 $t = t_0$에서의 곡선의 속도벡터(정의 2.11)를 의미한다. 이 직선 위의 점 $\alpha(t_0)$를 원점으로 생각하면, 독립변수 $u = dt$와 종속변수 $\mathbf{x} = d\alpha(t_0)(dt)$에 대하여 직선방정식은 다음과 같이 미분에 의하여 나타낼 수 있다.

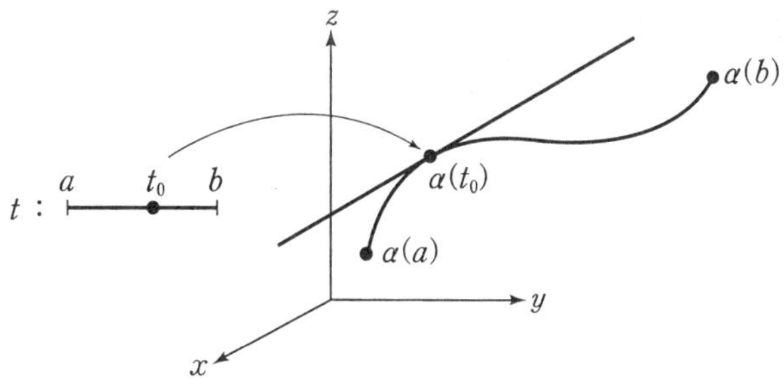

그림 2.3

$$d\alpha(t_0)(dt) = \alpha'(t_0)dt$$

예제 12 움직이는 물체의 시각 t에서의 위치가 다음의 벡터 $\alpha(t)$로 나타난다면, $t=0$일 때의 이 물체의 속도벡터를 구하라.

$$\alpha(t) = (3\cos t)\boldsymbol{i} + (3\sin t)\boldsymbol{j} + t^2\boldsymbol{k}$$

풀이 $\alpha'(t) = -(3\sin t)\boldsymbol{i} + (3\cos t)\boldsymbol{j} + 2t\boldsymbol{k}$이므로, $t=0$에서의 속도벡터 v는 $v = \alpha'(0) = 3\boldsymbol{j}$이다. □

② 도함수

벡터함수 $\alpha(t)$의 미분인 $d\alpha(t)$를 선형변환으로 나타내면 다음과 같다.

$$d\alpha(t)([dt]) = \begin{bmatrix} \alpha_1'(t) \\ \alpha_2'(t) \\ \alpha_3'(t) \end{bmatrix} [dt]$$

즉, 선형변환 $d\alpha(t)$의 행렬표현은 $[\alpha_1'(t)\ \ \alpha_2'(t)\ \ \alpha_3'(t)]^T$이므로 벡터함수 $\alpha(t)$의 도함수를 다음과 같이 정의한다.

> **정의 2.6**
>
> 벡터함수 $\alpha(t)$에 대하여 다음의 행렬 $D\alpha(t)$을 $\alpha(t)$의 도함수라 한다.
>
> $$D\alpha(t) := [\alpha_1'(t)\ \ \alpha_2'(t)\ \ \alpha_3'(t)]^T$$

주 1변수 벡터함수 $\alpha(t)$의 경우 $\alpha'(t)$와 $D\alpha(t)$를 동일하게 α의 도함수라 한다.

예제 13 예제 11의 $t=\frac{\pi}{3}$에서의 도함수 $D\alpha\left(\frac{\pi}{3}\right)$를 구하라.

풀이 $\alpha(t)=(\sin t)\boldsymbol{i}+(\ln t)\boldsymbol{j}+(\tan t)\boldsymbol{k}$의 미분 $d\alpha(t)$를 선형변환으로 나타내면

$$d\alpha(t)([dt])=\begin{bmatrix}\cos t\\ \frac{1}{t}\\ \sec^2 t\end{bmatrix}[dt]$$

따라서 도함수는

$$D\alpha(t)=\left[(\cos t)\ \ \frac{1}{t}\ \ \sec^2 t\right]^T$$

이다. 그러므로 $t=\frac{\pi}{3}$에서의 도함수는

$$D\alpha\left(\frac{\pi}{3}\right)=\left[\left(\cos\frac{\pi}{3}\right)\ \ \frac{1}{\frac{\pi}{3}}\ \ \left(\sec^2\frac{\pi}{3}\right)\right]^T$$
$$=\left[\frac{1}{2}\ \ \frac{3}{\pi}\ \ 4\right]^T.$$

□

(2) 다변수 벡터함수 $\mathbf{F}(x,\ y,\ z)=(F_1(x,\ y,\ z),\ F_2(x,\ y,\ z),\ F_3(x,\ y,\ z))$의 미분

① 편도함수

벡터함수에 대한 편도함수를 생각해보자. 3개의 독립변수 $x,\ y,\ z$에 의하여 종속변수가 결정되므로 독립변수의 다양한 변화에 따른 함숫값의 변화량을 정의하기가 쉽지 않다. 따라서 하나의 독립변수에 대하여 나머지 변수들을 상수로 취급하는 3개의 벡터함수를 생각할 수 있다. 예를 들면, $\mathbf{F}(x,\ y,\ z)$에서 $y,\ z$를 상수로 취급하고 x를 독립변수로 하는 벡터함수의 x에 관한 도함수를 $\frac{\partial\mathbf{F}}{\partial x}$ 또는 $\mathbf{F}_x$라 표기하며, 함수 $\mathbf{F}$의 x에

관한 편도함수라 한다. 즉,

$$\frac{\partial \mathbf{F}}{\partial x}=\lim_{\Delta x \to 0}\frac{\mathbf{F}(x+\Delta x,\ y,\ z)-\mathbf{F}(x,\ y,\ z)}{\Delta x}$$

이와 같은 방법으로, 함수 $\mathbf{F}$의 y, z에 관한 각 편도함수를 $\frac{\partial \mathbf{F}}{\partial y}$, $\frac{\partial \mathbf{F}}{\partial z}$ 또는 $\mathbf{F}_y$, $\mathbf{F}_z$라 표기하며, 각각 다음과 같이 나타낼 수 있다.

$$\frac{\partial \mathbf{F}}{\partial y}=\lim_{\Delta y \to 0}\frac{\mathbf{F}(x,\ y+\Delta y,\ z)-\mathbf{F}(x,\ y,\ z)}{\Delta y},$$

$$\frac{\partial \mathbf{F}}{\partial z}=\lim_{\Delta z \to 0}\frac{\mathbf{F}(x,\ y,\ z+\Delta z)-\mathbf{F}(x,\ y,\ z)}{\Delta z}$$

한편, 함수 $\mathbf{F}$의 x, y, z에 관한 각 편도함수는 앞에서 언급한 1변수 벡터함수의 도함수 계산을 이용하면 다음과 같다.

$$\frac{\partial \mathbf{F}}{\partial x}=\frac{\partial F_1}{\partial x}\boldsymbol{i}+\frac{\partial F_2}{\partial x}\boldsymbol{j}+\frac{\partial F_3}{\partial x}\boldsymbol{k},$$

$$\frac{\partial \mathbf{F}}{\partial y}=\frac{\partial F_1}{\partial y}\boldsymbol{i}+\frac{\partial F_2}{\partial y}\boldsymbol{j}+\frac{\partial F_3}{\partial y}\boldsymbol{k},$$

$$\frac{\partial \mathbf{F}}{\partial z}=\frac{\partial F_1}{\partial z}\boldsymbol{i}+\frac{\partial F_2}{\partial z}\boldsymbol{j}+\frac{\partial F_3}{\partial z}\boldsymbol{k}$$

예제 14 $\mathbf{F}(x,\ y,\ z)=(xz,\ -xy^2,\ yz^2)$의 편도함수를 구하라.

풀이 $F_1(x,\ y,\ z)=xz$, $F_2(x,\ y,\ z)=-xy^2$, $F_3(x,\ y,\ z)=yz^2$ 이므로

$$\frac{\partial \mathbf{F}}{\partial x}=\frac{\partial F_1}{\partial x}\boldsymbol{i}+\frac{\partial F_2}{\partial x}\boldsymbol{j}+\frac{\partial F_3}{\partial x}\boldsymbol{j}=z\boldsymbol{i}-y^2\boldsymbol{j},$$

$$\frac{\partial \mathbf{F}}{\partial y}=\frac{\partial F_1}{\partial y}\boldsymbol{i}+\frac{\partial F_2}{\partial y}\boldsymbol{j}+\frac{\partial F_3}{\partial y}\boldsymbol{j}=-2xy\boldsymbol{j}+z^2\boldsymbol{k},$$

$$\frac{\partial \mathbf{F}}{\partial z}=\frac{\partial F_1}{\partial z}\boldsymbol{i}+\frac{\partial F_2}{\partial z}\boldsymbol{j}+\frac{\partial F_3}{\partial z}\boldsymbol{j}=x\boldsymbol{i}+2yz\boldsymbol{k}.$$

□

② 미분

하나의 독립변수에 대한 벡터함수의 미분을 이용하여 여러 개의 독립변수를 갖는 벡

터함수 F의 (전)미분을 다음과 같이 정의한다.

정의 2.7

벡터함수 $\mathbf{F}(\mathbf{x})$에 대하여 다음의 함수 $d\mathbf{F}(\mathbf{x})$을 $\mathbf{F}(\mathbf{x})$의 미분이라 한다.

$$d\mathbf{F}(\mathbf{x})(d\mathbf{x}) = \frac{\partial \mathbf{F}}{\partial x}dx + \frac{\partial \mathbf{F}}{\partial y}dy + \frac{\partial \mathbf{F}}{\partial z}dz$$

여기서 $d\mathbf{x} = (dx,\ dy,\ dz)$이다.

$\mathbf{F}(\mathbf{x})$의 미분 $d\mathbf{F}(\mathbf{x})$를 간단하게 $d\mathbf{F}$로 표기한다.

앞에서 언급한 벡터함수 F의 성분함수의 편도함수들을 이 식에 대입하면

$$\begin{aligned}
d\mathbf{F} &= \frac{\partial \mathbf{F}}{\partial x}dx + \frac{\partial \mathbf{F}}{\partial y}dy + \frac{\partial \mathbf{F}}{\partial z}dz \\
&= \left(\frac{\partial F_1}{\partial x}\boldsymbol{i} + \frac{\partial F_2}{\partial x}\boldsymbol{j} + \frac{\partial F_3}{\partial x}\boldsymbol{k}\right)dx + \left(\frac{\partial F_1}{\partial y}\boldsymbol{i} + \frac{\partial F_2}{\partial y}\boldsymbol{j} + \frac{\partial F_3}{\partial y}\boldsymbol{k}\right)dy \\
&\qquad + \left(\frac{\partial F_1}{\partial z}\boldsymbol{i} + \frac{\partial F_2}{\partial z}\boldsymbol{j} + \frac{\partial F_3}{\partial z}\boldsymbol{k}\right)dz \\
&= \left(\frac{\partial F_1}{\partial x}dx + \frac{\partial F_1}{\partial y}dy + \frac{\partial F_1}{\partial z}dz\right)\boldsymbol{i} + \left(\frac{\partial F_2}{\partial x}dx + \frac{\partial F_2}{\partial y}dy + \frac{\partial F_2}{\partial z}dz\right)\boldsymbol{j} \\
&\qquad + \left(\frac{\partial F_3}{\partial x}dx + \frac{\partial F_3}{\partial y}dy + \frac{\partial F_3}{\partial z}dz\right)\boldsymbol{k}
\end{aligned}$$

그러므로 벡터함수 F의 미분을 다음과 같이 나타낼 수 있다.

$$d\mathbf{F} = dF_1\boldsymbol{i} + dF_2\boldsymbol{j} + dF_3\boldsymbol{k}$$

예제 15 $\mathbf{F}(x,\ y,\ z) = (xz,\ -xy^2,\ yz^2)$ (예제 14)의 미분 $d\mathbf{F}$를 구하라.

풀이 $\dfrac{\partial \mathbf{F}}{\partial x} = z\boldsymbol{i} - y^2\boldsymbol{j}$, $\dfrac{\partial \mathbf{F}}{\partial y} = -2xy\boldsymbol{j} + z^2\boldsymbol{k}$, $\dfrac{\partial \mathbf{F}}{\partial z} = x\boldsymbol{i} + 2yz\boldsymbol{k}$이므로

$$\begin{aligned}
d\mathbf{F} &= \frac{\partial \mathbf{F}}{\partial x}dx + \frac{\partial \mathbf{F}}{\partial y}dy + \frac{\partial \mathbf{F}}{\partial z}dz \\
&= (z\boldsymbol{i} - y^2\boldsymbol{j})dx + (-2xy\boldsymbol{j} + z^2\boldsymbol{k})dy + (x\boldsymbol{i} + 2yz\boldsymbol{k})dz
\end{aligned}$$

$$= (zdx + xdz)\boldsymbol{i} + (-y^2dx - 2xydy)\boldsymbol{j} + (z^2dy + 2yzdz)\boldsymbol{k}. \quad \square$$

③ 도함수

점 $\mathbf{x} = (x, y, z)$에서 벡터함수 $\mathbf{F}(\mathbf{x})$의 미분인 $d\mathbf{F}(\mathbf{x})$를 벡터에 의한 선형변환으로 나타내면 다음과 같다.

$$d\mathbf{F}(\mathbf{x})\left(\begin{bmatrix} dx \\ dy \\ dz \end{bmatrix}\right) = \begin{bmatrix} \frac{\partial F_1}{\partial x} & \frac{\partial F_1}{\partial y} & \frac{\partial F_1}{\partial z} \\ \frac{\partial F_2}{\partial x} & \frac{\partial F_2}{\partial y} & \frac{\partial F_2}{\partial z} \\ \frac{\partial F_3}{\partial x} & \frac{\partial F_3}{\partial y} & \frac{\partial F_3}{\partial z} \end{bmatrix} \begin{bmatrix} dx \\ dy \\ dz \end{bmatrix}$$

이 선형변환 $d\mathbf{F}(\mathbf{x})$의 표현행렬을 다음과 같이 정의한다.

정의 2.8

벡터함수 $\mathbf{F}(\mathbf{x}) = (F_1(\mathbf{x}), F_2(\mathbf{x}), F_3(\mathbf{x}))$에 대하여 다음의 행렬 $D\mathbf{F}(\mathbf{x})$를 $\mathbf{F}(\mathbf{x})$의 도함수 또는 야코비(Jacobi) 행렬이라 한다.

$$D\mathbf{F}(\mathbf{x}) := \begin{bmatrix} \frac{\partial F_1}{\partial x} & \frac{\partial F_1}{\partial y} & \frac{\partial F_1}{\partial z} \\ \frac{\partial F_2}{\partial x} & \frac{\partial F_2}{\partial y} & \frac{\partial F_2}{\partial z} \\ \frac{\partial F_3}{\partial x} & \frac{\partial F_3}{\partial y} & \frac{\partial F_3}{\partial z} \end{bmatrix}$$

예제 16 점 $\mathbf{x} = (-1, 3, 2)$에서 $\mathbf{F}(x, y, z) = (ze^x, -ye^z, z)$의 도함수를 구하라.

풀이 $F_1(x, y, z) = ze^x$, $F_2(x, y, z) = -ye^z$, $F_3(x, y, z) = z$ 이므로

$D\mathbf{F}(\mathbf{x}) = \begin{bmatrix} ze^x & 0 & e^x \\ 0 & -e^z & -ye^z \\ 0 & 0 & 1 \end{bmatrix}$이다. $x = -1$, $y = 3$, $z = 2$를 대입하면

$$D\mathbf{F}(\mathbf{x}) = \begin{bmatrix} 2e^{-1} & 0 & e^{-1} \\ 0 & -e^2 & -3e^2 \\ 0 & 0 & 2 \end{bmatrix}. \quad \square$$

1변수 스칼라함수 $y=f(x)$에 대한 미분가능성은 극한값 $f'(x)$의 존재성으로 간단하게 정의된다. 그러나 다변수 벡터함수에 대한 미분가능성은 함수의 근사 선형변환 또는 행렬의 존재성으로 다소 복잡하게 정의된다. 이 정의를 소개하면 다음과 같다.

정의 2.9

$\mathbb{R}^n$의 개집합 U에 대하여 벡터함수 $\mathbf{F} : U \subset \mathbb{R}^n \to \mathbb{R}^m$이 다음 조건을 만족할 때, 점 $\mathbf{x}_0 \in U$에서 미분가능이라 한다.

(1) 점 $\mathbf{x}_0$에서 $\mathbf{F}$의 편도함수들이 존재한다.

(2) 다음을 만족하는 도함수 $D\mathbf{F}(\mathbf{x}_0)$가 존재한다.

$$\lim_{\mathbf{x}\to\mathbf{x}_0} \frac{\|\mathbf{F}(\mathbf{x}) - \mathbf{F}(\mathbf{x}_0) - D\mathbf{F}(\mathbf{x}_0)(\mathbf{x}-\mathbf{x}_0)\|}{\|\mathbf{x}-\mathbf{x}_0\|} = 0$$

여기서 벡터함수가 $\mathbf{F}=(f_1, \cdots, f_m)$일 때 도함수 $D\mathbf{F}(\mathbf{x}_0)$의 행렬은 제$i$행, j열의 성분이 $\dfrac{\partial f_i}{\partial x_j}(\mathbf{x}_0)$이다.

$\mathbf{F}$가 개집합 U의 모든 점 $\mathbf{x}$에서 미분가능이면 벡터함수 $\mathbf{F}$가 미분가능이라 한다. 미분가능함수에 대한 중요한 성질을 요약하면 다음과 같다.

정리 2.1

$\mathbb{R}^n$의 개집합인 U에 대하여, 벡터함수 $\mathbf{F} : U \subset \mathbb{R}^n \to \mathbb{R}^m$이 점 $\mathbf{x}_0 \in U$에서 미분가능이면 그 점에서 연속이다.

정리 2.2

벡터함수 $\mathbf{F}=(f_1, \cdots, f_m)$의 점 $\mathbf{x}_0 \in U$의 근방에서 모든 편도함수 $\dfrac{\partial f_i}{\partial x_j}$가 존재하고 연속이면, $\mathbf{F}$는 그 점에서 미분가능이다.

정리 2.2의 조건에서, U의 모든 점에서 편도함수 $\dfrac{\partial f_i}{\partial x_j}$가 존재하고 연속인 벡터함수 $\mathbf{F}$를 C^1 함수라 정의한다. 따라서 정리 2.2는 다음과 같이 표현할 수 있다.

"임의의 C^1 함수는 미분가능하다."

앞으로 특별한 언급이 없는 한 함수는 C^1 함수로 가정한다.

연습문제 2.2

1. $\alpha(t) = \sin t\boldsymbol{i} + \cos t\boldsymbol{j} + t\boldsymbol{k}$의 미분 $d\alpha$와 도함수 $D\alpha(t)$를 구하라.

2. $\mathbf{F} = (2x^2y - x^4)\boldsymbol{i} + (e^{xy} - y\sin x)\boldsymbol{j} + (x^2\cos y)\boldsymbol{k}$일 때 $\frac{\partial \mathbf{F}}{\partial x}$, $\frac{\partial \mathbf{F}}{\partial y}$를 구하라.

3. $\phi(x, y, z) = xy^2z$, $\mathbf{F} = xz\boldsymbol{i} - xy^2\boldsymbol{j} + yz^2\boldsymbol{k}$일 때 점 $(2, -1, 1)$에서 $\frac{\partial^3}{\partial x^2 \partial z}(\phi\mathbf{F})$를 구하라.

4. 다음 함수의 미분과 도함수를 구하라.
   (1) $\mathbf{F}(x, y) = (x^2y^2, x+y)$
   (2) $\mathbf{F}(x, y, z) = (xy^2, x+y+z, \sqrt{z})$
   (3) $\mathbf{F}(x, y) = (x+y, xy, x-y)$
   (4) $\mathbf{F}(x, y, z) = (e^{xyz}, \sin xy)$

5. 점 $\mathbf{x} = (1, 1, 1)$에서 다음 함수의 미분과 도함수를 구하라.
   (1) $\mathbf{F}(x, y, z) = (xy, yz)$
   (2) $\mathbf{F}(x, y, z) = (xy, yz, xz)$
   (3) $\mathbf{F}(x, y, z) = (x+y, y+z, z+x)$
   (4) $\mathbf{F}(x, y, z) = (e^{xy}, x\sin 2\pi y, \cos 2\pi xz)$

2.3 연쇄법칙

(1) 도함수의 성질

1변수 스칼라함수에 대한 도함수 성질과 같이 다변수함수의 도함수에 관한 성질을 요약하면 다음과 같다.

정리 2.3

함수 $f,\ g : U \subset \mathbb{R}^n \to \mathbb{R}$, $\mathbf{F},\ \mathbf{G} : U \subset \mathbb{R}^n \to \mathbb{R}^m$과 $c \in \mathbb{R}$에 대하여 다음이 성립한다.

(1) $D(cf(\mathbf{x})) = cDf(\mathbf{x})$

(2) $D(\mathbf{F}(\mathbf{x}) + \mathbf{G}(\mathbf{x})) = D\mathbf{F}(\mathbf{x}) + D\mathbf{G}(\mathbf{x})$

(3) $D(fg)(\mathbf{x}) = Df(\mathbf{x})g(\mathbf{x}) + f(\mathbf{x})Dg(\mathbf{x})$

예제 17 $f(x,\ y) = x^2y$, $g(x,\ y) = e^{xy}$일 때, $(fg)(\mathbf{x})$의 도함수를 구하라.

풀이 $D(f(\mathbf{x})) = [2xy \quad x^2]$, $D(g(\mathbf{x})) = [ye^{xy} \quad xe^{xy}]$이므로 정리 2.3(3)에 의하여

$$\begin{aligned} D(fg)(\mathbf{x}) &= [2xy \quad x^2]e^{xy} + x^2y[ye^{xy} \quad xe^{xy}] \\ &= e^{xy}[2xy + x^2y^2 \quad x^2 + x^3y]. \end{aligned}$$

□

(2) 연쇄법칙

연쇄법칙에 의한 1변수 스칼라함수 $f,\ g$의 합성함수에 대한 도함수의 공식인 $(g \circ f)'(x) = g'(f(x))f'(x)$를 벡터함수의 합성함수로 일반화한 연쇄법칙을 다음과 같이 나타낼 수 있다.

정리 2.4 Chain Rule

개집합 $U\subset\mathbb{R}^n$, $V\subset\mathbb{R}^m$에서 정의된 벡터함수 $\mathbf{F}:U\subset\mathbb{R}^n\to\mathbb{R}^m$과 $\mathbf{G}:V\subset\mathbb{R}^m\to\mathbb{R}^p$, $\mathbf{F}(U)\subset V$의 합성함수인 $\mathbf{G}\circ\mathbf{F}$의 도함수는 다음과 같다.

$$D(\mathbf{G}\circ\mathbf{F})(\mathbf{x})=D\mathbf{G}(\mathbf{y})\,D\mathbf{F}(\mathbf{x})$$

여기서, $\mathbf{y}=\mathbf{F}(\mathbf{x})$이다.

벡터함수 $\mathbf{F}$와 $\mathbf{G}$의 도함수를 각각

$$D\mathbf{F}=\left[\frac{\partial f_i}{\partial x_j}\right]_{\substack{i=1,\,\cdots,\,m,\\ j=1,\,\cdots,\,n}},\quad D\mathbf{G}=\left[\frac{\partial g_k}{\partial y_i}\right]_{\substack{i=1,\,\cdots,\,m,\\ k=1,\,\cdots,\,p}}$$

라 하면 연쇄법칙에 의하여

$$D(\mathbf{G}\circ\mathbf{F})=\left[\frac{\partial g_k}{\partial y_i}\right]\left[\frac{\partial f_i}{\partial x_j}\right]=[C_{kj}]_{\substack{k=1,\,\cdots,\,p,\\ j=1,\,\cdots,\,n}}$$

여기서, $C_{kj}=\sum_{i=1}^{m}\frac{\partial g_k}{\partial y_i}\frac{\partial f_i}{\partial x_j}$이다.

주 연쇄법칙 $D(\mathbf{G}\circ\mathbf{F})(\mathbf{x})=D\mathbf{G}(\mathbf{y})\,D\mathbf{F}(\mathbf{x})$, $\mathbf{y}=\mathbf{F}(\mathbf{x})$에서의 행렬 $D\mathbf{G}$의 각 원소들은 $\mathbf{y}=\mathbf{F}(\mathbf{x})$에서 계산됨을 주의해야 한다.

다음 네 가지 특별한 경우의 연쇄법칙을 생각해보자.

① $n=1$, $m=2$, $p=1$인 경우 $\alpha(t)=(x,\ y)$, $z=g(x,\ y)$라 두면

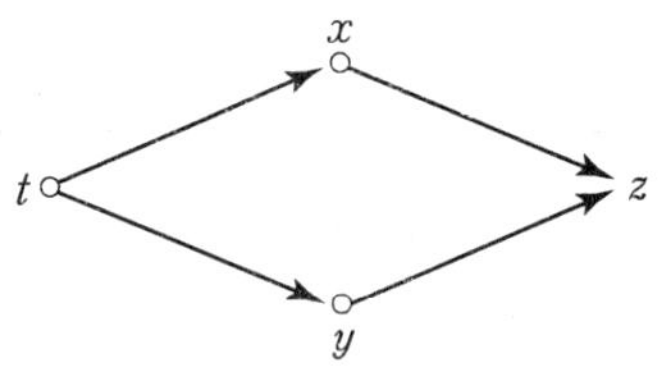

그림 2.4

$g \circ \alpha$는 1변수 스칼라함수이므로 도함수는 $\left[\dfrac{dz}{dt}\right]$이다. 연쇄법칙에 의하여

$$\begin{aligned}\left[\frac{dz}{dt}\right] &= D(g \circ \alpha)(t) \\ &= Dg(\alpha(t))D\alpha(t) \\ &= \begin{bmatrix} \dfrac{\partial z}{\partial x} & \dfrac{\partial z}{\partial y} \end{bmatrix} \begin{bmatrix} \dfrac{dx}{dt} \\ \dfrac{dy}{dt} \end{bmatrix} \\ &= \left[\frac{\partial z}{\partial x}\frac{dx}{dt} + \frac{\partial z}{\partial y}\frac{dy}{dt}\right]\end{aligned}$$

이므로,

$$\frac{dz}{dt} = \frac{\partial z}{\partial x}\frac{dx}{dt} + \frac{\partial z}{\partial y}\frac{dy}{dt}.$$

여기서 행렬 $\begin{bmatrix} \dfrac{\partial z}{\partial x} & \dfrac{\partial z}{\partial y} \end{bmatrix}$의 원소들은 점 $\alpha(t) = (x,\ y)$에 의하여 계산된다.

예제 18 $g(x,\ y) = x^3 y$, $\alpha(t) = (2t,\ t^2)$일 때, 연쇄법칙을 이용하여 $g \circ \alpha$의 도함수를 구하라.

풀이

$$\begin{aligned}\frac{dz}{dt} &= \frac{\partial z}{\partial x}\frac{dx}{dt} + \frac{\partial z}{\partial y}\frac{dy}{dt} \\ &= (3x^2 y)(2) + (x^3)(2t) \\ &= 6(2t)^2(t^2) + 2(2t)^3(t) = 40t^4\end{aligned}$$

이므로 $D(g \circ \alpha)(t) = [40t^4]$. □

② $n = 1$, $m = 2$, $p = 2$인 경우 $\alpha(t) = (\alpha_1(t),\ \alpha_2(t))$, $\mathbf{G}(x,\ y) = (z,\ w)$라 두면

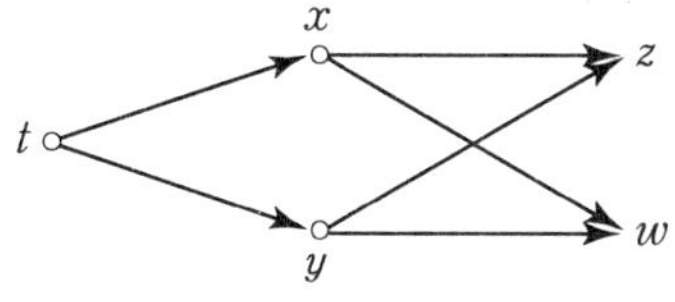

그림 2.5

$\mathbf{G} \circ \alpha$는 1 변수 벡터함수이므로

$$\begin{bmatrix} \frac{dz}{dt} \\ \frac{dw}{dt} \end{bmatrix} = D(\mathbf{G} \circ \alpha)(t)$$

$$= D\mathbf{G}(\alpha(t))D\alpha(t)$$

$$= \begin{bmatrix} \frac{\partial z}{\partial x} & \frac{\partial z}{\partial y} \\ \frac{\partial w}{\partial x} & \frac{\partial w}{\partial y} \end{bmatrix} \begin{bmatrix} \frac{dx}{dt} \\ \frac{dy}{dt} \end{bmatrix}$$

$$= \begin{bmatrix} \frac{\partial z}{\partial x}\frac{dx}{dt} + \frac{\partial z}{\partial y}\frac{dy}{dt} \\ \frac{\partial w}{\partial x}\frac{dx}{dt} + \frac{\partial w}{\partial y}\frac{dy}{dt} \end{bmatrix}$$

따라서

$$\frac{dz}{dt} = \frac{\partial z}{\partial x}\frac{dx}{dt} + \frac{\partial z}{\partial y}\frac{dy}{dt},$$

$$\frac{dw}{dt} = \frac{\partial w}{\partial x}\frac{dx}{dt} + \frac{\partial w}{\partial y}\frac{dy}{dt}.$$

예제 19 $\mathbf{G}(x,\ y) = (xy^2,\ x+y)$, $\alpha(t) = (2t,\ t^2)$일 때, 연쇄법칙을 이용하여 $\mathbf{G} \circ \alpha$의 도함수를 구하라.

풀이

$$\frac{dz}{dt} = \frac{\partial z}{\partial x}\frac{dx}{dt} + \frac{\partial z}{\partial y}\frac{dy}{dt}$$

$$= 2y^2 + 2xy(2t)$$

$$= 10t^4,$$

$$\frac{dw}{dt} = \frac{\partial w}{\partial x}\frac{dx}{dt} + \frac{\partial w}{\partial y}\frac{dy}{dt}$$

$$= 1(2) + 1(2t)$$

$$= 2 + 2t$$

이므로

$$D(\mathbf{G} \circ \alpha)(t) = \begin{bmatrix} 10t^4 \\ 2+2t \end{bmatrix}.$$

□

③ $n=2$, $m=2$, $p=1$인 경우 $\mathbf{F}(t_1, t_2)=(x, y)$, $g(x, y)=z$라 두면

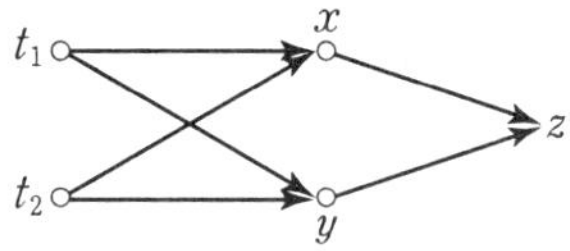

그림 2.6

$g \circ \mathbf{F}$는 2변수 스칼라함수이므로

$$
\begin{aligned}
\begin{bmatrix} \dfrac{\partial z}{\partial t_1} & \dfrac{\partial z}{\partial t_2} \end{bmatrix} &= D(g \circ \mathbf{F})(t_1, t_2) \\
&= Dg(\mathbf{F}(t_1, t_2))D\mathbf{F}(t_1, t_2) \\
&= \begin{bmatrix} \dfrac{\partial z}{\partial x} & \dfrac{\partial z}{\partial y} \end{bmatrix} \begin{bmatrix} \dfrac{\partial x}{\partial t_1} & \dfrac{\partial x}{\partial t_2} \\ \dfrac{\partial y}{\partial t_1} & \dfrac{\partial y}{\partial t_2} \end{bmatrix} \\
&= \begin{bmatrix} \dfrac{\partial z}{\partial x}\dfrac{\partial x}{\partial t_1} + \dfrac{\partial z}{\partial y}\dfrac{\partial y}{\partial t_1} & \dfrac{\partial z}{\partial x}\dfrac{\partial x}{\partial t_2} + \dfrac{\partial z}{\partial y}\dfrac{\partial y}{\partial t_2} \end{bmatrix}.
\end{aligned}
$$

따라서

$$
\begin{aligned}
\frac{\partial z}{\partial t_1} &= \frac{\partial z}{\partial x}\frac{\partial x}{\partial t_1} + \frac{\partial z}{\partial y}\frac{\partial y}{\partial t_1}, \\
\frac{\partial z}{\partial t_2} &= \frac{\partial z}{\partial x}\frac{\partial x}{\partial t_2} + \frac{\partial z}{\partial y}\frac{\partial y}{\partial t_2}.
\end{aligned}
$$

예제 20 $g(x, y)=3x^2-y^2$, $\mathbf{F}(t_1, t_2)=(2t_1+7t_2, 5t_1t_2)$일 때 연쇄법칙을 이용하여 $g \circ \mathbf{F}$의 도함수를 구하라.

풀이 $z=g(x, y)$라 두면

$$
\begin{aligned}
\frac{\partial z}{\partial t_1} &= \frac{\partial z}{\partial x}\frac{\partial x}{\partial t_1} + \frac{\partial z}{\partial y}\frac{\partial y}{\partial t_1} \\
&= 6x(2)+(-2y)(5t_2) \\
&= 12(2t_1+7t_2)-10t_2(5t_1t_2),
\end{aligned}
$$

$$\frac{\partial z}{\partial t_2} = \frac{\partial z}{\partial x}\frac{\partial x}{\partial t_2} + \frac{\partial z}{\partial y}\frac{\partial y}{\partial t_2}$$
$$= 6x(7) + (-2y)(5t_1)$$
$$= 42(2t_1 + 7t_2) - 10t_1(5t_1t_2)$$

이므로

$$D(g \circ \mathbf{F})(t_1,\ t_2) = \left[12x - 10t_2y \quad 42x - 10t_1y\right].$$ □

④ $n=2$, $m=2$, $p=2$인 경우 $\mathbf{F}(t_1,\ t_2) = (x,\ y)$, $\mathbf{G}(x,\ y) = (z,\ w)$라 두면

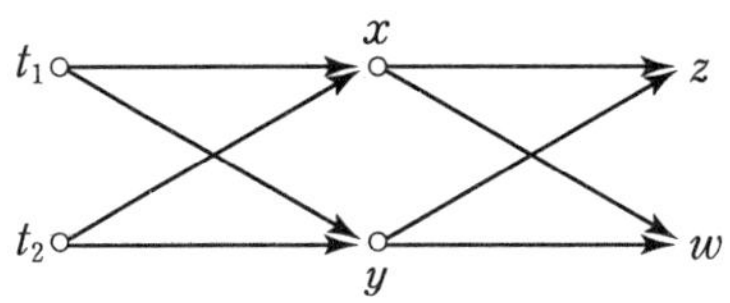

그림 2.7

$\mathbf{G} \circ \mathbf{F}$는 2변수 벡터함수이므로

$$\begin{bmatrix} \frac{\partial z}{\partial t_1} & \frac{\partial z}{\partial t_2} \\ \frac{\partial w}{\partial t_1} & \frac{\partial w}{\partial t_2} \end{bmatrix} = D(\mathbf{G} \circ \mathbf{F})(t_1,\ t_2) = D\mathbf{G}(\mathbf{F}(t_1,\ t_2))D\mathbf{F}(t_1,\ t_2)$$
$$= \begin{bmatrix} \frac{\partial z}{\partial x} & \frac{\partial z}{\partial y} \\ \frac{\partial w}{\partial x} & \frac{\partial w}{\partial y} \end{bmatrix}\begin{bmatrix} \frac{\partial x}{\partial t_1} & \frac{\partial x}{\partial t_2} \\ \frac{\partial y}{\partial t_1} & \frac{\partial y}{\partial t_2} \end{bmatrix}$$
$$= \begin{bmatrix} \frac{\partial z}{\partial x}\frac{\partial x}{\partial t_1} + \frac{\partial z}{\partial y}\frac{\partial y}{\partial t_1} & \frac{\partial z}{\partial x}\frac{\partial x}{\partial t_2} + \frac{\partial z}{\partial y}\frac{\partial y}{\partial t_2} \\ \frac{\partial w}{\partial x}\frac{\partial x}{\partial t_1} + \frac{\partial w}{\partial y}\frac{\partial y}{\partial t_1} & \frac{\partial w}{\partial x}\frac{\partial x}{\partial t_2} + \frac{\partial w}{\partial y}\frac{\partial y}{\partial t_2} \end{bmatrix}.$$

따라서

$$\frac{\partial z}{\partial t_1} = \frac{\partial z}{\partial x}\frac{\partial x}{\partial t_1} + \frac{\partial z}{\partial y}\frac{\partial y}{\partial t_1},$$
$$\frac{\partial z}{\partial t_2} = \frac{\partial z}{\partial x}\frac{\partial x}{\partial t_2} + \frac{\partial z}{\partial y}\frac{\partial y}{\partial t_2},$$

$$\frac{\partial w}{\partial t_1}=\frac{\partial w}{\partial x}\frac{\partial x}{\partial t_1}+\frac{\partial w}{\partial y}\frac{\partial y}{\partial t_1},$$

$$\frac{\partial w}{\partial t_2}=\frac{\partial w}{\partial x}\frac{\partial x}{\partial t_2}+\frac{\partial w}{\partial y}\frac{\partial y}{\partial t_2}.$$

예제 21 $\mathbf{F}(x,\ y)=(\cos y+x^2,\ e^{x+y}),\ \mathbf{G}(u,\ v)=(e^{u^2},\ u-\sin v)$일 때,

(1) $\mathbf{F}\circ\mathbf{G}$를 구하고, 도함수 $D(\mathbf{F}\circ\mathbf{G})$를 직접 계산하라.

(2) 연쇄법칙을 이용하여 $D(\mathbf{F}\circ\mathbf{G})(0,\ 0)$을 계산하라.

풀이 (1) $(\mathbf{F}\circ\mathbf{G})(u,\ v)=\mathbf{F}(e^{u^2},\ u-\sin v)$

$$=(\cos(u-\sin v)+(e^{u^2})^2,\ e^{e^{u^2}+u-\sin v})$$

그러므로 도함수 $D(\mathbf{F}\circ\mathbf{G})$는

$$\begin{bmatrix}-\sin(u-\sin v)+4ue^{2u^2} & \sin(u-\sin v)\cos v\\ (2ue^{u^2}+1)e^{e^{u^2}+u-\sin v} & -\cos v\cdot e^{e^{u^2}+u-\sin v}\end{bmatrix}.$$

(2) $D(\mathbf{F}\circ\mathbf{G})(0,\ 0)=D\mathbf{F}(\mathbf{G}(0,\ 0))D\mathbf{G}(0,\ 0)=D\mathbf{F}(1,\ 0)D\mathbf{G}(0,\ 0)$

$$D\mathbf{G}(0,\ 0)-1=\begin{bmatrix}2ue^{u^2} & 0\\ 1 & -\cos v\end{bmatrix}_{(u,\ v)=(0,\ 0)}$$

$$=\begin{bmatrix}0 & 0\\ 1 & -1\end{bmatrix},$$

$$D\mathbf{F}(1,\ 0)e\ e=\begin{bmatrix}2x & -\sin y\\ e^{x+y} & e^{x+y}\end{bmatrix}_{(x,\ y)=(1,\ 0)}$$

$$=\begin{bmatrix}2 & 0\\ e & e\end{bmatrix}.$$

그러므로

$$D(\mathbf{F}\circ\mathbf{G})(0,\ 0)=\begin{bmatrix}2 & 0\\ e & e\end{bmatrix}\begin{bmatrix}0 & 0\\ 1 & -1\end{bmatrix}$$

$$=\begin{bmatrix}0 & 0\\ e & -e\end{bmatrix}.$$

□

여러 개의 함수에 대한 합성함수의 도함수도 연쇄법칙을 거듭 적용하여 나타낼 수 있다. 예를 들면 3개의 합성함수 $\mathbf{F}(x_1,\ x_2,\ x_3)=(y_1,\ y_2,\ y_3)$, $\mathbf{G}(y_1,\ y_2,\ y_3)=$

$(z_1,\ z_2,\ z_3)$, $\mathbf{H}=(z_1,\ z_2,\ z_3)=(w_1,\ w_2,\ w_3)$에 대하여,

$$D\mathbf{F}=\left[\frac{\partial y_i}{\partial x_j}\right],$$

$$D\mathbf{G}=\left[\frac{\partial z_k}{\partial y_i}\right],$$

$$D\mathbf{H}=\left[\frac{\partial w_l}{\partial z_k}\right]$$

이므로

$$D(\mathbf{H}\circ\mathbf{G}\circ\mathbf{F})=[c_{lj}],\ c_{lj}=\sum_k\sum_i\frac{\partial w_l}{\partial z_k}\frac{\partial z_k}{\partial y_i}\frac{\partial y_i}{\partial x_j}.$$

이와 같이 합성함수의 편도함수들은 각 함수의 편도함수들이 쇠사슬처럼 연결되어 나타난다고 하여 연쇄법칙이라 부른다.

연습문제 2.3

1. $x = \cos t$, $y = \sin t$일 때, 연쇄법칙을 이용하여 함수 $f(x, y) = xy$의 t에 관한 도함수를 구하라.

2. $f(x, y, z) = xy + z$, $x = \cos t$, $y = \sin t$, $z = t$일 때, $t = 0$에서의 $\dfrac{df}{dt}$를 구하라.

3. 다음의 함수 f에 대하여 $\dfrac{\partial f}{\partial r}$과 $\dfrac{\partial f}{\partial s}$를 r과 s의 식으로 구하라.

   (1) $f(x, y) = x^2 + y^2$, $x = r - s$, $y = r + s$

   (2) $f(x, y, z) = x + 2y + z^2$, $x = \dfrac{r}{s}$, $y = r^2 + \ln s$, $z = 2r$

4. 함수 $f(u, v, w)$와 u, v, w에 관한 편도함수가 연속이고, $u = x - y$, $v = y - z$, $w = z - x$일 때, $\dfrac{\partial f}{\partial x} + \dfrac{\partial f}{\partial y} + \dfrac{\partial f}{\partial z} = 0$이 성립함을 보여라.

5. $\mathbf{F}(x, y) = (\tan(x-1) - e^y,\ x^2 - y^2)$, $\mathbf{G}(u, v) = e^{u-v},\ u - v)$라 하자.

   (1) $\mathbf{F} \cdot \mathbf{G}$와 $D(\mathbf{F} \cdot \mathbf{G})$를 직접 계산하라.

   (2) 연쇄법칙을 이용하여 $D(\mathbf{F} \cdot \mathbf{G})(1, 1)$을 구하라.

6. $\mathbf{F}(x, y, z) = (e^{x-z},\ \cos(y+x) + \sin(x+y+z))$, $\mathbf{G}(u, v) = (e^u,\ \cos(v-u),\ e^{-v})$라 하자.

   (1) $\mathbf{F} \cdot \mathbf{G}$와 $D(\mathbf{F} \cdot \mathbf{G})$를 직접 계산하라.

   (2) 연쇄법칙을 이용하여 $D(\mathbf{F} \cdot \mathbf{G})(0, 0)$을 구하라.

   (3) $D(\mathbf{G} \cdot \mathbf{G} \cdot \mathbf{G})(0, 0)$을 구하라.

2.4 고계 편도함수

2개 이상의 독립변수에 대한 스칼라 또는 벡터함수의 편도함수를 앞에서 정의하였다. 이 정의를 이용하여 2계 편도함수를 생각해보자. 독립변수 x, y, z를 갖는 스칼라 함수 $w=f(x, y, z)$에 대하여 다음 세 가지의 편도함수가 있다.

$$\frac{\partial f}{\partial x},\ \frac{\partial f}{\partial y},\ \frac{\partial f}{\partial z}$$

이들 역시 각각 독립변수 x, y, z를 갖는 스칼라함수이므로, 다시 편도함수를 생각할 수 있는데, $\frac{\partial f}{\partial x}$에 대한 편도함수를 다음과 같이 표기하고 2계 편도함수라 한다.

$$\frac{\partial}{\partial x}\left(\frac{\partial f}{\partial x}\right)=\frac{\partial^2 f}{\partial x^2}=f_{xx}=w_{xx},$$
$$\frac{\partial}{\partial y}\left(\frac{\partial f}{\partial x}\right)=\frac{\partial^2 f}{\partial y\,\partial x}=f_{xy}=w_{xy},$$
$$\frac{\partial}{\partial z}\left(\frac{\partial f}{\partial x}\right)=\frac{\partial^2 f}{\partial z\,\partial x}=f_{xz}=w_{xz},$$
$$\cdots$$

나머지에 대해서도 같은 방법으로 표기할 수 있다. 2계 편도함수의 편도함수를 3계 편도함수라 한다. 이와 같은 방법으로 n계 편도함수를 생각할 수 있다.

2계 이상의 편도함수에서 편도함수의 순서에 관한 정리를 소개하기 위하여 C^1 함수와 마찬가지로 C^2 함수를 다음과 같이 정의한다.

정의 2.9

벡터함수 $\mathbf{F}=(f_1, \cdots, f_m)$의 모든 2계 편도함수들 $\frac{\partial^2 f_i}{\partial x_j\,\partial x_k}$이 존재하고 연속인 벡터함수 $\mathbf{F}$를 C^2 함수라 부른다.

2계 편도함수의 순서에 관한 정리를 소개하면 다음과 같다.

정리 2.5

$\mathrm{F}(x_1, \cdots, x_n) = (f_1(x_1, \cdots, x_n), \cdots, f_m(x_1, \cdots, x_n))$이 C^2 함수이면,

$$\frac{\partial^2 f_k}{\partial x_i \partial x_j} = \frac{\partial^2 f_k}{\partial x_j \partial x_i}$$

예제 22 $f(x, y) = xe^y + yx^2$에서 2계 편도함수를 구하고 정리 2.5를 확인하라.

풀이 $\dfrac{\partial f}{\partial x} = e^y + 2xy$, $\dfrac{\partial f}{\partial y} = xe^y + x^2$ 이므로

$$\frac{\partial^2 f}{\partial x^2} = 2y,$$

$$\frac{\partial^2 f}{\partial y \partial x} = e^y + 2x,$$

$$\frac{\partial^2 f}{\partial x \partial y} = e^y + 2x.$$

따라서 $\dfrac{\partial^2 f}{\partial y \partial x} = \dfrac{\partial^2 f}{\partial x \partial y}$. □

연습문제 2.4

1. $f(x, y) = x\cos y + ye^x$에 대하여 다음을 구하라.

   (1) 편도함수

   (2) 2계 편도함수

   (3) 3계 편도함수

2. $z = f(u, v)$, $u = x + y$, $v = xy$이고, f의 2계 편도함수들이 모두 연속일 때 z_{xy}를 u, v에 관한 식으로 나타내라.

3. 다음의 함수들에 대하여 $\dfrac{\partial^2 f}{\partial y \partial x} = \dfrac{\partial^2 f}{\partial x \partial y}$가 성립함을 확인하라.

   (1) $f(x, y) = 2x^2y^3 - x^3y^5$

   (2) $f(x, y) = (x^3 + y^2)^5$

   (3) $f(x, y) = 3e^{2x}\cos y$

   (4) $f(x, y) = \tan^{-1}xy$

4. 다음의 함수 f에 대하여 $f_{xy}(0, 0) \neq f_{yx}(0, 0)$임을 보여라.

$$f(x, y) = \begin{cases} \dfrac{xy(x^2 - y^2)}{x^2 + y^2} & : (x, y) \neq (0, 0) \\ 0 & : (x, y) = (0, 0) \end{cases}$$

5. $T(w, x, y, z) = ze^{w^2 + x^2 + y^2}$의 2계 편도함수 $\dfrac{\partial^2 T}{\partial w \partial x}$, $\dfrac{\partial^2 T}{\partial x \partial w}$, $\dfrac{\partial^2 T}{\partial z^2}$을 구하라.

2.5 곡선의 미분

공간에서 하나의 물체의 움직임에 의해 그려지는 선을 경로라 하며, 특히 매끄러운 경로를 곡선이라 한다. 이와 같은 경로를 따라 움직이는 물체는 일반적으로 각 위치마다 움직이는 방향과 빠르기가 다르다. 이와 같은 현상들을 미분을 통하여 수리적으로 해석하기 위한 방법을 생각해보기로 한다.

(1) 곡선의 미분

공간의 경로 및 곡선의 수학적 모델을 다음과 같이 정의한다.

정의 2.10 Path / Curve

> 연속함수 $\alpha : [a, b] \to \mathbb{R}^n$을 경로라 하며 $\alpha(a)$, $\alpha(b)$를 각각 시점, 종점이라 한다. 특히, 경로 α가 C^1 함수이면 부드러운 곡선이라 한다.
> 여기서, $n=2$인 경우는 평면, $n=3$인 경우는 공간에서의 경로 및 곡선을 의미한다.

α가 공간곡선이면 다음과 같이 1변수 벡터함수로 표현할 수 있다.

$$\alpha(t) = (\alpha_1(t),\ \alpha_2(t),\ \alpha_3(t))$$

이 성분들로 표현한 다음의 식을 곡선 α의 t에 관한 매개변수방정식이라 한다.

$$\begin{cases} x = \alpha_1(t) \\ y = \alpha_2(t) \\ z = \alpha_3(t) \end{cases}$$

성분함수 $\alpha_i(t)$의 구성에 따라 곡선의 다양한 모양이 결정되는 예를 살펴보기로 한다.

예제 23 공간의 점 $(x_0,\ y_0,\ z_0)$을 지나고, 벡터 $\mathbf{v} = (v_1,\ v_2,\ v_3)$에 평행인 직선은 다음의 함수로 나타낼 수 있다.

$$\alpha : \mathbb{R} \to \mathbb{R}^3,$$

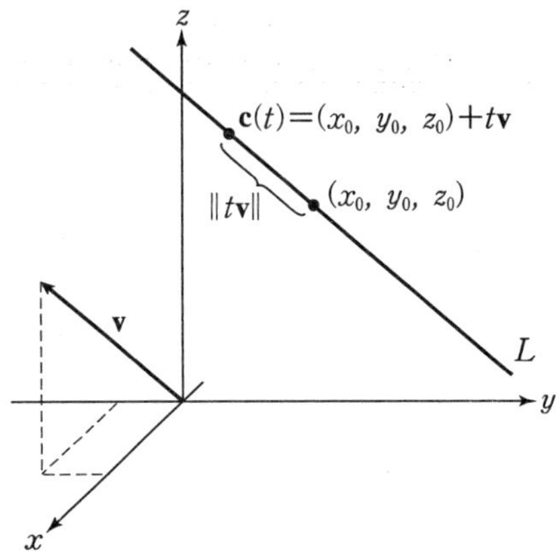

그림 2.8

$$\alpha(t) = (x_0,\ y_0,\ z_0) + t\mathbf{v}$$
$$= (x_0 + tv_1,\ y_0 + tv_2,\ z_0 + tv_3)$$

□

예제 24 평면상의 단위원 $C: x^2 + y^2 = 1$은 다음의 함수로 나타낼 수 있다.

$$\alpha: \mathbb{R} \to \mathbb{R}^2,$$
$$\alpha(t) = (\cos t,\ \sin t),\ 0 \le t \le 2\pi$$

이 원을 다음과 같이 다른 함수로 나타낼 수도 있다.

$$\tilde{\alpha}(t) = (\cos 2t,\ \sin 2t),\ 0 \le t \le \pi$$

이 두 함수는 같은 원을 나타내지만 $\tilde{\alpha}$이 α보다 두 배 빠르게 그린다.

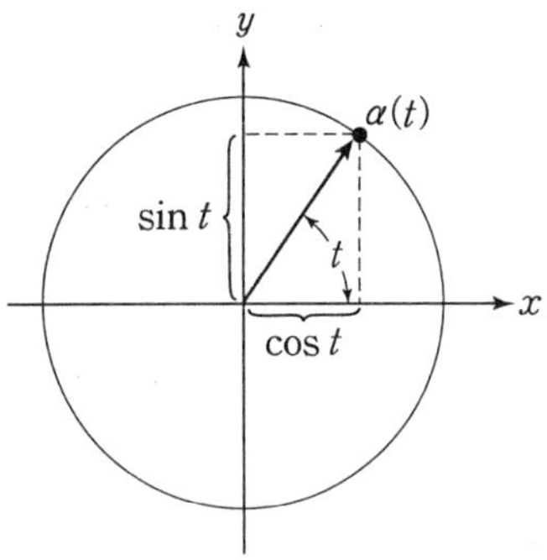

그림 2.9

□

예제 25 $\alpha(t) = (t,\ t^2)$은 포물선의 자취를 나타내는 곡선의 함수이다. 이 곡선은 평면의 2차함수 $f(x) = x^2$의 그래프와 동일하다.

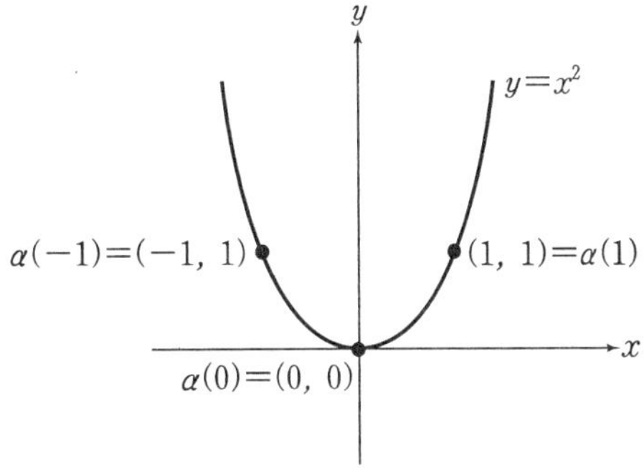

그림 2.10

□

예제 26 반지름이 a인 원주면을 따라 일정한 비율로 오르거나 내리는 곡선인 원형나선(circular helix)은 다음의 함수로 나타낼 수 있다.

$$\alpha : \mathbb{R} \to \mathbb{R}^3,$$
$$\alpha(t) = (a\cos t,\ a\sin t,\ bt),\ a > 0,\ b \neq 0$$

$b > 0$(또는 $b < 0$)인 경우의 나선을 오른쪽으로 도는 나선(또는 왼쪽으로 도는 나선)이라 한다.

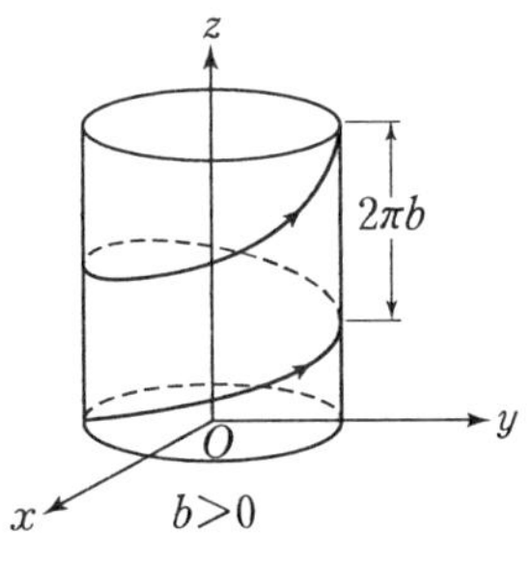

그림 2.11

□

공간의 곡선을 C라 할 때 이 곡선을 함수 $\alpha(t)$로 표현가능한 함수는 무수히 많다. 예를 들면, 공간의 x축에 있는 점 $(0,\ 0,\ 0)$과 $(1,\ 0,\ 0)$을 잇는 선분을 곡선 C라 하면, 임의의 자연수 n에 대하여

$$\alpha_n : [0,\ 1] \to \mathbb{R}^3,$$
$$\alpha_n(t) = (t^n,\ 0,\ 0)$$

은 같은 곡선 C를 그린다. 그러나 표현함수는 다르다. 따라서 곡선 C의 표현함수를 $\alpha(t)$로 선택하면 다음과 같이 표현하기로 한다.

$$C : \alpha = \alpha(t)$$

공간곡선 $\alpha(t) = (\alpha_1(t),\ \alpha_2(t),\ \alpha_3(t))$는 1변수 벡터함수이므로, 이 함수의 도함수 $\alpha'(t), \alpha''(t)$는 각각 물체의 움직임을 나타내는 속도, 가속도의 의미를 갖는다.

정의 2.11 Velocity / Acceleration

공간곡선 $\alpha(t) = (\alpha_1(t),\ \alpha_2(t),\ \alpha_3(t))$에 대하여

$$\alpha'(t) = ({\alpha_1}'(t),\ {\alpha_2}'(t),\ {\alpha_3}'(t)),$$
$$\alpha''(t) = ({\alpha_1}''(t),\ {\alpha_2}''(t),\ {\alpha_3}''(t))$$

를 각각 속도벡터, 가속도벡터라 하고 그 길이 $\|\alpha'(t)\|$, $\|\alpha''(t)\|$를 속력, 가속력이라 한다.

$t = t_0$에 대하여 $\alpha'(t_0)$는 물체가 곡선의 한 점인 $\alpha(t_0)$를 통과하는 순간의 속도를 의미한다. 속도벡터는 그림 2.12에서 나타난 것처럼, 점 $\alpha(t_0)$에서 곡선에 접하는 화살표로서 그 방향은 물체의 진행방향을, 길이는 빠르기(속력)를 의미한다. 따라서 함수 $\alpha'(t)$는 각 시각 t에 벡터 $\alpha'(t)$를 대응시키는 하나의 벡터함수로서 물체의 순간순간 움직임의 방향과 빠르기(속력)를 벡터로 나타낸다.

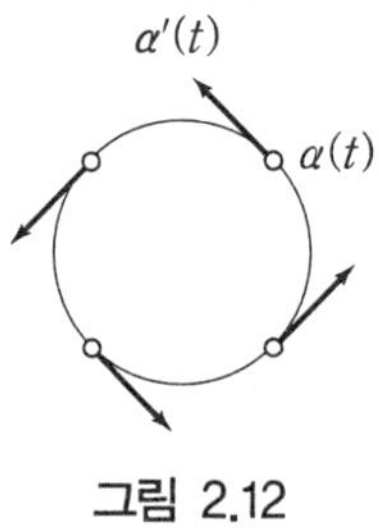

그림 2.12

예제 27 예제 24의 원을 나타내는 곡선 $\alpha(t)=(\cos t, \sin t)$의 속도벡터는 $\alpha'(t)=(-\sin t, \cos t)$이며, 속력은 t에 관계없이 $\|\alpha'(t)\|=1$이다. 즉, 시계반대 방향으로 원을 따라 단위속력으로 움직임을 나타낸다. □

예제 28 한 입자가 매개변수방정식 $x=e^{-t}$, $y=2\cos 3t$, $z=2\sin 3t$ (단, t는 시간)인 곡선을 따라 움직일 때, 다음을 구하라.

(1) 임의의 시간에서의 속도와 가속도

(2) $t=0$에서의 속도와 가속도, 속력

풀이 (1) 입자의 위치벡터

$$\begin{aligned}\alpha &= x\boldsymbol{i}+y\boldsymbol{j}+z\boldsymbol{k}\\ &= e^{-t}\boldsymbol{i}+2\cos 3t\boldsymbol{j}+2\sin 3t\boldsymbol{k}\end{aligned}$$

에서 속도와 가속도는

$$\begin{aligned}\alpha'(t) &= -e^{-t}\boldsymbol{i}-6\sin 3t\boldsymbol{j}+6\cos 3t\boldsymbol{k},\\ \alpha''(t) &= e^{-t}\boldsymbol{i}-18\cos 3t\boldsymbol{j}-18\sin 3t\boldsymbol{k}.\end{aligned}$$

(2) $t=0$에서의 속도와 가속도는

$$\begin{aligned}\alpha'(0) &= -\boldsymbol{i}+6\boldsymbol{k},\\ \alpha''(0) &= \boldsymbol{i}-18\boldsymbol{j}\end{aligned}$$

$t=0$에서 속력은

$$\begin{aligned}\|\alpha'(0)\| &= \sqrt{(-1)^2+6^2}\\ &= \sqrt{37}.\end{aligned}$$

□

속도벡터인 $\alpha'(t_0)$가 영벡터가 아닌 경우, 이 벡터를 포함하는 직선은 점 $\alpha(t_0)$에서 곡선에 접하는 접선이다. 그러므로 이 접선의 식은 다음과 같다.

$$\mathbf{x}(t)=\alpha(t_0)+t\alpha'(t_0)$$

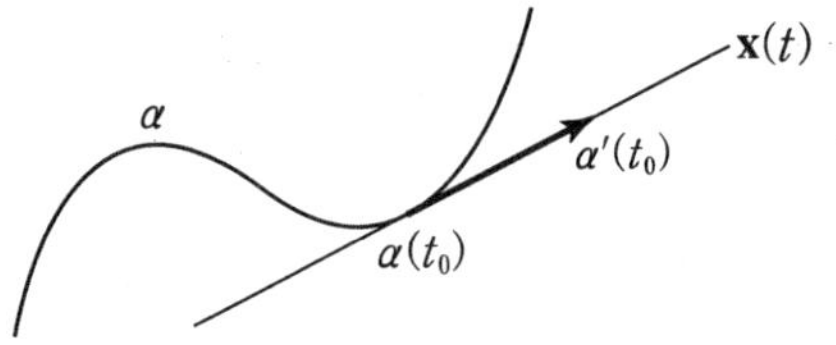

그림 2.13

예제 29 예제 24의 원 $\alpha(t)=(\cos t,\ \sin t)$의 $t=\dfrac{\pi}{4}$에서의 접선식을 구하라.

풀이 $\alpha'(t)=(-\sin t,\ \cos t)$ 이므로 공식에 의하여

$$\begin{aligned}\mathbf{x}(t)&=\left(\cos\frac{\pi}{4},\ \sin\frac{\pi}{4}\right)+t\left(-\sin\frac{\pi}{4},\ \cos\frac{\pi}{4}\right)\\&=\left(\frac{1}{\sqrt{2}},\ \frac{1}{\sqrt{2}}\right)+t\left(-\frac{1}{\sqrt{2}},\ \frac{1}{\sqrt{2}}\right)\\&=\left(\frac{1}{\sqrt{2}}-\frac{t}{\sqrt{2}},\ \frac{1}{\sqrt{2}}+\frac{t}{\sqrt{2}}\right).\end{aligned}$$

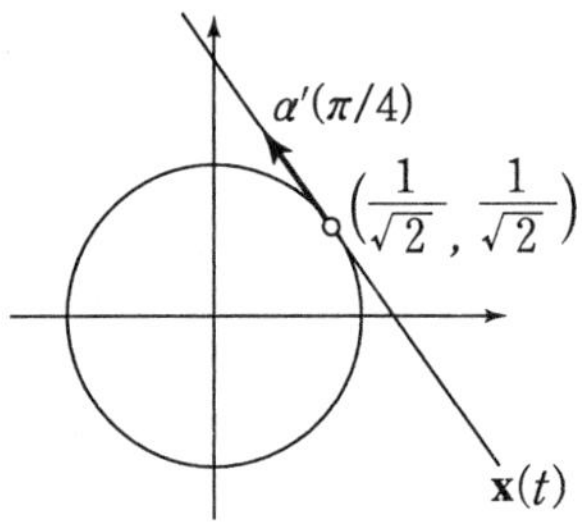

그림 2.14

□

곡선의 미분에 대한 성질을 요약하면 다음과 같다.

정리 2.6 Differentiation

공간의 곡선 $\alpha(t)$, $\beta(t)$와 스칼라함수 $f(t)$, $g(t)$에 대하여,

(1) $\frac{d}{dt}[\alpha(t)+\beta(t)]=\alpha'(t)+\beta'(t)$

(2) $\frac{d}{dt}[f(t)\alpha(t)]=f'(t)\alpha(t)+f(t)\alpha'(t)$

(3) $\frac{d}{dt}[\alpha(t)\cdot\beta(t)]=\alpha'(t)\cdot\beta(t)+\alpha(t)\cdot\beta'(t)$

(4) $\frac{d}{dt}[\alpha(t)\times\beta(t)]=\alpha'(t)\times\beta(t)+\alpha(t)\times\beta'(t)$

(5) $\frac{d}{dt}[\beta(g(t))]=g'(t)\beta'(g(t))$

(2) 호의 길이

공간의 곡선 C가 주어졌을 때, 미분을 이용하여 곡선의 길이를 구하기 위하여 이 곡선을 매개변수 t를 이용하여 다음과 같이 함수로 나타낼 수 있다.

$$C : \alpha=\alpha(t)$$

다음의 변수값 t_i에 의하여 곡선 C는 n개의 작은 곡선(또는 호)으로 분할된다.

$$a=t_0<t_1<\cdots<t_n=b$$

즉, 곡선 위의 점(위치벡터) $\alpha_i=\alpha(t_i)$ $(i=0,\ 1,\ 2,\ \cdots,\ n)$이 결정된다. 매개변수 t의 분할에 의한 차 Δt_i와 곡선의 분할에 의한 차 $\Delta\alpha_i$를 다음과 같이 생각하자.

$$\Delta t_i=t_{i+1}-t_i$$
$$\Delta\alpha_i=\alpha_{i+1}-\alpha_i,\ i=0,\ \cdots,\ n-1$$

분할 차 $\Delta\alpha_i$는 다음과 같이 근삿값으로 나타낼 수 있다.

$$\Delta\alpha_i\approx\alpha'(t_i)\Delta t_i$$

곡선 C의 길이를 $\int_C\|d\alpha\|$라 하면 다음과 같이 구할 수 있다.

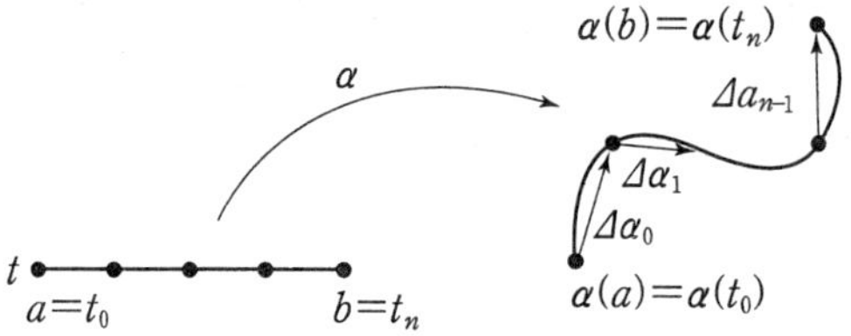

그림 2.15

$$\begin{aligned}\int_C \|d\alpha\| &\equiv \lim_{\max \Delta t_i \to 0} \sum_{i=0}^{n-1} \|\Delta\alpha_i\| \\ &= \lim_{\max \Delta t_i \to 0} \sum_{i=0}^{n-1} \|\alpha'(t_i)\Delta t_i\| \\ &= \int_a^b \|\alpha'(t)\|\, dt\end{aligned}$$

따라서 곡선 $\alpha : [a, b] \to \mathbb{R}^3$이 주어졌을 때, 곡선의 길이에 대한 다음의 정리를 얻는다.

정리 2.7

곡선 $\alpha : [a, b] \to \mathbb{R}^3$의 길이 $L(\alpha)$는

$$L(\alpha) = \int_\alpha \|d\alpha\| = \int_a^b \|\alpha'(t)\|\, dt$$

또한 곡선 $\alpha(t) = (\alpha_1(t),\ \alpha_2(t),\ \alpha_3(t)),\ a \le t \le b$의 길이를 성분으로 표시하면

$$L(\alpha) = \int_a^b \sqrt{\alpha_1'(t)^2 + \alpha_2'(t)^2 + \alpha_3'(t)^2}\, dt$$

예제 30 반지름이 r인 평면의 원은 다음과 같은 하나의 함수로 표현될 수 있다.

$$\alpha(t) = (r\cos t,\ r\sin t), \quad 0 \le t \le 2\pi$$

$\alpha'(t) = (-r\sin t,\ r\cos t)$이므로 $\|\alpha'(t)\| = r$이다. 따라서 이 원의 둘레는

$$\int_0^{2\pi} \|\alpha'(t)\| dt = \int_0^{2\pi} r\, dt = 2\pi r. \qquad \square$$

예제 31 나선 $\alpha(t) = (a\cos t,\ a\sin t,\ bt)$의 길이를 구하라. 단, $0 \le t \le 2\pi$.

풀이 $\alpha'(t) = (-a\sin t, a\cos t, b)$, $\|\alpha'(t)\| = \sqrt{a^2+b^2}$ 이므로 나선의 길이는

$$\begin{aligned}\int_0^{2\pi} \|\alpha'(t)\| dt &= \int_0^{2\pi} \sqrt{a^2+b^2}\, dt \\ &= 2\pi\sqrt{a^2+b^2}. \qquad \square\end{aligned}$$

곡선 $\alpha(t)$에 대하여 시각 $t = c$를 기점으로 시간에 따른 호의 길이를 나타내는 함수를 다음과 같이 정의한다.

정의 2.12 Arc length function

곡선 $\alpha : [a,\ b] \to \mathbb{R}^3$, $c \in [a,\ b]$에 대하여 다음과 같이 정의된 함수 $s(t)$를 호장함수라 한다.

$$s(t) = \int_c^t \|\alpha'(u)\| du$$

곡선함수의 정의역 $[a,\ b]$에 $0 \in \mathbb{R}$이 포함되어 있으면 특별한 언급없이 $c = 0$을 선택하기로 한다.

적분의 기본정리에 의하여 호장함수는 다음과 같은 특성을 갖는다.

$$\begin{aligned} s'(t) &= \|\alpha'(t)\|, \\ L(\alpha) &= \int_a^b \|\alpha'(u)\| du \\ &= \int_a^b s'(u) du \\ &= s(b) - s(a) \end{aligned}$$

곡선함수를 $\alpha(t) = (x(t),\ y(t),\ z(t))$라 하면 호장함수의 미분 ds는 다음과 같다.

$$\begin{aligned} ds &= s'(t)dt \\ &= \sqrt{x'(t)^2 + y'(t)^2 + z'(t)^2}\, dt \end{aligned}$$

$ds = s'(t)dt = \|\alpha'(t)\| dt$를 벡터형태로 표현하기 위하여 다음과 같이 $d\boldsymbol{s}$를 약속한다.

$$d\boldsymbol{s} := \alpha'(t)dt$$

예제 32 나선 $\alpha(t) = (a\cos t,\ a\sin t,\ bt)$, $a > 0$, $b \neq 0$의 호장함수를 구하라.

풀이 $\alpha'(t) = (-a\sin t,\ a\cos t,\ b)$, $\|\alpha'(t)\| = \sqrt{a^2 + b^2}$ 이므로 호장함수는

$$\begin{aligned} s(t) &= \int_0^t \sqrt{a^2 + b^2}\, du \\ &= \sqrt{a^2 + b^2}\, t. \end{aligned}$$

□

주 구간 $[a,\ b]$에서의 1변수 스칼라함수 $y = f(x)$의 그래프는 x에 의해 매개화된 곡선, 즉 $\alpha(x) = (x,\ f(x))$, $a \leq x \leq b$로 생각할 수 있다. 그러므로 호의 길이는 다음과 같다.

$$L(\alpha) = \int_a^b \sqrt{1 + [f'(x)]^2}\, dx$$

예제 33 곡선 $f(x) = a\cosh\dfrac{x}{a}\ (a > 0)$, $x \in [0,\ b]$의 호의 길이를 구하라.

풀이 $f'(x) = \sinh\dfrac{x}{a}$ 이므로

$$\begin{aligned} \int_0^b \sqrt{1 + [f'(x)]^2}\, dx &= \int_0^b \cosh\frac{x}{a}\, dx \\ &= a\left[\sinh\frac{x}{a}\right]_0^b \\ &= a\sinh\frac{b}{a}. \end{aligned}$$

□

연습문제 2.5

1. 평면에서 함수 $y=|x|\ (-1 \le x \le 1)$의 그래프를 경로로 하는 벡터함수 $\alpha(t)$를 구성하라.

2. 평면에서 함수 $y=x^2+x$의 그래프를 곡선으로 하는 하나의 벡터함수 $\alpha(t)$를 구성하라.

3. 한 입자가 곡선 $x=2t^2,\ y=t^2-4t,\ z=3t-5$ (단, t는 시간)를 따라 움직인다고 하자. $t=1$에서 속도와 가속도를 각각 구하라.

4. $x=e^t,\ y=e^t$로 주어진 곡선 위의 점 $(1,\ 1)$에서의 접선의 식을 구하라.

5. 공간곡선 $\alpha(t)=(\sin 3t\cos t,\ \sin 3t\sin t,\ 0)$의 $t=\dfrac{\pi}{3}$에서의 접선의 식을 구하라.

6. $f(t)=(2t-t^2)\boldsymbol{i}+8/3t^{3/2}\boldsymbol{j},\ 1 \le t \le 3$로 주어진 곡선에 대하여 $t=1$에서 $t=3$까지의 호의 길이를 구하라.

7. 벡터함수 $f(t)=\cos t\boldsymbol{i}+\sin t\boldsymbol{j}+t\boldsymbol{k}$로 주어진 원형나선 위의 점 $(1,\ 0,\ 0)$에서 점 $(1,\ 0,\ 2\pi)$까지의 호의 길이를 구하라.

8. $\mathbf{u}=u_1\boldsymbol{i}+u_2\boldsymbol{j}+u_3\boldsymbol{k}$를 단위벡터라 하자. 이때 직선 $x=x_0+tu_1,\ y=y_0+tu_2,\ z=z_0+tu_3$를 따라 기준점 $(x_0,\ y_0,\ z_0)$로부터 점 $(x_0+tu_1,\ y_0+tu_2,\ z_0+tu_3)$까지의 움직인 거리는 t임을 보여라.

9. 다음의 호장함수를 구하라.

(1) $\alpha(t)=\left(\dfrac{t^3}{3},\ \dfrac{t^2}{2}\right)$

(2) $\alpha(t)=\left(3t^2+2,\ 2t^3-\dfrac{1}{2}\right)$

(3) $\alpha(t)=(4\sin t,\ 4\cos t-25)$

(4) $\alpha(t)=(\sqrt{5}\sin 2t-2,\ \sqrt{5}\cos 2t-\sqrt{3})$

제3장

미분의 응용

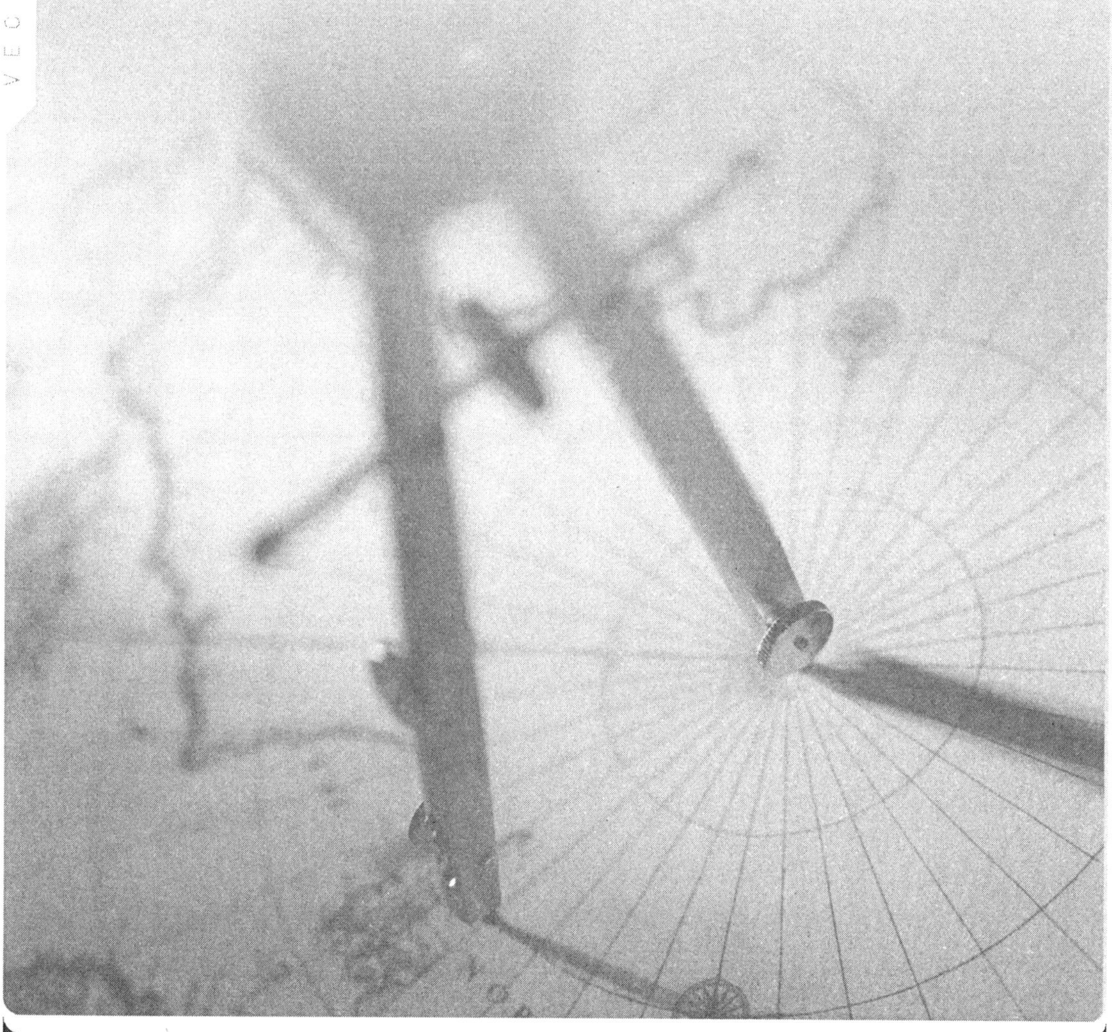

3.1 스칼라장과 벡터장

(1) 스칼라장과 벡터장의 정의 및 연산

어떤 시각에 주어진 평면영역에서 각 위치의 온도를 생각해보자. 이는 주어진 영역을 정의역으로 하고, 그 영역의 각 위치 $(x,\ y)$ 에서의 온도를 함숫값으로 하는 함수 형태로 나타낼 수 있다. 예를 들면, $\phi(x,\ y) = \dfrac{1}{\sqrt{x^2+y^2+1}}$ 은 평면의 원점에서 온도가 1도이고, 원점에서 멀어질수록 온도가 0도에 가까워지는 분포를 나타내는 하나의 함수이다. 이 함수를 그래프로 나타내면 다음과 같다.

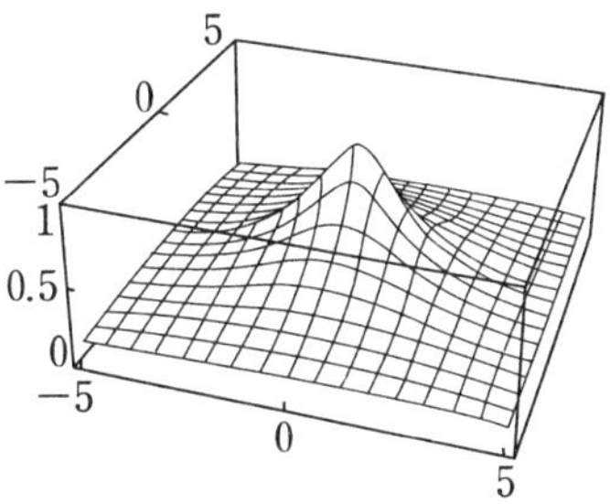

그림 3.1

이와 같이 주어진 영역에서의 각 점에 하나의 스칼라를 대응시키는 함수를 다음과 같이 정의한다.

> **정의 3.1** Scalar field
>
> 공간의 한 영역 A 에서 정의되는 실함수 $\phi : A \to \mathbb{R}$ 을 영역 A 에서의 스칼라장(scalar field)이라 한다.

예를 들면, 평면 $\mathbb{R}^2$ 의 각 점이 원점으로부터 떨어져 있는 정도를 거리개념으로 나타내는 스칼라장을 ϕ 라 하면

$$\phi(x, y) = \sqrt{x^2 + y^2}$$

스칼라장에 대한 물리적인 예를 들어 보면 다음과 같다.

- 대기의 각 위치에서의 온도
- 대기의 각 위치에서의 공기밀도
- 바다의 각 위치에서의 수압

공간의 각 점에 하나의 스칼라를 대응시키는 스칼라장과는 달리 벡터를 대응시키는 함수를 생각해보자. 어떤 시각에 주어진 공간의 영역에서 불고 있는 바람의 형태는 각 점에서 바람의 방향과 속력에 의해 결정된다. 이는 주어진 영역을 정의역으로 하고 그 영역의 각 점에서 부는 바람을 하나의 속도벡터로 나타내는 것과 같다.

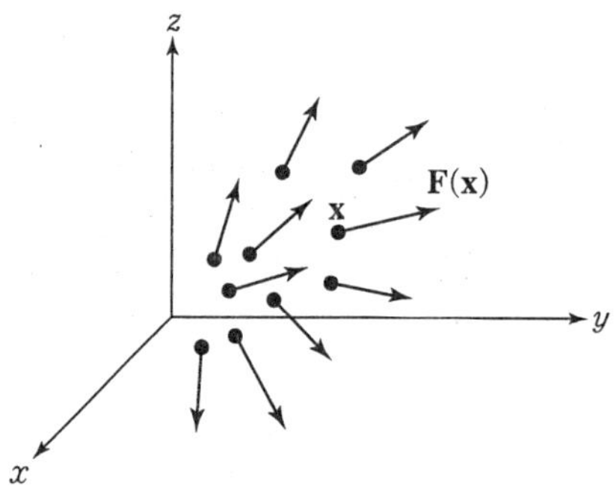

그림 3.2

이와 같이 주어진 영역의 각 점에 하나의 벡터가 정의된 것을 벡터장이라 하는데, 이 벡터는 공간의 한 점의 위치벡터로 생각할 수 있으므로 다음과 같이 정의한다.

정의 3.2 Vector field

공간의 한 영역 A에서 정의되는 벡터함수 $\mathbf{F} : A \subset \mathbb{R}^3 \to \mathbb{R}^3$을 영역 A에서의 벡터장(vector field)이라 한다.

다시 말하면, 영역 A에서의 벡터장 $\mathbf{F}$란 각 점 $P \in A$에 대하여 점 $\mathbf{F}(P)$의 위치벡터를 정의한 것이다.

벡터함수로 정의된 공간의 벡터장 $\mathbf{F}$는 다음과 같이 성분으로 표시될 수 있다.

$$\mathbf{F}(x, y, z) = (f_1(x, y, z), f_2(x, y, z), f_3(x, y, z))$$

각 점에서 정의된 벡터를 기본단위벡터들로 표현하면

$$\mathbf{F}(x, y, z) = f_1(x, y, z)\boldsymbol{i} + f_2(x, y, z)\boldsymbol{j} + f_3(x, y, z)\boldsymbol{k}$$

각 성분함수 $f_i(x, y, z)$는 스칼라함수이므로 공간의 벡터장은 3개의 스칼라함수에 의해 결정됨을 알 수 있다.

벡터장은 주로 **F**, **G**, $\cdots$ 또는 **U**, **V**, $\cdots$ 등과 같이 대문자로 진하게 표기한다.

함수표현과 기하학적 표현을 통한 벡터장의 의미를 다음의 예제에서 살펴보자.

예제 1 공간의 모든 위치에서 x축의 양의 방향으로 단위속력의 바람이 불고 있는 것을 하나의 벡터장으로 다음과 같이 표현할 수 있다.

$$\mathbf{F}(x, y, z) = (1, 0, 0) \text{ 또는 } \mathbf{F}(x, y, z) = \boldsymbol{i}$$

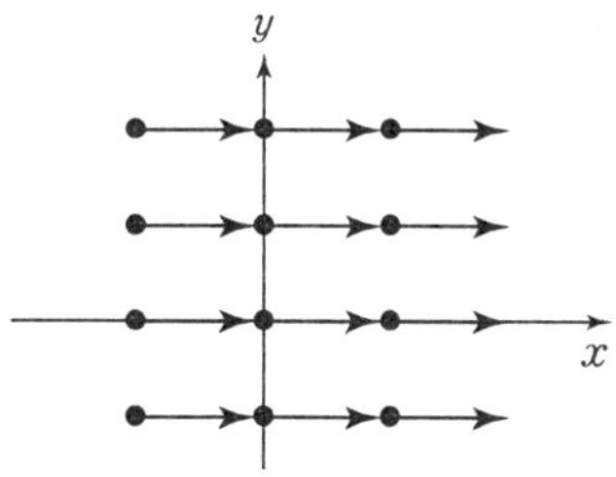

그림 3.3

□

예제 2 평면의 원점을 중심으로 시계반대방향으로 회전할 때, 각 점에서의 회전속도를 벡터로 나타내는 벡터장을 다음과 같이 표현할 수 있다.

$$\mathbf{V}(x, y) = (-y, x) \text{ 또는 } \mathbf{V}(x, y) = -y\boldsymbol{i} + x\boldsymbol{j}$$

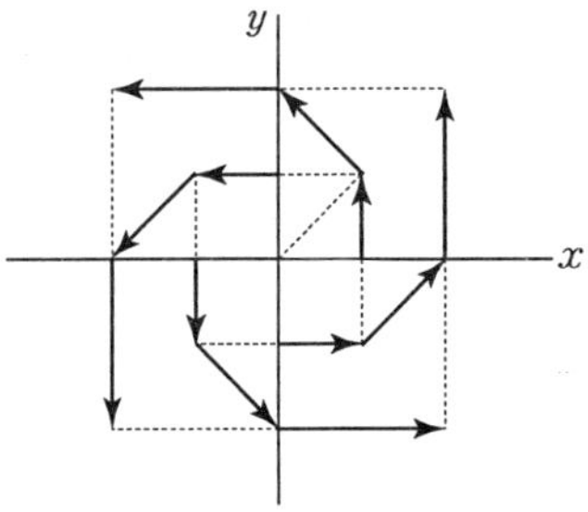

그림 3.4 □

예제 3 예제 2의 벡터장에 의하여 결정되는 각 벡터와 반대방향인 단위벡터로 정의되는 벡터장 **W**는 다음과 같다.

$$\mathbf{W}(x,\ y) = \frac{y}{\sqrt{x^2+y^2}}\boldsymbol{i} - \frac{x}{\sqrt{x^2+y^2}}\boldsymbol{j}$$

이 벡터장은 원점 $(0,\ 0)$에서는 정의되지 않는다.

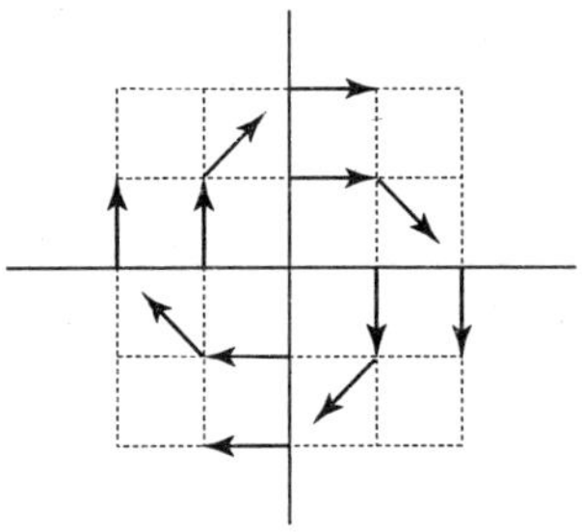

그림 3.5 □

스칼라장과 벡터장에 대한 기본연산은 다음과 같다.

정의 3.3

스칼라장 ϕ와 벡터장 $\mathbf{F}$, $\mathbf{G}$에 대하여 벡터장 $\mathbf{F}+\mathbf{G}$, $\phi\mathbf{F}$, $\mathbf{F}\times\mathbf{G}$와 스칼라장 $\mathbf{F}\cdot\mathbf{G}$를 다음과 같이 정의한다.

(1) $(\mathbf{F}+\mathbf{G})(\mathbf{x}) = \mathbf{F}(\mathbf{x})+\mathbf{G}(\mathbf{x})$

(2) $(\phi\mathbf{F})(\mathbf{x}) = \phi(\mathbf{p})\mathbf{F}(\mathbf{x})$

(3) $(\mathbf{F}\cdot\mathbf{G})(\mathbf{x}) = \mathbf{F}(\mathbf{x})\cdot\mathbf{G}(\mathbf{x})$

(4) $(\mathbf{F}\times\mathbf{G})(\mathbf{x}) = \mathbf{F}(\mathbf{x})\times\mathbf{G}(\mathbf{x})$

(2) 기울기

스칼라장, 즉 다변수 실함수에 대한 미분으로서 각 독립변수에 대한 편도함수를 2장에서 소개하였다. 이는 독립변수 각각에 대한 함수의 변화율을 의미하므로, 각 변수의 기본방향, 즉 양의 방향인 $\boldsymbol{i}$, $\boldsymbol{j}$, $\boldsymbol{k}$의 각 방향에 대해서만 함숫값의 변화율을 정의한다. 따라서 임의의 방향에 대한 함수의 변화율을 의미하는 방향도함수에 대해 생각해보기로 하자.

스칼라장 $\phi(x, y, z)$는 공간의 각 점에 대하여 하나의 스칼라를 대응시킨 것이다. 따라서 한 점을 중심으로 근방의 점들에 대한 함수 ϕ의 값들의 변화율을 파악하기 위해 임의의 방향에 대한 함수의 도함수를 생각한다.

먼저 방향을 제시하는 방법으로, 주어진 점에서의 단위벡터 $\mathbf{u}$를 선택한다. 즉,

$$\mathbf{u} = u_1\boldsymbol{i} + u_2\boldsymbol{j} + u_3\boldsymbol{k}, \quad \sum_{i=1}^{3} u_i^2 = 1.$$

이 방향으로 함수 ϕ의 변화를 파악하기 위해 위치벡터로서의 점 $\mathbf{x}$가 단위벡터 $\mathbf{u}$의 방향으로 일정하게 이동하는 상황을 매개변수 t를 이용하여 다음과 같이 벡터함수로 표현할 수 있다.

$$\alpha(t) = \mathbf{x} + t\mathbf{u}$$

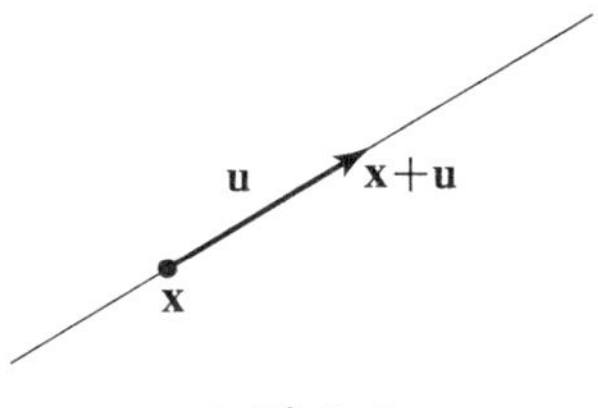

그림 3.6

점 $\mathbf{x}$의 이동에 의한 각 점 $\alpha(t)$에서 스칼라장 $\phi(x, y, z)$의 값은 다음과 같이 ϕ와 $\alpha(t)$의 합성함수 f로 나타낼 수 있다. 즉,

$$f(t) = \phi(\alpha(t)).$$

이 함수 f는 변수 t에 관한 스칼라함수이므로 도함수 $f'(t)$를 생각할 수 있다. 그러므로 점 $\mathbf{x}$에서 단위벡터 $\mathbf{u} = u_1\boldsymbol{i} + u_2\boldsymbol{j} + u_3\boldsymbol{k}$ 방향으로 $\phi(x, y, z)$의 변화량은 도함수 $f'(0)$이다. 합성함수의 미분에 의하여 $f'(0)$은 다음과 같다.

$$f'(0) = \frac{\partial \phi}{\partial x}(\mathbf{x})u_1 + \frac{\partial \phi}{\partial y}(\mathbf{x})u_2 + \frac{\partial \phi}{\partial z}(\mathbf{x})u_3$$

$$= \left(\frac{\partial \phi}{\partial x}(\mathbf{x})\boldsymbol{i} + \frac{\partial \phi}{\partial y}(\mathbf{x})\boldsymbol{j} + \frac{\partial \phi}{\partial z}(\mathbf{x})\boldsymbol{k}\right) \cdot \mathbf{u}$$

따라서 방향도함수를 다음과 같이 정의한다.

정의 3.4 Directional derivative

점 $\mathbf{x}$에서 단위벡터 $\mathbf{u}$ 방향으로 스칼라함수 $\phi(x, y, z)$의 방향도함수를 다음과 같이 정의한다.

$$\left(\frac{\partial \phi}{\partial x}(\mathbf{x})\boldsymbol{i} + \frac{\partial \phi}{\partial y}(\mathbf{x})\boldsymbol{j} + \frac{\partial \phi}{\partial z}(\mathbf{x})\boldsymbol{k}\right) \cdot \mathbf{u}$$

주 벡터 $\mathbf{a}$가 단위벡터가 아닌 경우에도, 점 $\mathbf{x}$에서 $\mathbf{a}$ 방향으로의 방향도함수란 표현을 사용한다. 이때 방향도함수의 값은 $\mathbf{a}$를 단위벡터 $\mathbf{u} = \frac{\mathbf{a}}{\|\mathbf{a}\|}$로 대신하여 계산된다.

예제 4 점 $\mathbf{x} = \left(1, 2, \frac{\pi}{2}\right)$에서 함수 $\phi(x, y, z) = xy\sin z$의 벡터 $\mathbf{a} = \boldsymbol{i} + 2\boldsymbol{j} + 2\boldsymbol{k}$ 방향으로 방향도함수를 구하라.

풀이 $\mathbf{a}$ 방향으로의 단위벡터 $\mathbf{u}$는 $\frac{1}{3}\boldsymbol{i} + \frac{2}{3}\boldsymbol{j} + \frac{2}{3}\boldsymbol{k}$이다. 그리고

$$\frac{\partial \phi}{\partial x}(x, y, z) = y\sin z,$$

$$\frac{\partial \phi}{\partial y}(x, y, z) = x\sin z,$$

$$\frac{\partial \phi}{\partial z}(x, y, z) = xy\cos z$$

이므로

$$\frac{\partial \phi}{\partial x}\left(1, 2, \frac{\pi}{2}\right) = 2,$$

$$\frac{\partial \phi}{\partial y}\left(1,\ 2,\ \frac{\pi}{2}\right) = 1\,,$$

$$\frac{\partial \phi}{\partial z}\left(1,\ 2,\ \frac{\pi}{2}\right) = 0\,.$$

따라서 방향도함수는

$$\left(\frac{\partial \phi}{\partial x}(\mathbf{x})\boldsymbol{i} + \frac{\partial \phi}{\partial y}(\mathbf{x})\boldsymbol{j} + \frac{\partial \phi}{\partial z}(\mathbf{x})\boldsymbol{k}\right) \cdot \mathbf{u} = 2\left(\frac{1}{3}\right) + 1\left(\frac{2}{3}\right) + 0\left(\frac{2}{3}\right) = \frac{4}{3}\,.$$

□

방향도함수의 정의로부터, 단위벡터 $\mathbf{u} = u_1\boldsymbol{i} + u_2\boldsymbol{j} + u_3\boldsymbol{k}$ 방향으로 스칼라장 ϕ 의 방향도함수는 벡터장 $\left(\frac{\partial \phi}{\partial x}\boldsymbol{i} + \frac{\partial \phi}{\partial y}\boldsymbol{j} + \frac{\partial \phi}{\partial z}\boldsymbol{k}\right)$에 의하여 결정됨을 알 수 있다. 이 벡터장은 방향도함수뿐만 아니라 벡터해석 및 응용에서 중요한 역할을 하는 연산자이다. 따라서 이 벡터장을 정의하기 위하여 다음과 같은 기호를 약속한다.

정의 3.5 Del / Nabla

다음의 연산자 ∇ 을 델(del) 또는 나블라(nabla)라 부른다.

$$\nabla := \frac{\partial}{\partial x}\boldsymbol{i} + \frac{\partial}{\partial y}\boldsymbol{j} + \frac{\partial}{\partial z}\boldsymbol{k}$$

∇ 은 스칼라장을 벡터장으로 변환시키는 중요한 연산자이다.

정의 3.6 Gradient

스칼라장 ϕ에 대하여 다음과 같은 벡터장 $\nabla\phi$를 ϕ의 기울기라 한다.

$$\nabla\phi := \frac{\partial \phi}{\partial x}\boldsymbol{i} + \frac{\partial \phi}{\partial y}\boldsymbol{j} + \frac{\partial \phi}{\partial z}\boldsymbol{k}$$

주 스칼라장 ϕ의 기울기는 스칼라함수 ϕ의 도함수를 의미한다. 즉,

$$(\nabla\phi)(\mathbf{x}) = D\phi(\mathbf{x})$$

예제 5 $\phi(x,\ y,\ z) = 3x^2y - y^3z^2$ 일 때, 점 $\mathbf{x} = (1,\ -2,\ 1)$에서의 $\nabla\phi$를 구하라.

풀이 $$\nabla\phi = \frac{\partial}{\partial x}(3x^2y - y^3z^2)\boldsymbol{i} + \frac{\partial}{\partial y}(3x^2y - y^3z^2)\boldsymbol{j} + \frac{\partial}{\partial z}(3x^2y - y^3z^2)\boldsymbol{k}$$
$$= 6xy\boldsymbol{i} + (3x^2 - 3y^2z^2)\boldsymbol{j} - 2y^3z\boldsymbol{k}$$

그러므로

$$(\nabla\phi)(\mathbf{x}) = -12\boldsymbol{i} - 9\boldsymbol{j} + 16\boldsymbol{k}.$$ □

기울기를 이용하여 방향도함수에 관한 다음의 정리를 얻는다.

정리 3.1 Directional derivative

단위벡터 $\mathbf{u} = u_1\boldsymbol{i} + u_2\boldsymbol{j} + u_3\boldsymbol{k}$ 방향으로 스칼라장 ϕ의 방향도함수는 $\nabla\phi \cdot \mathbf{u}$이다.

주 점 $\mathbf{x}$에서 $\mathbf{u}$ 방향으로 스칼라장 ϕ의 방향도함수는 ϕ의 도함수인 $D\phi$에 의하여 다음과 같이 해석된다.

$$(\nabla\phi)(\mathbf{x}) \cdot \mathbf{u} = (D\phi(\mathbf{x}))(\mathbf{u})$$

평면의 영역에 있는 각 위치에서의 온도가 다음의 스칼라함수로 주어졌다고 하자.

$$\phi(x,\ y) = x^2 + y^2$$

이 함수를 다음과 같이 평면에 등온선 $\phi(x,\ y) = c$로 나타낼 수 있다.

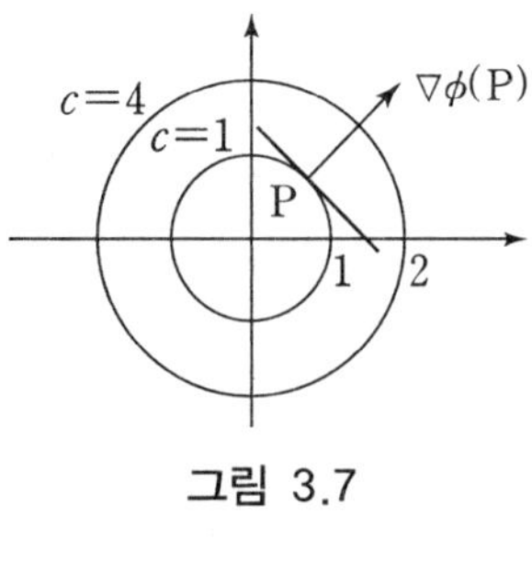

그림 3.7

이 스칼라함수 ϕ 의 기울기는 $\nabla\phi = 2x\boldsymbol{i} + 2y\boldsymbol{j}$ 이므로, 점 $\mathrm{P}\left(\frac{1}{\sqrt{2}}, \frac{1}{\sqrt{2}}\right)$ 에서의 기울기는 $(\nabla\phi)(\mathrm{P}) = \sqrt{2}\,\mathbf{i} + \sqrt{2}\,\mathbf{j}$ 이다. 그림 3.7에서 점 P를 중심으로 온도가 가장 많이 상승하는 방향이 P를 지나는 등온선에 수직인 방향임을 직관적으로 알 수 있다. 그런데 점 P에서 ϕ 의 방향도함수 $(\nabla\phi)(\mathrm{P})\cdot\mathbf{u}$ 가 최대인 방향 $\mathbf{u}$ 는 내적의 성질에 의하여 $(\nabla\phi)(\mathrm{P})$ 와 같은 방향임을 알 수 있다. 따라서 다음의 정리를 얻는다.

정리 3.2 Steepest direction

점 $\mathbf{x}$ 에서 스칼라장 ϕ 의 값이 가장 빨리 증가하는 방향은 $(\nabla\phi)(\mathbf{x})$ 이다.

이 정리에 의하여 기울기는 각 점을 중심으로 스칼라장의 최대 변화량을 나타내는 방향을 제시하는 하나의 벡터장으로 볼 수 있다.

예제 6 균질한 물체의 임의의 점에서의 온도가 $\phi = e^{xy} - xy^2 - x^2yz$ 로 주어졌을 때, 점 $(1, -1, 2)$ 에서 온도가 가장 크게 떨어지는 방향을 구하라.

풀이 점 $(1, -1, 2)$ 에서 온도가 가장 크게 떨어지는 방향은 그 점에서 기울기의 반대 방향인 $-\nabla\phi$ 이다. ϕ 의 기울기는

$$\nabla\phi = (ye^{xy} - y^2 - 2xyz)\boldsymbol{i} + (xe^{xy} - 2xy - x^2z)\boldsymbol{j} + (-x^2y)\boldsymbol{k}$$

이므로 $(1, -1, 2)$ 에서 온도가 가장 크게 떨어지는 방향은

$$(-\nabla\phi)(1, -1, 2) = (e^{-1} - 3)\boldsymbol{i} - e^{-1}\boldsymbol{j} - \boldsymbol{k}.$$

□

연습문제 3.1

1. 다음 벡터장을 그림으로 간단하게 나타내어라.

(1) $\mathbf{F}(x,\ y) = x\boldsymbol{i} + y\boldsymbol{j}$

(2) $\mathbf{F}(x,\ y) = -x\boldsymbol{i} + 2y\boldsymbol{j}$

(3) $\mathbf{F}(x,\ y) = \dfrac{y}{\sqrt{x^2+y^2}}\boldsymbol{i} - \dfrac{x}{\sqrt{x^2+y^2}}\boldsymbol{j}$

(4) $\mathbf{F}(x,\ y,\ z) = \boldsymbol{j}$

(5) $\mathbf{F}(x,\ y,\ z) = -z\boldsymbol{k}$

2. 스칼라장 $\phi(x,\ y,\ z) = xy^2z$, 벡터장 $\mathbf{F}(x,\ y,\ z) = xz\boldsymbol{i} - xy^2\boldsymbol{j} + yz^2\boldsymbol{k}$, $\mathbf{G}(x,\ y,\ z) = xz^2\boldsymbol{i} - 2y\boldsymbol{j} - 3xz\boldsymbol{k}$와 점 $\mathbf{x}(2,\ -1,\ 1)$에 대하여 다음을 구하라.

(1) $\phi\mathbf{F}$, $\mathbf{F}-\mathbf{G}$

(2) $\mathbf{F}\times\mathbf{G}$, $\mathbf{F}\cdot\mathbf{G}$

(3) $\phi(\mathbf{x})\mathbf{F}$, $(\phi\mathbf{F})(\mathbf{x})$

(4) $(\mathbf{F}\times\mathbf{G})(\mathbf{x})$, $(\mathbf{F}\cdot\mathbf{G})(\mathbf{x})$

3. 점 $(1,\ 1,\ 0)$에서의 벡터 $\mathbf{a} = 2\boldsymbol{i} - 3\boldsymbol{j} + 6\boldsymbol{k}$ 방향으로 함수 $\phi(x,\ y,\ z) = x^3 - xy^2 - z$의 방향도함수를 구하라.

4. 점 $\mathrm{P}(x,\ y,\ z)$가 $\mathrm{P}_0(2,\ 0,\ 0)$에서 $\mathrm{P}_1(4,\ 1,\ 2)$까지 선분을 따라 $ds = 0.1$만큼 움직일 때, 함수 $\phi(x,\ y,\ z) = xe^y + yz$의 변화량의 근삿값을 방향도함수를 이용하여 구하라.

5. 점 $(1,\ 1,\ 1)$에서 $\phi(x,\ y,\ z) = x^2 + y^2 + z^2$의 방향도함수가 최대인 방향과 최소인 방향을 구하라. 또 그 방향으로 ϕ의 방향도함수도 구하라.

6. $(1,\ 1)$에서 $f(x,\ y) = x^2 + y^2$의 방향도함수가 0이 되는 방향의 단위벡터를 구하라.

3.2 벡터장의 미분

기울기는 각 점을 중심으로 스칼라장의 최대 변화량을 나타내는 하나의 벡터장이다. 반면, 벡터장에 대한 변화량을 나타내는 방법으로서 발산과 회전의 두 가지가 있다. 이들은 기울기와 달리 다소 복잡하게 정의된다. 우선 발산에 대해 생각해보기로 하자.

(1) 발산

벡터장의 발산(divergence)은 말 그대로 한 정점 근방에서 벡터장에 의하여 발산하는 정도를 나타내기 위한 계산방법이다. 예를 들면, 기체가 한 점을 중심으로 근방에서 분산하는 정도, 즉 발산 정도를 하나의 수로 표현하는 방법으로, 발산 정도가 음수이면 그 점 근방에서 유체가 압축되고 있음을 의미한다.

발산을 수리적으로 쉽게 설명하기 위하여 벡터장을 기체 또는 유체의 속도벡터장으로 생각한다. 유체의 흐름을 나타내는 속도벡터장을 $\mathbf{F}$라 하자.

$$\mathbf{F} = F_1\boldsymbol{i} + F_2\boldsymbol{j} + F_3\boldsymbol{k}$$

이 유체가 그림 3.8과 같이 Δt시간 동안 넓이 ΔS를 갖는 평면의 영역 R을 통과하는 총 유출량 ΔV의 근삿값을 다음과 같이 나타낼 수 있다.

$$\Delta V = \mathbf{F}(\mathbf{x}) \cdot \mathbf{n}\,\Delta S \Delta t$$

여기서, 점 $\mathbf{x}$는 영역 R의 한 점이고, $\mathbf{n}$은 유체가 영역 R을 수직으로 통과하는 방향의 단위벡터이다.

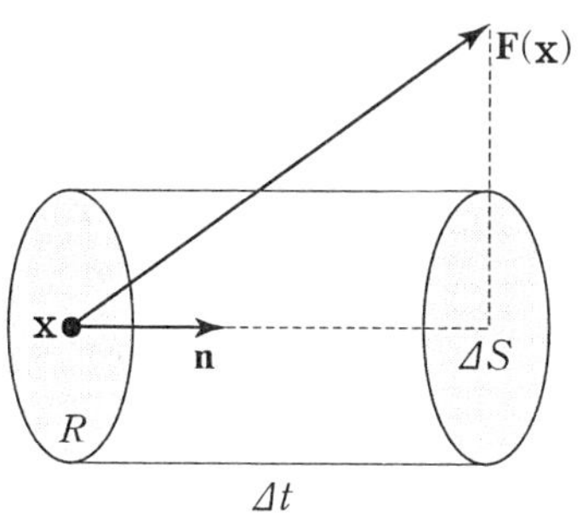

그림 3.8

다시 말하면, 유체의 속도벡터장 $\mathbf{F}$에 의하여 단위시간당 유체의 영역 R을 통과하는 유출량은 $\mathbf{F}(\mathbf{x})\cdot\mathbf{n}\Delta S$이다. 이 방법을 이용하여 주어진 벡터장에 대한 발산을 유도해보기로 한다.

① $\boldsymbol{i}$ 방향으로의 유출량

유체의 속도벡터장 $\mathbf{F}=F_1\boldsymbol{i}+F_2\boldsymbol{j}+F_3\boldsymbol{k}$가 주어졌을 때, 공간의 임의의 한 점 $\mathrm{X}(x,\ y,\ z)$ 근방에서 유체의 발산 정도를 계산하기 위해 그림 3.9와 같이 점 $\mathbf{x}$를 중심으로 $\boldsymbol{i},\ \boldsymbol{j},\ \boldsymbol{k}$ 방향으로 각각 $\Delta x,\ \Delta y,\ \Delta z$의 증가에 의해 생성된 직육면체를 생각해보자.

이 그림에서 나타난 직육면체의 내부에서 네 점 $(x,\ y,\ z)$, $(x,\ y+\Delta y,\ z)$, $(x,\ y+\Delta y,\ z+\Delta z)$, $(x,\ y,\ z+\Delta z)$를 갖는 면 I_x로 유체의 유출량은 면 I_x의 단위법벡터 $-\boldsymbol{i}$와 넓이 $\Delta S=\Delta y\Delta z$, 그리고 점 $\mathbf{x}$에서의 유체의 속도벡터 $\mathbf{F}(\mathbf{x})$에 의하여 다음과 같이 근삿값으로 나타낼 수 있다.

$$\mathbf{F}(\mathbf{x})\cdot(-\boldsymbol{i})\Delta S=-F_1(x,\ y,\ z)\Delta y\Delta z$$

또한 $(x+\Delta x,\ y,\ z)$, $(x+\Delta x,\ y+\Delta y,\ z)$, $(x+\Delta x,\ y+\Delta y,\ z+\Delta z)$, $(x+\Delta x,\ y,\ z+\Delta z)$의 네 점에 의한 면 II_x로 유체의 유출량은 면 II_x의 단위법벡터 $\boldsymbol{i}$와 넓이 $\Delta S=\Delta y\Delta z$, 그리고 점 $\mathbf{x}+\Delta x\boldsymbol{i}=(x+\Delta x,\ y,\ z)$에서의 유체의 속도벡터 $\mathbf{F}(\mathbf{x}+\Delta x\boldsymbol{i})$에 의하여 다음과 같이 근삿값으로 나타낼 수 있다.

$$\mathbf{F}(\mathbf{x}+\Delta x\boldsymbol{i})\cdot\boldsymbol{i}\ \Delta S=F_1(x+\Delta x,\ y,\ z)\Delta y\Delta z$$

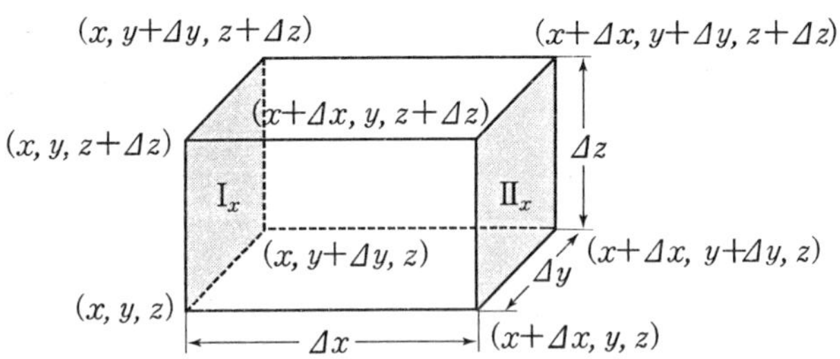

그림 3.9

② j, k 방향으로의 유출량

같은 방법으로 직육면체의 면 I_y, II_y, I_z, II_z에 대한 단위시간당 유체의 유출량의 근삿값은 다음과 같다.

$$\mathbf{F}(\mathbf{x}) \cdot (-\boldsymbol{j})\Delta S = -F_2(x,\ y,\ z)\Delta x \Delta z,$$

$$\mathbf{F}(\mathbf{x} + \Delta y \boldsymbol{j}) \cdot \boldsymbol{j}\Delta S = F_2(x,\ y + \Delta y,\ z)\Delta x \Delta z$$

$$\mathbf{F}(\mathbf{x}) \cdot (-\boldsymbol{k})\Delta S = -F_3(x,\ y,\ z)\Delta x \Delta y,$$

$$\mathbf{F}(\mathbf{x} + \Delta z \boldsymbol{k}) \cdot \boldsymbol{k}\Delta S = F_3(x,\ y,\ z + \Delta z)\Delta x \Delta y$$

그러므로 단위시간당 6개의 면을 모두 통과하는 유체의 총 유출량의 근삿값 ΔV는

$$\begin{aligned}\Delta V = &F_1(x + \Delta x,\ y,\ z)\Delta y \Delta z - F_1(x,\ y,\ z)\Delta y \Delta z \\ &+ F_2(x,\ y + \Delta y,\ z)\Delta x \Delta z - F_2(x,\ y,\ z)\Delta x \Delta z \\ &+ F_3(x,\ y,\ z + \Delta z)\Delta x \Delta y - F_3(x,\ y,\ z)\Delta x \Delta y\end{aligned}$$

ΔV의 근삿값을 미분을 이용하여 다음과 같이 나타낼 수 있다.

$$\left(\frac{\partial F_1}{\partial x}(x,\ y,\ z) + \frac{\partial F_2}{\partial y}(x,\ y,\ z) + \frac{\partial F_3}{\partial z}(x,\ y,\ z)\right)\Delta x \Delta y \Delta z$$

따라서 점 $\mathbf{x} = (x,\ y,\ z)$ 근방에서 단위시간당, 단위부피당 유체의 총 유출량(total flux)은 다음과 같다.

$$\frac{\partial F_1}{\partial x}(x,\ y,\ z) + \frac{\partial F_2}{\partial y}(x,\ y,\ z) + \frac{\partial F_3}{\partial z}(x,\ y,\ z)$$

이 값은 점 $\mathbf{x} = (x,\ y,\ z)$ 근방에서의 발산 정도를 나타내는 것으로 다음과 같이 정의한다.

정의 3.7 Divergence

벡터장 $\mathbf{F} = F_1\boldsymbol{i} + F_2\boldsymbol{j} + F_3\boldsymbol{k}$에 대하여 다음의 스칼라함수 $\text{div}\mathbf{F}$를 벡터장 $\mathbf{F}$의 발산이라 한다.

$$\text{div}\mathbf{F} := \frac{\partial F_1}{\partial x} + \frac{\partial F_2}{\partial y} + \frac{\partial F_3}{\partial z}$$

주 ∇ 연산자를 이용하여 벡터장 $\mathbf{F}=F_1\boldsymbol{i}+F_2\boldsymbol{j}+F_3\boldsymbol{k}$의 발산 div$\mathbf{F}$을 다음과 같이 표기한다.

$$\nabla \cdot \mathbf{F}$$

예제 7 벡터장 $\mathbf{F}=-x\boldsymbol{i}-y\boldsymbol{j}$의 발산은

$$\begin{aligned}\nabla \cdot \mathbf{F} &= \frac{\partial}{\partial x}(-x)+\frac{\partial}{\partial y}(-y)\\ &=-2<0\end{aligned}$$

이므로 모든 점에서 발산이 음수이다. 따라서 속도벡터장을 $\mathbf{F}$로 하는 유체는 모든 위치에서 압축되고 있음을 의미한다. □

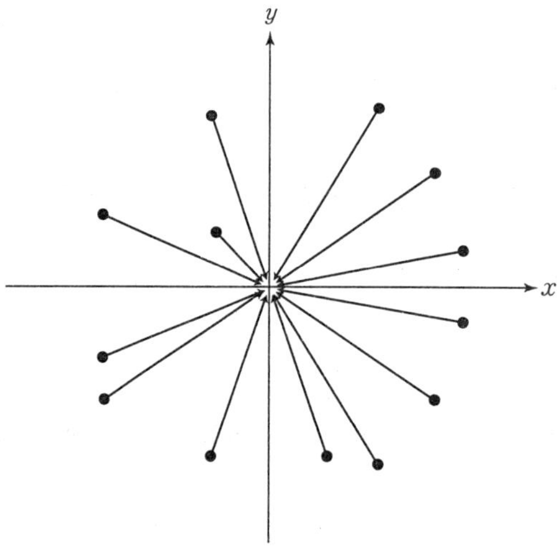

그림 3.10

예제 8 벡터장 $\mathbf{F}=-y\boldsymbol{i}+x\boldsymbol{j}$의 발산은

$$\begin{aligned}\nabla \cdot \mathbf{F} &= \frac{\partial}{\partial x}(-y)+\frac{\partial}{\partial y}(x)\\ &=0\end{aligned}$$

이므로 모든 점에서 발산이 0이다. 따라서 속도벡터장을 $\mathbf{F}$로 하는 유체는 어느 위치에서도 압축되거나 팽창되지 않음을 의미한다. □

(2) 회전

발산은 벡터장에 대한 변화를 스칼라장으로 나타내는 방법인 반면, 벡터장의 회전(curl)은 말 그대로 주어진 벡터장에 의한 회전의 상태를 벡터장으로 나타내는 하나의 연산이다. 회전을 쉽게 설명하기 위하여 발산에서와 마찬가지로 벡터장을 유체의 속도 벡터장으로 예를 들어보자.

그림 3.11에서와 같이 임의의 한 점 $\mathbf{x}(x,\ y,\ z)$를 중심으로 하는 원의 각 점에서 벡터장에 의하여 작용하는 벡터들이 이 원을 따라 회전축 $\boldsymbol{k}$에 의하여 양의 방향(시계 반대방향)으로 회전하는 데 작용하는 양을 계산하는 방법을 생각해보자.

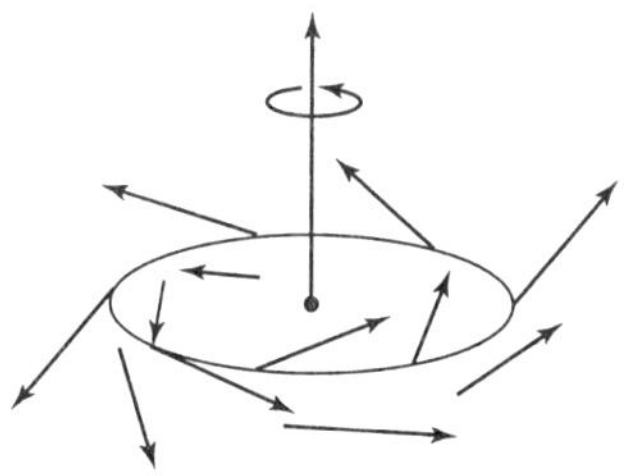

그림 3.11

벡터장을 $\mathbf{F}=F_1\boldsymbol{i}+F_2\boldsymbol{j}+F_3\boldsymbol{k}$라 하고, xy평면과 평행한 평면에서 중심이 $\mathbf{x}=(x,\ y,\ z)$이고 반지름이 r인 원 위의 임의의 한 점을 $(x+\Delta x,\ y+\Delta y,\ z)$라 하면 벡터장에 의한 이 점에서의 벡터는

$$\begin{aligned}\mathbf{F}(x+\Delta x,\ y+\Delta y,\ z)=&\ F_1(x+\Delta x,\ y+\Delta y,\ z)\boldsymbol{i}+F_2(x+\Delta x,\ y+\Delta y,\ z)\boldsymbol{j}\\ &+F_3(x+\Delta x,\ y+\Delta y,\ z)\boldsymbol{k}.\end{aligned}$$

이 벡터의 $\boldsymbol{i}$, $\boldsymbol{j}$ 성분을 다음과 같이 근삿값들로 나타낼 수 있다.

$$F_1(x+\Delta x,\ y+\Delta y,\ z)=F_1(x,\ y,\ z)+\frac{\partial F_1}{\partial x}\Delta x+\frac{\partial F_1}{\partial y}\Delta y,$$

$$F_2(x+\Delta x,\ y+\Delta y,\ z)=F_2(x,\ y,\ z)+\frac{\partial F_2}{\partial x}\Delta x+\frac{\partial F_2}{\partial y}\Delta y$$

그림 3.12와 같이 원 위의 점 $(x+\Delta x,\ y+\Delta y,\ z)$의 극좌표를 $(r,\ \theta)$라 하면 다음 관계식을 갖는다.

$$\Delta x = r\cos\theta,$$
$$\Delta y = r\sin\theta$$

점 $(x+\Delta x,\ y+\Delta y,\ z)$에서 원을 따라 양의 방향으로 진행하는 단위벡터를 $\mathbf{u}_\theta$라 하면

$$\mathbf{u}_\theta = -\sin\theta\boldsymbol{i} + \cos\theta\boldsymbol{j}$$

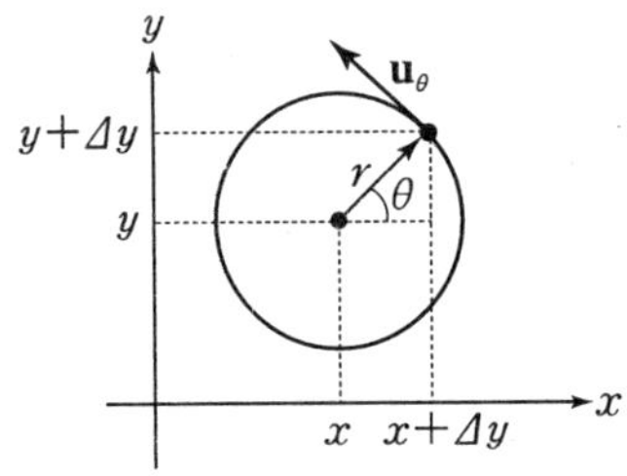

그림 3.12

벡터장 $\mathbf{F}$에 의하여 원 위의 점 $(x+\Delta x,\ y+\Delta y,\ z)$에서 작용하는 벡터의 회전성분은

$$\begin{aligned}
&\mathbf{F}(x+\Delta x,\ y+\Delta y,\ z)\cdot\mathbf{u}_\theta \\
&\quad= -F_1(x+\Delta x,\ y+\Delta y,\ z)\sin\theta + F_2(x+\Delta x,\ y+\Delta y,\ z)\cos\theta \\
&\quad= -\left(F_1(x,\ y,\ z) + \frac{\partial F_1}{\partial x}\Delta x + \frac{\partial F_1}{\partial y}\Delta y\right)\sin\theta \\
&\qquad\quad + \left(F_2(x,\ y,\ z) + \frac{\partial F_2}{\partial x}\Delta x + \frac{\partial F_2}{\partial y}\Delta y\right)\cos\theta \\
&\quad= -\left(F_1(x,\ y,\ z) + \frac{\partial F_1}{\partial x}r\cos\theta + \frac{\partial F_1}{\partial y}r\sin\theta\right)\sin\theta \\
&\qquad\quad + \left(F_2(x,\ y,\ z) + \frac{\partial F_2}{\partial x}r\cos\theta + \frac{\partial F_2}{\partial y}r\sin\theta\right)\cos\theta.
\end{aligned}$$

한편, 원을 따라서 작용하는 벡터의 회전성분들의 평균은 다음과 같이 계산된다.

$$\frac{1}{2\pi}\int_0^{2\pi}\mathbf{F}\cdot\mathbf{u}_\theta\, d\theta$$

위에서 유도한 회전성분 $\mathbf{F}\cdot\mathbf{u}_\theta$의 극좌표식을 적분식에 대입하여 계산하면 회전성

분들의 평균은 다음과 같이 간단하게 나타난다.

$$\frac{1}{2}r\left(\frac{\partial F_2}{\partial x}-\frac{\partial F_1}{\partial y}\right)$$

그러므로 주어진 유체의 속도벡터장에 의하여 z축을 회전축으로 하여 회전하려는 각속도는 다음과 같이 r을 나눈 값이다.

$$\frac{1}{2}\left(\frac{\partial F_2}{\partial x}-\frac{\partial F_1}{\partial y}\right)$$

이와 같은 방법으로 회전축을 x축으로 하였을 때의 회전각속도는

$$\frac{1}{2}\left(\frac{\partial F_3}{\partial y}-\frac{\partial F_2}{\partial z}\right)$$

이고, 회전축을 y축으로 하였을 때의 회전각속도는

$$\frac{1}{2}\left(\frac{\partial F_1}{\partial z}-\frac{\partial F_3}{\partial x}\right)$$

이다. 이들 세 가지의 회전 형태를 각각 하나의 벡터로 나타낼 수 있다. 즉, 크기를 회전각속도로 하고 방향을 회전축의 양의 방향으로 하는 다음의 세 가지 벡터로 나타낼 수 있다.

$$\frac{1}{2}\left(\frac{\partial F_3}{\partial y}-\frac{\partial F_2}{\partial z}\right)\boldsymbol{i},$$
$$\frac{1}{2}\left(\frac{\partial F_1}{\partial z}-\frac{\partial F_3}{\partial x}\right)\boldsymbol{j},$$
$$\frac{1}{2}\left(\frac{\partial F_2}{\partial x}-\frac{\partial F_1}{\partial y}\right)\boldsymbol{k}$$

이 세 가지 벡터를 합성함으로써, 주어진 벡터장 $\mathbf{F}$에 의하여 공간의 각 점 $\mathrm{X}(x, y, z)$에서 회전량을 나타내는 하나의 벡터가 결정된다. 식을 간단하게 하기 위하여 상수 $\frac{1}{2}$을 생략한 이 벡터장을 다음과 같이 정의한다.

정의 3.8 Curl

벡터장 $\mathbf{F}=F_1\boldsymbol{i}+F_2\boldsymbol{j}+F_3\boldsymbol{k}$에 의한 회전량을 나타내는 다음의 벡터장 $\mathrm{curl}\,\mathbf{F}$를 $\mathbf{F}$의 회전이라 한다.

$$\mathrm{curl}\,\mathbf{F}:=\left(\frac{\partial F_3}{\partial y}-\frac{\partial F_2}{\partial z}\right)\boldsymbol{i}+\left(\frac{\partial F_1}{\partial z}-\frac{\partial F_3}{\partial x}\right)\boldsymbol{j}+\left(\frac{\partial F_2}{\partial x}-\frac{\partial F_1}{\partial y}\right)\boldsymbol{k}$$

주 ∇ 연산자를 이용하여 벡터장 $\mathbf{F}=F_1\boldsymbol{i}+F_2\boldsymbol{j}+F_3\boldsymbol{k}$의 회전 $\mathrm{curl}\,\mathbf{F}$를 외적 또는 행렬식을 이용하여 다음과 같이 형식적인 표기를 한다.

$$\nabla\times\mathbf{F} \quad \text{또는} \quad \begin{vmatrix} \boldsymbol{i} & \boldsymbol{j} & \boldsymbol{k} \\ \dfrac{\partial}{\partial x} & \dfrac{\partial}{\partial y} & \dfrac{\partial}{\partial z} \\ F_1 & F_2 & F_3 \end{vmatrix}$$

예제 9 벡터장 $\mathbf{F}(x,\ y,\ z)=x\boldsymbol{i}+xy\boldsymbol{j}+yz\boldsymbol{k}$의 회전 $\mathrm{curl}\,\mathbf{F}$을 정의에 의하여 계산하라.

풀이 벡터장 $\mathbf{F}$의 성분함수 $F_1,\ F_2,\ F_3$는

$F_1(x,\ y,\ z)=x,\ F_2(x,\ y,\ z)=xy,\ F_3(x,\ y,\ z)=yz$이므로 회전의 정의에 의하여

$$\begin{aligned}\mathrm{curl}\,\mathbf{F}:&=\left(\frac{\partial F_3}{\partial y}-\frac{\partial F_2}{\partial z}\right)\boldsymbol{i}+\left(\frac{\partial F_1}{\partial z}-\frac{\partial F_3}{\partial x}\right)\boldsymbol{j}+\left(\frac{\partial F_2}{\partial x}-\frac{\partial F_1}{\partial y}\right)\boldsymbol{k}\\ &=(z-0)\boldsymbol{i}-(0-0)\boldsymbol{j}+(y-0)\boldsymbol{k}\\ &=z\boldsymbol{i}+y\boldsymbol{k}.\end{aligned}$$

□

예제 10 $xy\boldsymbol{i}-\sin z\boldsymbol{j}+\boldsymbol{k}$의 회전을 행렬식을 이용하여 계산하라.

풀이 $\mathbf{F}=xy\boldsymbol{i}-\sin z\boldsymbol{j}+\boldsymbol{k}$라 하면

$$\begin{aligned}\nabla\times\mathbf{F}&=\begin{vmatrix} \boldsymbol{i} & \boldsymbol{j} & \boldsymbol{k} \\ \dfrac{\partial}{\partial x} & \dfrac{\partial}{\partial y} & \dfrac{\partial}{\partial z} \\ xy & -\sin z & 1 \end{vmatrix}\\ &=\cos z\boldsymbol{i}-x\boldsymbol{k}.\end{aligned}$$

□

회전이 **0** 인 벡터장을 비회전적이라 한다. 비회전적 벡터장의 예를 들어보자.

예제 11 벡터장 $\mathbf{V}(x, y, z) = \dfrac{y\boldsymbol{i} - x\boldsymbol{j}}{x^2 + y^2}$ 는 $(x, y) \neq (0, 0)$ 인 모든 점 (x, y, z) 에서 비회전적임을 보여라.

풀이

$$\nabla \times \mathbf{V} = \begin{vmatrix} \boldsymbol{i} & \boldsymbol{j} & \boldsymbol{k} \\ \dfrac{\partial}{\partial x} & \dfrac{\partial}{\partial y} & \dfrac{\partial}{\partial z} \\ \dfrac{y}{x^2+y^2} & \dfrac{-x}{x^2+y^2} & 0 \end{vmatrix}$$

$$= 0\boldsymbol{i} + 0\boldsymbol{j} + \left[\frac{\partial}{\partial x}\left(\frac{-x}{x^2+y^2}\right) - \frac{\partial}{\partial y}\left(\frac{y}{x^2+y^2}\right)\right]\boldsymbol{k}$$

$$= \left[\frac{-(x^2+y^2)+2x^2}{(x^2+y^2)^2} + \frac{-(x^2+y^2)+2y^2}{(x^2+y^2)^2}\right] = \mathbf{0}$$

그러므로 **V** 는 비회전적이다. □

지금까지 설명한 유체의 속도벡터장 **F** 의 회전에 관하여 다음과 같은 의미를 갖는다.

- curl **F** 의 방향은 물체의 회전축의 양의 방향을 나타낸다.
- curl **F** 의 크기는 회전각속력의 두 배이다.

벡터장에 대한 세 가지 연산자인 기울기, 발산, 회전에 관한 다음의 정리들을 쉽게 얻을 수 있다.

정리 3.3 Curl of Gradient

임의의 C^2 함수 f 의 기울기의 회전은 항상 **0** 이다. 즉,

$$\nabla \times (\nabla f) = \mathbf{0}$$

정리 3.4 Divergence of a Curl

임의의 C^2 벡터장 **F** 의 회전의 발산은 항상 0 이다. 즉,

$$\nabla \cdot (\nabla \times \mathbf{F}) = 0$$

(3) 라플라스 연산자

주어진 스칼라장 $f(x, y, z)$의 기울기 벡터장 ∇f에 대한 연산으로 발산 $\nabla \cdot \nabla f$와 회전 $\nabla \times \nabla f$의 두 가지 연산을 생각할 수 있다. 그런데 앞에서 본 것처럼 미분가능한 스칼라장에 대한 기울기 벡터장의 회전은 **0**이지만 일반적으로 기울기 벡터장의 발산은 0이 아니다. 따라서 기울기와 발산 두 연산의 합성연산인 기울기 벡터장의 발산은 중요한 미분연산자 가운데 하나이다. 라플라시안이라 부르는 이 연산을 다음과 같이 정의한다.

정의 3.9 Laplacian

주어진 스칼라장 f의 기울기 벡터장에 대하여 다음의 연산자 Δ를 라플라스 연산자 또는 라플라시안이라 한다.

$$\Delta f := \frac{\partial^2 f}{\partial x^2} + \frac{\partial^2 f}{\partial y^2} + \frac{\partial^2 f}{\partial z^2}$$

주 ∇ 연산자를 이용하여 스칼라장 $f(x, y, z)$의 라플라시안 Δf을 다음과 같이 표기한다.

$$\nabla \cdot \nabla f \text{ 또는 } \nabla^2 f$$

예제 12 $f(x, y, z) = \dfrac{1}{\sqrt{x^2 + y^2 + z^2}}$, $(x, y, z) \neq (0, 0, 0)$에 대하여 $\Delta f = 0$임을 보여라.

풀이 1계 편미분은

$$\frac{\partial f}{\partial x} = \frac{-x}{(x^2 + y^2 + z^2)^{3/2}},$$

$$\frac{\partial f}{\partial y} = \frac{-y}{(x^2 + y^2 + z^2)^{3/2}},$$

$$\frac{\partial f}{\partial z} = \frac{-z}{(x^2 + y^2 + z^2)^{3/2}}.$$

2계 편미분은

$$\frac{\partial^2 f}{\partial x^2} = \frac{3x^2}{(x^2+y^2+z^2)^{5/2}} - \frac{1}{(x^2+y^2+z^2)^{3/2}},$$

$$\frac{\partial^2 f}{\partial y^2} = \frac{3y^2}{(x^2+y^2+z^2)^{5/2}} - \frac{1}{(x^2+y^2+z^2)^{3/2}},$$

$$\frac{\partial^2 f}{\partial z^2} = \frac{3z^2}{(x^2+y^2+z^2)^{5/2}} - \frac{1}{(x^2+y^2+z^2)^{3/2}}.$$

그러므로

$$\begin{aligned}\Delta f &= \frac{\partial^2 f}{\partial x^2} + \frac{\partial^2 f}{\partial y^2} + \frac{\partial^2 f}{\partial z^2} = \frac{3(x^2+y^2+z^2)}{(x^2+y^2+z^2)^{5/2}} - \frac{3}{(x^2+y^2+z^2)^{3/2}} \\ &= \frac{3}{(x^2+y^2+z^2)^{3/2}} - \frac{3}{(x^2+y^2+z^2)^{3/2}} = 0.\end{aligned}$$ □

지금까지 정의한 기울기, 발산, 회전 라플라시안 연산에 관한 성질들을 요약하면 다음과 같다.

정리 3.5

미분가능한 벡터함수 $\mathbf{F}$, $\mathbf{G}$와 미분가능한 스칼라함수 f, g에 대하여,

(1) $\nabla(f+g) = \nabla f + \nabla g$

(2) $\nabla(cf) = c\nabla f,\ c \in R$

(3) $\nabla(fg) = f\nabla g + g\nabla f$

(4) $\nabla(f/g) = (g\nabla f - f\nabla g)/g^2$

(5) $\mathrm{div}(\mathbf{F}+\mathbf{G}) = \mathrm{div}\,\mathbf{F} + \mathrm{div}\,\mathbf{G}$

(6) $\mathrm{curl}(\mathbf{F}+\mathbf{G}) = \mathrm{curl}\,\mathbf{F} + \mathrm{curl}\,\mathbf{G}$

(7) $\mathrm{div}(f\mathbf{F}) = f\,\mathrm{div}\,\mathbf{F} + \mathbf{F}\cdot\nabla f$

(8) $\mathrm{div}(\mathbf{F}\times\mathbf{G}) = \mathbf{G}\cdot\mathrm{curl}\,\mathbf{F} - \mathbf{F}\cdot\mathrm{curl}\,\mathbf{G}$

(9) $\mathrm{div}\,\mathrm{curl}\,\mathbf{F} = 0$

(10) $\mathrm{curl}(f\mathbf{F}) = f\,\mathrm{curl}\,\mathbf{F} + \nabla f \times \mathbf{F}$

(11) $\mathrm{curl}\,\nabla f = \mathbf{0}$

(4) 보존벡터장

영역 A에서 정의된 스칼라함수가 주어졌을 때, 기울기 연산자에 의하여 하나의 벡터장이 결정된다. 역으로, 임의의 벡터장 $\mathbf{F}=F_1\boldsymbol{i}+F_2\boldsymbol{j}+F_3\boldsymbol{k}$가 주어졌을 때, 기울기 연산자에 의하여 이 벡터장을 형성하는 스칼라함수가 반드시 존재하지는 않는다. 스칼라함수의 기울기로서의 벡터장은 중요한 의미를 가지므로 다음과 같이 보존벡터장을 정의한다.

> **정의 3.10** Conservative field
>
> 영역 A에서의 벡터장 $\mathbf{F}$에 대하여 다음을 만족하는 스칼라함수 ϕ가 존재할 경우 이 벡터장을 영역 A에서의 보존벡터장이라 하고, 스칼라함수 ϕ를 $\mathbf{F}$에 대한 위치함수라 한다.
>
> $$\mathbf{F}=\nabla\phi$$

예제 13 $\mathbf{F}=3x^2y\boldsymbol{i}+(x^3+1)\boldsymbol{j}+9z^2\boldsymbol{k}$는 보존벡터장임을 보여라.

풀이 $\mathbf{F}=\nabla\phi$를 만족하는 스칼라함수 ϕ가 존재한다고 가정하면

$$\frac{\partial\phi}{\partial x}=3x^2y,$$
$$\frac{\partial\phi}{\partial y}=x^3+1,$$
$$\frac{\partial\phi}{\partial z}=9z^2.$$

$\dfrac{\partial\phi}{\partial x}=3x^2y$로부터

$$\phi=x^3y+g(y,\ z).$$

$\dfrac{\partial\phi}{\partial y}=x^3+1$로부터

$$\frac{\partial\phi}{\partial y}=x^3+\frac{\partial g}{\partial y}=x^3+1.$$

그러므로 $\dfrac{\partial g}{\partial y}=1$ 이다.

$g(y,\ z)=y+h(z)$, $h(z)$는 z에 관한 함수이므로 함수 ϕ는

$$\phi=x^3y+y+h(z).$$

$\dfrac{\partial \phi}{\partial z}=9z^2$ 이므로 $h(z)=3z^3+c$ (단, c는 상수)이다. 따라서 다음과 같은 함수 ϕ는 $\mathbf{F}=\nabla\phi$를 만족한다.

$$\phi=x^3y+y+3z^3+c$$

그러므로 $\mathbf{F}$는 위치함수 ϕ를 갖는 보존벡터장이다. □

예제 14 평면의 벡터장 $\mathbf{F}=xy^2\boldsymbol{i}+x^3y\boldsymbol{j}$는 보존벡터장이 아님을 보여라.

풀이 $\mathbf{F}$를 보존벡터장이라 가정하면, $\mathbf{F}=\nabla\phi$를 만족하는 스칼라함수 ϕ가 존재한다. 즉,

$$xy^2\boldsymbol{i}+x^3y\boldsymbol{j}=\nabla\phi=\frac{\partial \phi}{\partial x}\boldsymbol{i}+\frac{\partial \phi}{\partial y}\boldsymbol{j}.$$

여기서 $\dfrac{\partial \phi}{\partial x}=xy^2$, $\dfrac{\partial \phi}{\partial y}=x^3y$ 이므로 $\dfrac{\partial^2 \phi}{\partial y\partial x}=2xy$, $\dfrac{\partial^2 \phi}{\partial x\partial y}=3x^2y$ 이다. 그런데 ϕ의 2계 편미분은 순서에 관계없이 같아야 하므로 모순이다. 따라서 $\mathbf{F}$는 보존벡터장이 아니다. □

연습문제 3.2

1. 벡터장 $\mathbf{V}(x, y, z) = (x + 2y + az)\boldsymbol{i} + (bx - 3y - z)\boldsymbol{j} + (4x + cy + 2z)\boldsymbol{k}$가 비회전적이 되기 위한 상수 a, b, c를 구하라.

2. 위치벡터 $\mathbf{r} = (x, y, z)$와 그 길이 $r = \|\mathbf{r}\|$에 대하여 $\nabla \cdot \left(\dfrac{\mathbf{r}}{r^3}\right) = 0$임을 증명하라.

3. 정리 3.3을 증명하라.

4. 정리 3.4를 증명하라.

5. 다음 함수의 라플라시안이 0 임을 보여라.
   (1) $f(x, y, z) = 2x^2 - y^2 - z^2$
   (2) $f(x, y, z) = xyz$
   (3) $f(x, y, z) = x^3 - 3xy^2 + 3z$
   (4) $f(x, y, z) = (x^2 + y^2 + z^2)^{-1/2}$

6. 정리 3.5의 (7), (10)을 증명하라.

7. 다음 벡터장들은 보존벡터장이 아님을 보여라.
   (1) $\mathbf{F} = -y\boldsymbol{i} + x\boldsymbol{j}$
   (2) $\mathbf{F} = y\boldsymbol{i} + y(x-1)\boldsymbol{j}$
   (3) $\mathbf{F} = y\boldsymbol{i} + x\boldsymbol{j} + x^2\boldsymbol{k}$
   (4) $\mathbf{F} = z\boldsymbol{i} + z\boldsymbol{j} + (y-1)\boldsymbol{k}$

8. 다음 벡터장들은 보존벡터장임을 보여라.
   (1) $\mathbf{F} = (2y^2 - 12x^3y^3)\boldsymbol{i} + (4xy - 9x^4y^2)\boldsymbol{j}$
   (2) $\mathbf{F} = 2xy\boldsymbol{i} + (x^2 + z)\boldsymbol{j} + y\boldsymbol{k}$

9. 다음 벡터장에 대한 위치함수를 구하라.

(1) $\mathbf{F} = (y + z\cos xz)\boldsymbol{i} + x\boldsymbol{j} + (x\cos xz)\boldsymbol{k}$

(2) $\mathbf{F} = (2xyz + z^2 - 2y^2 + 1)\boldsymbol{i} + (x^2z - 4xy)\boldsymbol{j} + (x^2y + 2xz - 2)\boldsymbol{k}$

제4장

선적분과 면적분

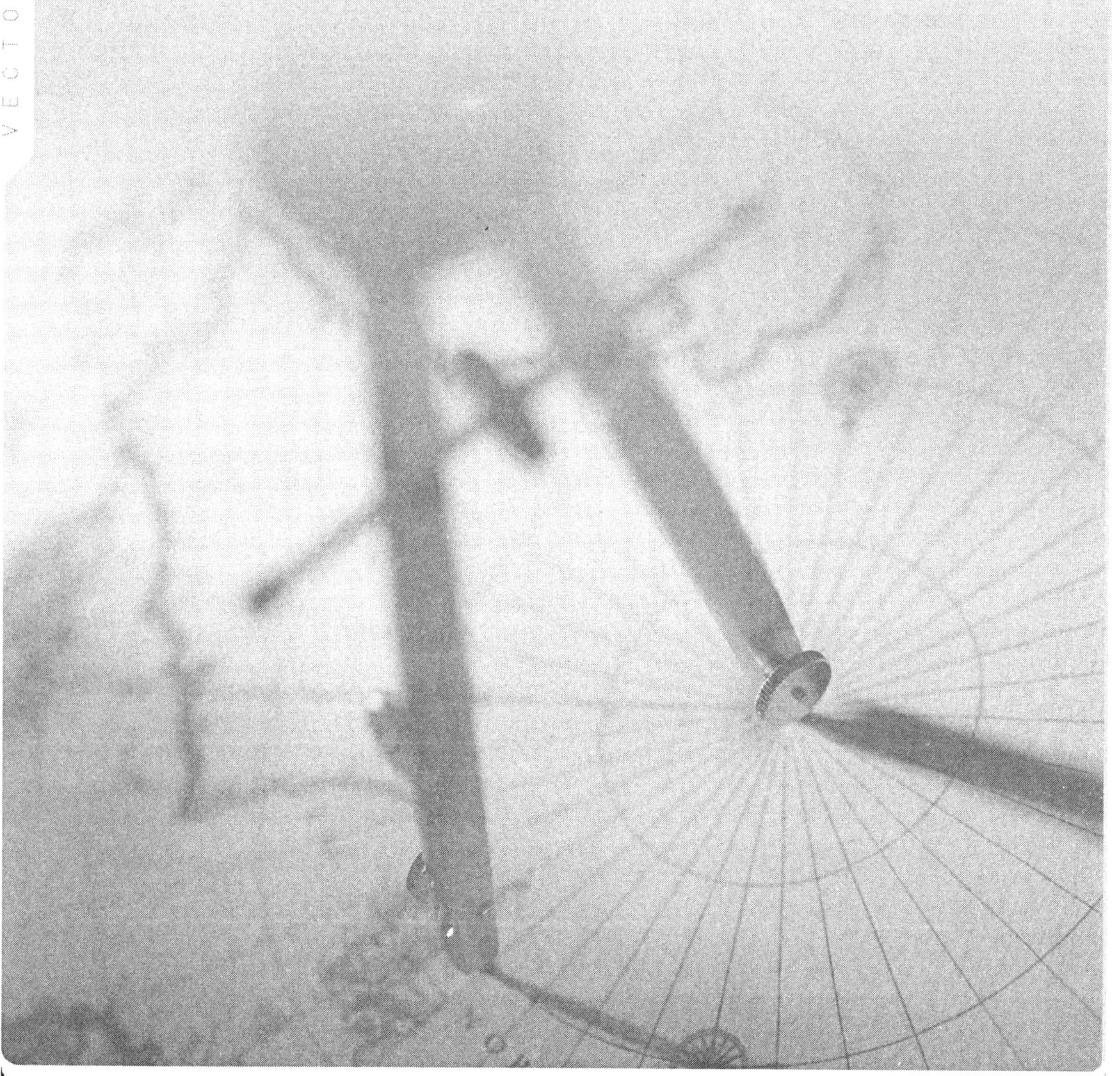

적분에 관한 개념은 적분영역과 피적분함수의 형태에 따라 설명된다. 우선, 스칼라함수의 정의역이 직선, 평면 또는 공간의 영역에 따라 적분, 이중적분 또는 삼중적분으로 구분한다. 이 적분을 일반화한 형태로서 정의역이 곡선 또는 곡면인 경우 선적분 또는 면적분으로 구분한다. 벡터장에 의한 물리적 양을 선적분 또는 면적분으로 계산할 수 있다. 따라서 이 장에서는 스칼라함수의 적분과 벡터장의 적분을 설명하기로 한다.

4.1 스칼라함수의 적분

(1) 중적분

1변수 스칼라함수 $y=f(x)$에 대한 적분을 바탕으로 다변수 스칼라함수에 대한 적분을 중적분이라 한다. 2변수함수에 대한 적분을 이중적분, 3변수함수에 대한 적분을 삼중적분이라 하는데, 이에 관한 적분을 생각해보기로 하자.

① 이중적분

평면의 한 영역 R에서 정의된 2변수 스칼라함수 $z=f(x,\ y)$에 대한 적분을 생각해보자. 2변수함수 $z=f(x,\ y)$의 그래프는 다음과 같이 정의된다.

$$\{(x,\ y,\ z)\in\mathbb{R}^3 \mid z=f(x,\ y),\ (x,\ y)\in R\}$$

이 집합을 공간의 점으로 나타내면 그림 4.1과 같이 하나의 곡면모양을 갖는다.

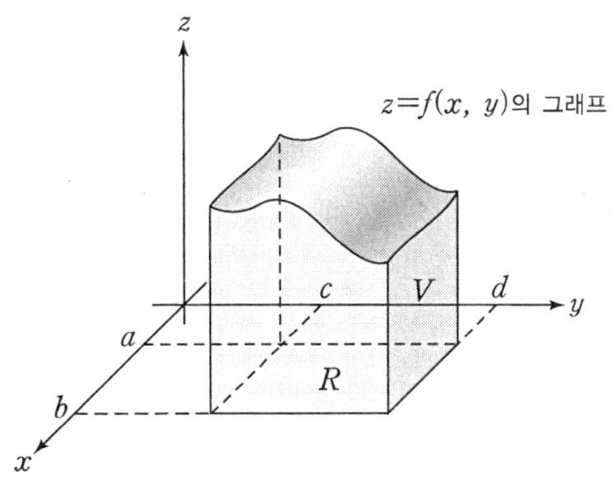

그림 4.1

이 곡면의 그림은 주어진 영역에서 0 이상의 함숫값을 갖는 경우이다. 이 경우 밑면을 영역으로 하고 윗면을 곡면으로 하는 기둥의 부피에 해당하는 이중적분을 정의해보자.

우선 영역 R를 직사각형 $[a, b]\times[c, d]$라 가정하고, 선분 $[a, b]$, $[c, d]$ 각각을 다음의 변수값 s_i, t_i로 등분할하자.

$$a = s_0 < s_1 < \cdots < s_m = b$$

$$c = t_0 < t_1 < \cdots < t_n = d$$

$$\Delta x = s_{i+1} - s_i = \frac{b-a}{m}, \quad i = 0, 1, \cdots, m-1$$

$$\Delta y = t_{j+1} - t_j = \frac{d-c}{n}, \quad j = 0, 1, \cdots, n-1$$

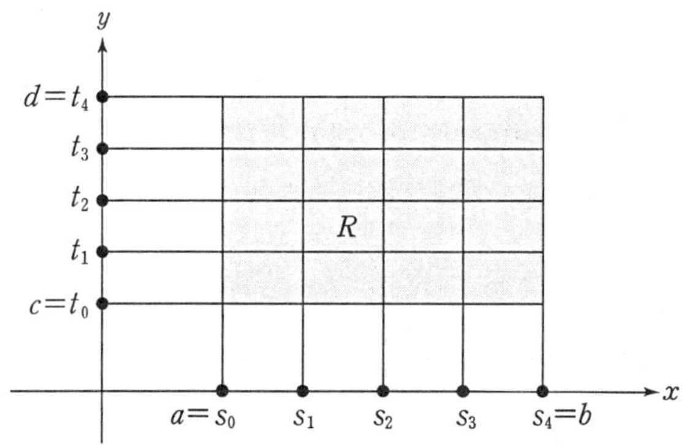

그림 4.2

각 분할에 의하여 직사각형 영역 R는 $m\times n$개의 소영역 R_{ij}로 분할되며, 분할된 각 영역의 넓이는 $\Delta S = \Delta x\Delta y$이다.

$$R_{ij} = [s_i, s_{i+1}]\times[t_j, t_{j+1}], \quad i = 0, \cdots, m-1, \ j = 0, \cdots, n-1$$

영역 R에서 정의된 2변수함수 $z = f(x, y)$가 유계라 가정하고, 각 소영역 R_{ij} 내의 임의의 한 점 $\boldsymbol{c}_{ij}$를 선택하였을 때 다음과 같은 합을 생각할 수 있다.

$$\sum_{i=0}^{m-1}\sum_{j=0}^{n-1} f(\boldsymbol{c}_{ij})\Delta x\Delta y$$

$m, n\to\infty$일 때, 이 합이 극한값을 가지면 "함수 f가 영역 R에서 적분가능하다." 라고 정의하고, 그 값을 다음과 같이 나타낸다.

$$\iint_R f(x,\ y)dS\ ,\ \iint_R f(x,\ y)dx\,dy \text{ 또는}$$

$$\iint_R f dS\ ,\ \iint_R f dx dy$$

이와 같은 적분을 이중적분이라 한다.

이중적분의 계산은 Fubini 정리에 의하여 다음과 같이 1변수함수의 적분을 중복하여 계산할 수 있다.

정리 4.1 Fubini's Theorem

f가 직사각형 영역 $R=[a,\ b]\times[c,\ d]$에서 연속함수일 때

$$\iint_R f(x,\ y)dS=\int_a^b\left[\int_c^d f(x,\ y)dy\right]dx=\int_c^d\left[\int_a^b f(x,\ y)dx\right]dy$$

예제 1 $R=[-1,\ 2]\times[0,\ 2]$일 때, 다음을 구하라.

(1) $\iint_R x^2 y dx dy$ (2) $\iint_R x^2 y dy dx$

풀이 (1)
$$\begin{aligned}\iint_R x^2 y dx dy &= \int_0^2\int_{-1}^2 x^2 y dx dy\\ &= \int_0^2 3y dy\\ &= \left[\frac{3}{2}y^2\right]_0^2\\ &= 6\end{aligned}$$

(2)
$$\begin{aligned}\iint_R x^2 y dy dx &= \int_{-1}^2\int_0^2 x^2 y dy dx\\ &= \int_{-1}^2 2x^2 dx\\ &= \left[\frac{3}{2}x^3\right]_{-1}^2\\ &= 6\end{aligned}$$

(1), (2)의 적분값이 적분순서와 관계없이 같음을 알 수 있다. □

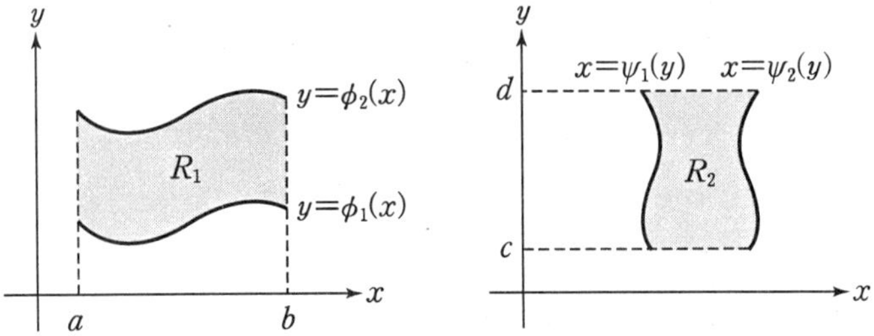

그림 4.3

직사각형 영역에서의 이중적분을 이용하여 임의의 영역에서의 이중적분을 계산하기 위해 그림 4.3과 같은 두 가지 형태의 일반적인 영역 R_1, R_2를 생각해보자.

이 영역 R_1, R_2에서 2변수함수 $z=f(x,\ y)$의 적분은 다음과 같다.

정리 4.2

$$\iint_{R_1} f(x,\ y)dS = \int_a^b \int_{\phi_1(x)}^{\phi_2(x)} f(x,\ y)dy\,dx$$

$$\iint_{R_2} f(x,\ y)dS = \int_c^d \int_{\psi_1(y)}^{\psi_2(y)} f(x,\ y)dx\,dy$$

주 xy 평면의 영역 R에서 정의된 2변수함수가 상수함수, 즉 $f(x,\ y)=1$일 때의 이중적분 $\iint_R 1\cdot dS$는 영역 R의 넓이와 같다.

예제 2 $\iint_R (x^3y+\cos x)dS$를 계산하라.

$$R=\left\{(x,\ y)\mid 0\le x\le \frac{\pi}{2},\ 0\le y\le x\right\}$$

풀이 그림 4.3과 Fubini 정리를 이용하면

$$\iint_R (x^3y+\cos x)dS = \int_0^{\pi/2}\int_0^x (x^3y+\cos x)dydx$$

$$= \int_0^{\pi/2}\left[\frac{x^3y^2}{2}+y\cos x\right]_{y=0}^{x} dx$$

$$= \int_0^{\pi/2}\left(\frac{x^5}{2} + x\cos x\right)dx$$

$$= \left[\frac{x^6}{12}\right]_0^{\pi/2} + \int_0^{\frac{\pi}{2}}(x\cos x)dx$$

$$= \frac{\pi^6}{768} + [x\sin x + \cos x]_0^{\pi/2}$$

$$= \frac{\pi^6}{768} + \frac{\pi}{2} - 1. \qquad \square$$

1변수함수의 적분은 정의역에서의 함수그래프에 의해 둘러싸인 넓이의 의미를 갖는다. 2변수함수에서도 평면의 정의역과 함수의 그래프에 의해 둘러싸인 입체의 부피는 이중적분으로 계산된다. 즉, xy평면의 영역 R에서 정의된 2변수함수 $z = f(x,\ y) \geq 0$에 대한 그림 4.4에서의 입체의 부피는 이중적분 $\iint_R f(x,\ y)dS$이다.

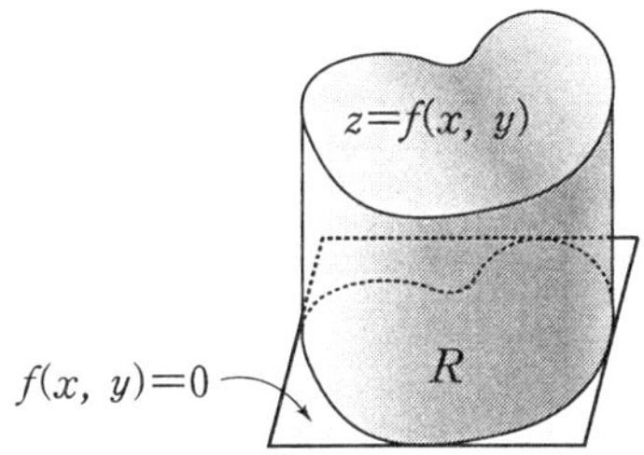

그림 4.4

예제 3 세 평면 $x = 0,\ y = 0,\ z = 0$ 그리고 $2x + y + 2z = 2$에 의해 둘러싸인 사면체의 부피를 구하라.

풀이 이 사면체는 xy평면의 영역 $R = \{(x,\ y) \mid 0 \leq x \leq 1,\ 0 \leq y \leq -2x+2\}$를 정의역으로 하는 2변수함수 $f(x,\ y) = -x - \frac{1}{2}y + 1$의 그래프와 xy평면, yz평면, xz평면에 의하여 둘러싸인 입체이다. 따라서

$$\iint_R f(x,\ y)dS = \int_0^1 \int_0^{-2x+2}\left(-x - \frac{1}{2}y + 1\right)dy\,dx$$

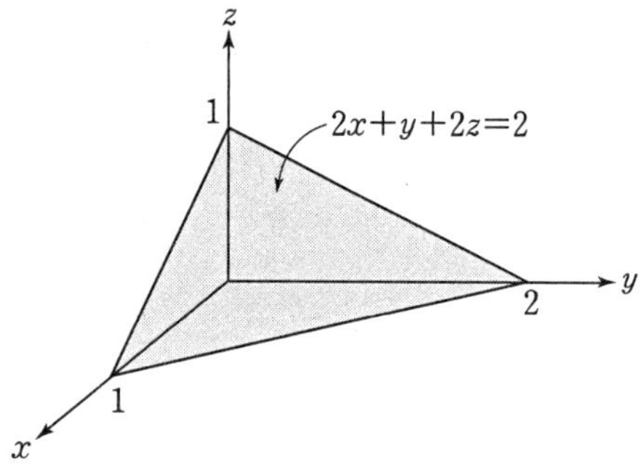

그림 4.5

$$= \int_0^1 \left[-yx - \frac{1}{4}y^2 + y \right]_{y=0}^{-2x+2} dx$$

$$= \int_0^1 (x^2 - 2x + 1) dx$$

$$= \left[\frac{1}{3}x^3 - x^2 + x \right]_0^1 = \frac{1}{3}. \qquad \square$$

예제 4 적분순서의 변환을 이용하여 다음을 계산하라.

$$\int_0^a \int_0^{(a^2-x^2)^{1/2}} (a^2 - y^2)^{1/2} dy\, dx$$

풀이 이 적분의 영역을 R라 하면

$$R = \{(x,\ y) \mid 0 \le x \le a,\ 0 \le y \le (a^2 - x^2)^{1/2}\}$$
$$= \{(x,\ y) \mid 0 \le y \le a,\ 0 \le x \le (a^2 - y^2)^{1/2}\}$$

그러므로 Fubini 정리에 의하여 적분의 순서를 바꾸어 계산하면

$$\int_0^a \int_0^{(a^2-x^2)^{1/2}} (a^2 - y^2)^{1/2} dy\, dx = \int_0^a \left[\int_0^{(a^2-y^2)^{1/2}} (a^2 - y^2)^{1/2} dx \right] dy$$

$$= \int_0^a (a^2 - y^2) dy = \left[a^2 y - \frac{y^3}{3} \right]_0^a = \frac{2a^3}{3}.$$

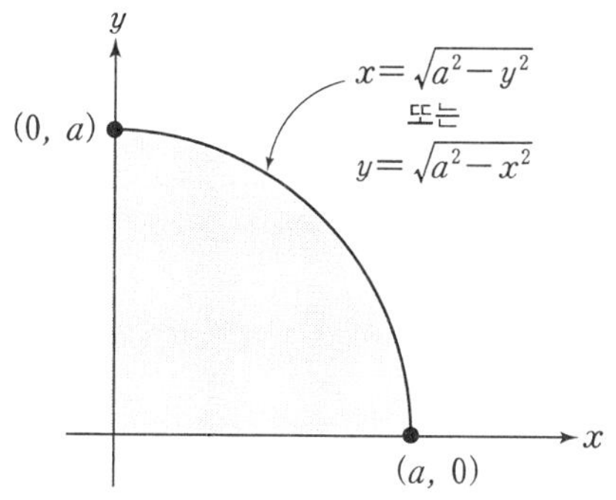

그림 4.6

□

② 삼중적분

평면 영역에서 정의된 2변수함수에 대한 이중적분과 같은 방법으로, 공간의 직육면체 영역 $B = [a, b] \times [c, d] \times [e, f]$에 대한 적분을 정의할 수 있다. 우선 영역 B의 선분 $[a, b]$, $[c, d]$, $[e, f]$ 각각을 m, n, p개로 등분할하자.

$$\Delta x = \frac{b-a}{m}, \ \Delta y = \frac{d-c}{n}, \ \Delta z = \frac{f-e}{p}$$

각 분할에 의하여 직육면체 영역 B는 $m \times n \times p$개의 소영역 B_{ijk}로 분할되며, 분할된 각 영역의 부피는 $\Delta V = \Delta x \Delta y \Delta z$이다. 영역 B에서 정의된 3변수함수 $w = f(x, y, z)$가 유계라 가정하고, 각 소영역 B_{ijk} 내의 임의의 한 점 $\mathbf{c}_{ijk}$를 선택하였을 때 다음과 같은 합을 생각할 수 있다.

$$\sum_{i=0}^{m-1} \sum_{j=0}^{n-1} \sum_{k=0}^{p-1} f(\mathbf{c}_{ijk}) \Delta x \Delta y \Delta z$$

$m, n, p \to \infty$일 때 이 합이 극한값을 가지면 "함수 f가 영역 B에서 적분가능하다."라고 정의하고, 그 값을 다음과 같이 나타낸다.

$$\iiint_B f(x, y, z) dV, \ \iiint_B f(x, y, z) dx\,dy\,dz \ \text{또는}$$
$$\iiint_B f dV, \ \iiint_B f dxdydz$$

이와 같은 적분을 삼중적분이라 한다.

이중적분의 계산과 같은 방법으로 삼중적분도 다음과 같이 중복하여 계산할 수 있다.

정리 4.3 Fubini's Theorem

함수 f가 직육면체 $B=[a, b]\times[c, d]\times[e, f]$에서 연속함수일 때

$$\iiint_B f(x, y, z)dV=\int_e^f\int_c^d\int_a^b f(x, y, z)dxdydz$$
$$=\int_e^f\int_a^b\int_c^d f(x, y, z)dy\,dx\,dz$$
$$=\int_a^b\int_e^f\int_c^d f(x, y, z)dy\,dz\,dx$$

예제 5 (1) B가 직육면체 $[0, 1]\times\left[-\frac{1}{2}, 0\right]\times\left[0, \frac{1}{3}\right]$일 때, 다음을 계산하라.

$$\iiint_B (x+2y+3z)^2 dx\,dy\,dz$$

(2) 적분을 y, z, x 순서로 하였을 때도 같은 값임을 확인하라.

풀이 (1) $\displaystyle\int_0^{1/3}\int_{-1/2}^0\int_0^1 (x+2y+3z)^2 dxdydz$

$$=\int_0^{1/3}\int_{-1/2}^0\left[\frac{(x+2y+3z)^3}{3}\right]_{x=0}^1 dydz$$
$$=\int_0^{1/3}\int_{-1/2}^0\frac{1}{3}\left[(1+2y+3z)^3-(2y+3z)^3\right]dydz$$
$$=\int_0^{1/3}\frac{1}{24}[(1+2y+3z)^4-(2y+3z)^4]_{y=-1/2}^0 dz$$
$$=\int_0^{1/3}\frac{1}{24}[(3z+1)^4-2(3z)^4+(3z-1)^4]dz$$
$$=\frac{1}{24\cdot 15}\left[(3z+1)^5-2(3z)^5+(3z-1)^5\right]_{z=0}^{1/3}$$
$$=\frac{1}{12}$$

(2) $\displaystyle\iiint_B (x+2y+3z)^2 dydzdx$

$$= \int_0^1 \int_0^{1/3} \int_{-1/2}^{0} (x+2y+3z)^2 dy\, dz\, dx$$

$$= \int_0^1 \int_0^{1/3} \left[\frac{(x+2y+3z)^3}{6} \right]_{y=-1/2}^{0} dz dx$$

$$= \int_0^1 \int_0^{1/3} \frac{1}{6}[(x+3z)^3 - (x+3z-1)^3] dz\, dx$$

$$= \int_0^1 \frac{1}{6} \left\{ \left[\frac{(x+3z)^4}{12} - \frac{(x+3z-1)^4}{12} \right]_{z=0}^{1/3} \right\} dx$$

$$= \int_0^1 \frac{1}{72} [(x+1)^4 + (x-1)^4 - 2x^4] dx$$

$$= \frac{1}{72} \frac{1}{5} [(x+1)^5 + (x-1)^5 - 2x^5]_{x=0}^{1}$$

$$= \frac{1}{12}$$ □

예제 6 정육면체 $[0,\ 1] \times [0,\ 1] \times [0,\ 1]$에서 e^{x+y+z}를 적분하라.

풀이 $$\int_0^1 \int_0^1 \int_0^1 e^{x+y+z} dx dy dz$$

$$= \int_0^1 \int_0^1 [e^{x+y+z}]_{x=0}^{1} dy dz$$

$$= \int_0^1 \int_0^1 (e^{1+y+z} - e^{y+z}) dy dz$$

$$= \int_0^1 [e^{1+y+z} - e^{y+z}]_{y=0}^{1} dz$$

$$= \int_0^1 [e^{2+z} - 2e^{1+z} + e^z] dz = [e^{2+z} - 2e^{1+z} + e^z]_0^1$$

$$= (e-1)^3$$ □

직육면체 영역에서의 삼중적분을 이용하여 임의의 영역에서의 삼중적분을 계산하기 위해 그림 4.7과 같은 두 가지 형태의 일반적인 영역 B_1, B_2를 생각해보자.

이 영역 B_1, B_2에서 3변수함수 $w = f(x,\ y,\ z)$의 적분은 다음과 같다.

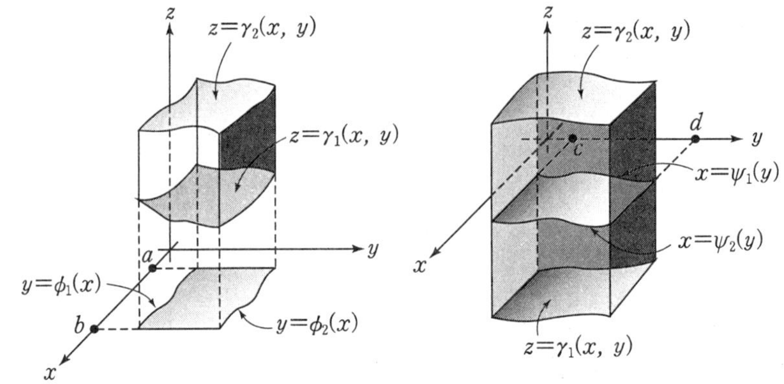

그림 4.7

정리 4.4

$$\iiint_{B_1} f(x, y, z)dx\,dy\,dz = \int_a^b \int_{\phi_1(x)}^{\phi_2(x)} \int_{\gamma_1(x, y)}^{\gamma_2(x, y)} f(x, y, z)dz\,dy\,dx$$

$$\iiint_{B_2} f(x, y, z)dx\,dy\,dz = \int_c^d \int_{\psi_1(y)}^{\psi_2(y)} \int_{\gamma_1(x, y)}^{\gamma_2(x, y)} f(x, y, z)dz\,dx\,dy$$

주 공간의 입체 B에서 정의된 3변수함수가 상수함수, 즉 $f(x, y, z)=1$일 때의 삼중적분 $\iiint_B 1 \cdot dV$는 입체 B의 부피와 같다.

예제 7 삼중적분을 이용하여 반지름이 1인 구의 부피가 $\frac{4}{3}\pi$임을 보여라.

풀이 반지름이 1인 구의 영역을 B라 하면

$$\begin{aligned} B &= \{(x, y, z) \mid x^2+y^2+z^2 \le 1\} \\ &= \{(x, y, z) \mid -1 \le x \le 1,\ -\sqrt{1-x^2} \le y \le \sqrt{1-x^2}, \\ &\qquad -\sqrt{1-x^2-y^2} \le z \le \sqrt{1-x^2-y^2}\}. \end{aligned}$$

Fubini 정리에 의하여

$$\iiint_B dV = \int_{-1}^{1}\int_{-\sqrt{1-x^2}}^{\sqrt{1-x^2}} [z]_{-\sqrt{1-x^2-y^2}}^{\sqrt{1-x^2-y^2}}\, dy\, dx$$

$$= 2\int_{-1}^{1}\left[\int_{-\sqrt{1-x^2}}^{\sqrt{1-x^2}} (1-x^2-y^2)^{1/2} dy\right] dx\,.$$

$a(x) = (1-x^2)^{\frac{1}{2}} \geq 0$ 로 치환하면

$$\int_{-\sqrt{1-x^2}}^{\sqrt{1-x^2}} (1-x^2-y^2)^{1/2} dy = \int_{-a(x)}^{a(x)} (a(x)^2 - y^2)^{1/2} dy\,.$$

이 적분은 반지름이 $a(x)$ 인 반원의 넓이와 같으므로 $\frac{\pi}{2}a(x)^2$ 이다.

$$\therefore \int_{-\sqrt{1-x^2}}^{\sqrt{1-x^2}} (1-x^2-y^2)^{1/2} dy = \frac{\pi(1-x^2)}{2}$$

따라서 구의 부피는

$$2\int_{-1}^{1}\int_{-\sqrt{1-x^2}}^{\sqrt{1-x^2}} (1-x^2-y^2)^{1/2}\, dydx$$

$$= 2\int_{-1}^{1} \frac{\pi(1-x^2)}{2}\, dx$$

$$= \pi\int_{-1}^{1} (1-x^2)\, dx = \pi\left[x - \frac{x^3}{3}\right]_{x=-1}^{1}$$

$$= \frac{4}{3}\pi.$$

□

예제 8 그림 4.8과 같이 곡선 $y=-x^2+1$과 x축에 의해 둘러싸인 영역을 밑면으로 하고, 높이를 2로 하는 입체 B의 부피를 삼중적분을 이용하여 구하라.

풀이 입체 B는 $\{(x, y, z) | -1 \leq x \leq 1,\ 0 \leq y \leq -x^2+1,\ 0 \leq z \leq 2\}$이므로 부피는

$$\iiint_B dV = \int_{-1}^{1}\int_{0}^{-x^2+1}\int_{0}^{2} dzdydx$$

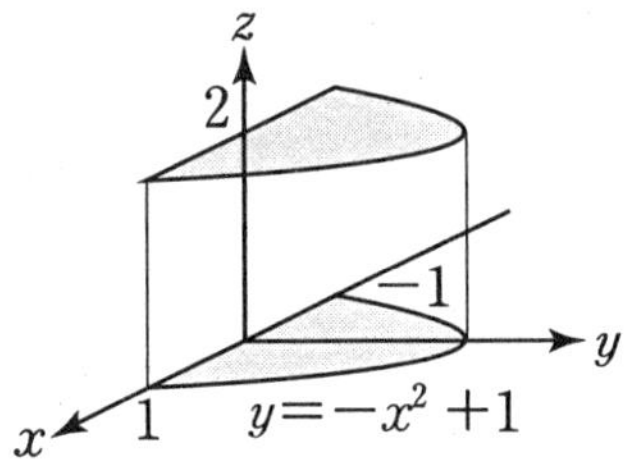

그림 4.8

$$= 2\int_{-1}^{1}\int_{0}^{-x^2+1} dy\,dx$$

$$= 2\int_{-1}^{1}(-x^2+1)dx$$

$$= \frac{8}{3}.$$ □

예제 9 B는 평면 $x=0,\ y=0,\ z=2$와 곡면 $z=x^2+y^2$에 의해 둘러싸인 영역일 때, $\iiint_B x\,dx\,dy\,dz$를 계산하라.

풀이 그림 4.9에서 보는 것처럼 이 영역 B는

$$B=\left\{(x,y,z)\mid 0\le x\le\sqrt{2},\,0\le y\le\sqrt{2-x^2},\,x^2+y^2\le z\le 2\right\}$$

로 표현할 수 있다. 그러므로

$$\iiint_B x\,dx\,dy\,dz = \int_0^{\sqrt{2}}\left[\int_0^{\sqrt{2-x^2}}\left(\int_{x^2+y^2}^{2} x\,dz\right)dy\right]dx$$

$$= \int_0^{\sqrt{2}}\int_0^{\sqrt{2-x^2}} x(2-x^2-y^2)\,dy\,dx$$

$$= \int_0^{\sqrt{2}} x\left[(2-x^2)^{3/2}-\frac{(2-x^2)^{3/2}}{3}\right]dx$$

$$= \int_0^{\sqrt{2}}\frac{2x}{3}(2-x^2)^{3/2}dx = \left[\frac{-2(2-x^2)^{5/2}}{15}\right]_0^{\sqrt{2}}$$

$$= \frac{8\sqrt{2}}{15}.$$

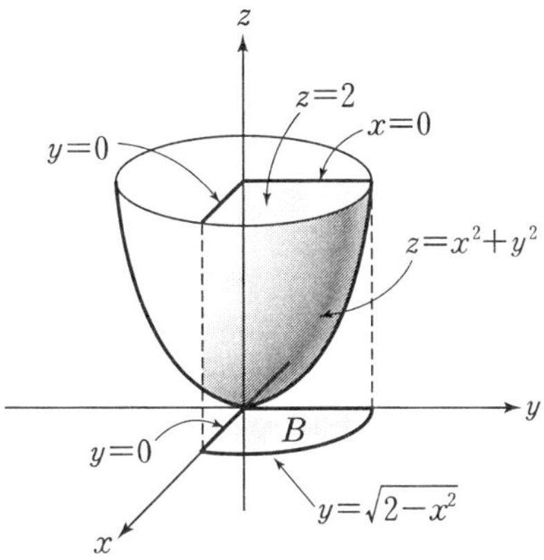

그림 4.9

□

③ 중적분의 변수치환

x를 t에 관한 식 $x=x(t)$로 치환하면 1변수 스칼라함수 f의 적분은 다음과 같다.

$$\int_a^b f(x)\,dx = \int_\alpha^\beta f(x(t))\,x'(t)\,dt,\ \ x(\alpha)=a,\ x(\beta)=b$$

2변수 x, y에 대한 적분 변수를 u, v에 대한 변수로 치환하는 방법을 설명하기 위해 다음과 같이 평면의 영역 R에서의 2변수함수 $f(x,\ y)$의 중적분을 생각해보자.

$$\iint_R f(x,\ y)\,dx\,dy$$

이중적분에서의 2변수 x, y를 다음과 같이 변수 u, v로 치환하자.

$$\begin{cases} x=\phi_1(u,\ v) \\ y=\phi_2(u,\ v) \end{cases}$$

이 식에 의하여 다음의 벡터함수 $\Phi : R' \subset \mathbb{R}^2 \to \mathbb{R}^2$, $\Phi(R')=R$가 정의된다.

$$(x,\ y)=\Phi(u,\ v)=(\phi_1(u,\ v),\ \phi_2(u,\ v))$$

xy 평면의 영역 R에 대하여, $\Phi(R')=R$을 만족하는 uv 평면의 영역 R'이 치환된 영역을 의미한다. 벡터함수 Φ를 이용하여 영역 R'에서의 중적분에 사용되는 넓이 $\Delta u \Delta v$와 R에서의 넓이 $\Delta x \Delta y$와의 관계를 유도하기 위해 넓이의 변화를 좀더 구체적으로 설명해보기로 한다.

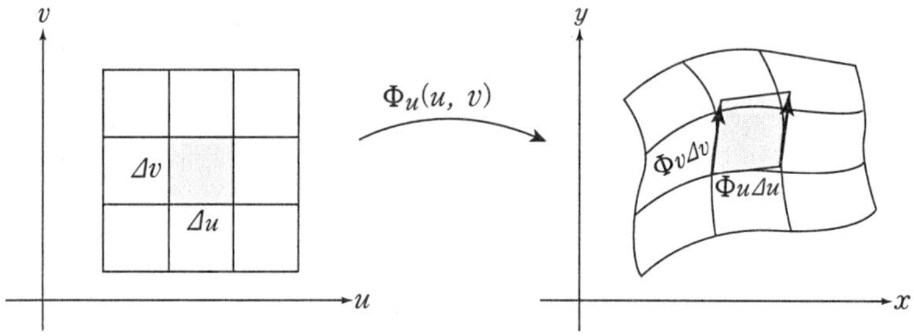

그림 4.10

그림 4.10과 같이 영역 R'에서 u, v 각각을 Δu, Δv 간격으로 등분한다. 넓이 $\Delta u \Delta v$를 갖는 각 분할 직사각형 ΔR은 치환함수에 의하여 $\Phi(\Delta R)$로 변환되는데, 이 넓이는 그림과 같이 벡터 $\Phi_u \Delta u$와 $\Phi_v \Delta v$를 이웃변으로 하는 평행사변형의 넓이를 근삿값으로 생각할 수 있다. 그런데 벡터 $\Phi_u \Delta u$와 $\Phi_v \Delta v$를 z좌표가 0인 공간의 벡터로 보면 평행사변형의 넓이는 두 벡터의 외적의 길이와 같다. 즉,

$$\begin{aligned} \|\Phi_u \Delta u \times \Phi_v \Delta v\| &= \left\| \left(0,\ 0,\ \frac{\partial \phi_1}{\partial u}\frac{\partial \phi_2}{\partial v} - \frac{\partial \phi_1}{\partial v}\frac{\partial \phi_2}{\partial u}\right) \right\| \Delta u \Delta v \\ &= \left| \frac{\partial \phi_1}{\partial u}\frac{\partial \phi_2}{\partial v} - \frac{\partial \phi_1}{\partial v}\frac{\partial \phi_2}{\partial u} \right| \Delta u \Delta v \end{aligned}$$

다시 말하면, 함수 Φ에 의하여 넓이가 $\left| \frac{\partial \phi_1}{\partial u}\frac{\partial \phi_2}{\partial v} - \frac{\partial \phi_1}{\partial v}\frac{\partial \phi_2}{\partial u} \right|$배로 늘어남을 의미한다. 여기서, $\frac{\partial \phi_1}{\partial u}\frac{\partial \phi_2}{\partial v} - \frac{\partial \phi_1}{\partial v}\frac{\partial \phi_2}{\partial u}$은 행렬로 표현되는 Φ의 도함수의 행렬식으로서 다음과 같이 정의한다.

정의 4.1

벡터함수 $(x,\ y) = \boldsymbol{\Phi}(u,\ v) = (\phi_1(u,\ v), \phi_2(u,\ v))$의 도함수 $D\Phi$의 행렬식을 야코비안 또는 야코비 행렬식이라 하며 $\frac{\partial(\phi_1,\ \phi_2)}{\partial(u,\ v)}$ 또는 $\frac{\partial(x,\ y)}{\partial(u,\ v)}$로 표기한다. 즉,

$$\begin{aligned} |D\Phi(u,\ v)| &= \frac{\partial \phi_1}{\partial u}\frac{\partial \phi_2}{\partial v} - \frac{\partial \phi_1}{\partial v}\frac{\partial \phi_2}{\partial u} \\ &= \frac{\partial x}{\partial u}\frac{\partial y}{\partial v} - \frac{\partial x}{\partial v}\frac{\partial y}{\partial u} \\ &\equiv \frac{\partial(x,\ y)}{\partial(u,\ v)}. \end{aligned}$$

영역 R와 R'에서의 넓이의 미분을 각각 $dx\,dy$, $du\,dv$라 하면, 이 두 넓이의 비는 $\left|\dfrac{\partial(x,\ y)}{\partial(u,\ v)}\right|$이므로 다음의 관계식으로 간단하게 표현된다.

$$dx\,dy = \left|\frac{\partial(x,\ y)}{\partial(u,\ v)}\right| du\,dv$$

이 관계식으로부터 다음과 같은 이중적분의 변수치환에 관한 정리를 얻는다.

정리 4.5 Change of Variables for Double Integral

평면의 영역에서 일대일대응인 C^1 벡터함수 $\Phi : R' \to R,\ (x,\ y) = \Phi(u,\ v)$와 영역 R에서 적분가능함수 $f(x,\ y)$에 대하여

$$\iint_R f(x,\ y)\,dx\,dy = \iint_{R'} f(\Phi(u,\ v))\left|\frac{\partial(x,\ y)}{\partial(u,\ v)}\right| du\,dv.$$

주 평면의 직교좌표 $(x,\ y)$를 극좌표 $(r,\ \theta)$로 변수치환할 경우, 치환식 $x = r\cos\theta$, $y = r\sin\theta$에 의하여

$$\begin{aligned} dxdy &= \left|\frac{\partial(x,\ y)}{\partial(r,\ \theta)}\right| drd\theta \\ &= \left|\begin{vmatrix} \cos\theta & -r\sin\theta \\ \sin\theta & r\cos\theta \end{vmatrix}\right| \\ &= r\,drd\theta. \end{aligned}$$

3변수함수 $(u,\ v,\ w) = \Phi(x,\ y,\ z)$의 야코비안도 같은 방법으로 다음과 같이 정의된다.

$$\frac{\partial(x,\ y,\ z)}{\partial(u,\ v,\ w)} \equiv \begin{vmatrix} \dfrac{\partial x}{\partial u} & \dfrac{\partial x}{\partial v} & \dfrac{\partial x}{\partial w} \\ \dfrac{\partial y}{\partial u} & \dfrac{\partial y}{\partial v} & \dfrac{\partial y}{\partial w} \\ \dfrac{\partial z}{\partial u} & \dfrac{\partial z}{\partial v} & \dfrac{\partial z}{\partial w} \end{vmatrix}$$

야코비안을 이용하여 삼중적분의 치환적분에 관한 결과를 정리하면 다음과 같다.

정리 4.6 Change of Variables for Triple Integral

공간의 영역에서 일대일대응인 C^1 벡터함수 $\Phi : B' \to B$, $(x, y, z) = \Phi(u, v, w)$와 영역 B에서 적분가능함수 $f(x, y, z)$에 대하여

$$\iiint_B f(x, y, z)\, dx\, dy\, dz = \iiint_{B'} f(\Phi(u, v, w)) \left| \frac{\partial(x, y, z)}{\partial(u, v, w)} \right| du\, dv\, dw.$$

주 공간의 직교좌표 (x, y, z)를 구면좌표 (ρ, θ, ϕ)로 변수치환할 경우, 치환식

$$x = \rho \sin\phi \cos\theta,$$
$$y = \rho \sin\phi \sin\theta,$$
$$z = \rho \cos\phi$$

에 의하여 야코비안은

$$\begin{vmatrix} \sin\phi\cos\theta & -\rho\sin\phi\sin\theta & \rho\cos\phi\cos\theta \\ \sin\phi\sin\theta & \rho\sin\phi\cos\theta & \rho\cos\phi\sin\theta \\ \cos\phi & 0 & -\rho\sin\phi \end{vmatrix} = -\rho^2 \sin\phi.$$

따라서 다음의 관계식을 얻는다.

$$\begin{aligned} dx\, dy\, dz &= \left| \frac{\partial(x, y, z)}{\partial(\rho, \theta, \phi)} \right| d\rho\, d\theta\, d\phi \\ &= \rho^2 \sin\phi\, d\rho\, d\theta\, d\phi \end{aligned}$$

예제 10 $B = \{(x, y, z) \mid x^2 + y^2 \le 16,\ 0 \le z \le 4 - y\}$일 때,
$\iiint_B \sqrt{x^2 + y^2}\, dx dy dz$를 구하라.

풀이 $x = r\cos\theta$, $y = r\sin\theta$로 치환하면 $r^2 \le 16$, 즉 $0 \le r \le 4$이므로

$$B' = \{(r, \theta, z) \mid 0 \le r \le 4,\ 0 \le \theta \le 2\pi,\ 0 \le z \le 4 - r\sin\theta\}.$$

$dx\, dy = r\, dr\, d\theta$ 이므로

$$\iiint_B \sqrt{x^2 + y^2}\, dx\, dy\, dz = \int_0^{2\pi} \int_0^4 \int_0^{4 - r\sin\theta} r^2\, dz\, dr\, d\theta$$

$$= \int_0^{2\pi}\int_0^4 [r^2 z]_{z=0}^{4-r\sin\theta}\, dr\, d\theta$$

$$= \int_0^{2\pi}\int_0^4 (4r^2 - r^3\sin\theta)dr\, d\theta$$

$$= \int_0^{2\pi}\left[\frac{4}{3}r^3 - \frac{1}{4}r^4\sin\theta\right]_{r=0}^4 d\theta$$

$$= \int_0^{2\pi}\left(\frac{256}{3} - 64\sin\theta\right)d\theta$$

$$= \left[\frac{256}{3}\theta + 64\cos\theta\right]_0^{2\pi} = \frac{512}{3}\pi . \qquad \square$$

예제 11 예제 7에서의 반지름이 1인 구의 부피계산을 구면좌표에 의한 치환적분으로 구하라.

풀이 반지름이 1 인 구의 영역을 B라 하면

$$B = \{(x, y, z) \mid x^2 + y^2 + z^2 \le 1\}.$$

x, y, z를 구면좌표계로 치환하면, 영역 B는 다음의 영역 B'으로 변환된다.

$$B' = \{(\rho,\ \theta,\ \phi) \mid 0 \le \rho \le 1,\ 0 \le \phi \le \pi,\ 0 \le \theta \le 2\pi\}$$

$dx\,dy\,dz = \rho^2 \sin\phi\; d\rho\, d\theta\, d\phi$이므로 구의 부피는

$$\iiint_B dx\,dy\,dz = \int_0^{\pi}\int_0^{2\pi}\int_0^1 \rho^2 \sin\phi\, d\rho\, d\theta\, d\phi$$

$$= \frac{4}{3}\pi . \qquad \square$$

(2) 선적분

스칼라함수 $y = f(x)$에 대한 가장 기본적인 적분은 적분영역이 선분인 경우이다. 즉,

$$\int_a^b f(x)dx.$$

좀더 일반적인 형태로서, 공간의 곡선을 영역으로 하는 스칼라함수의 적분을 생각할 수 있다. 예를 들면 밀도가 일정하지 않는 금속선을 공간의 곡선으로 나타내었다고 하자. 금속선 위의 각 점 (x, y, z)에 대한 질량밀도가 $f(x, y, z)$일 때, 금속선의 총 질량을 계산하는 방법이다. 이와 같이 주어진 곡선에서 정의된 스칼라함수를 적분하는 것을 선적분이라 하는데, 이 적분을 생각해보기로 한다.

공간곡선 $\alpha(t) = (\alpha_1(t), \alpha_2(t), \alpha_3(t))$, $a \le t \le b$가 주어져 있을 때, 이 곡선의 길이는 다음의 적분으로 계산되었다.

$$\int_\alpha \| d\alpha \| = \int_\alpha ds$$

이 곡선의 각 점 (x, y, z)에 대한 질량밀도가 스칼라함수 $f(x, y, z)$이면 총 질량에 해당하는 값은 $\int_\alpha f\, ds$로 계산될 수 있다.

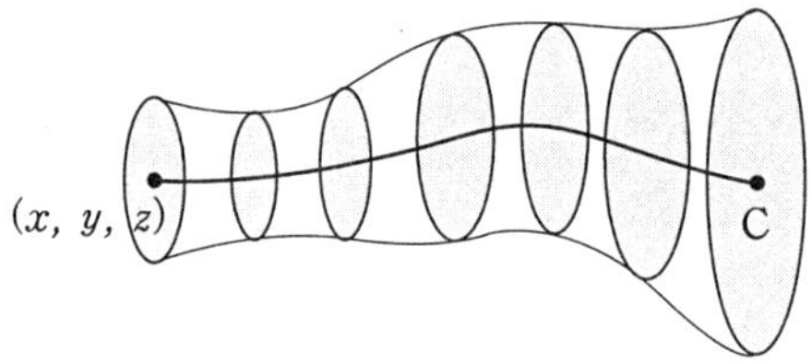

그림 4.11

따라서 다음과 같이 스칼라함수의 선적분을 정의한다.

정의 4.2 Line integral of scalar functions

곡선 $\alpha(t) = (\alpha_1(t), \alpha_2(t), \alpha_3(t))$, $a \le t \le b$에서 정의된 스칼라함수 $f(x, y, z)$에 대하여, 다음의 적분을 곡선 α를 따라 $f(x, y, z)$의 선적분이라 한다.

$$\begin{aligned}\int_\alpha f\, ds &= \int_a^b f(\alpha(t)) \| \alpha'(t) \| dt \\ &= \int_a^b f(x(t), y(t), z(t)) \sqrt{\alpha_1{}'(t)^2 + \alpha_2{}'(t)^2 + \alpha_3{}'(t)^2}\, dt\end{aligned}$$

주 곡선 α가 $\alpha(a)=\alpha(b)$, 즉 폐곡선인 경우에 선적분을 $\oint_\alpha f d\alpha$로 표기하기도 한다.

예제 12 나선 $\alpha : [0,\ 2\pi] \to \mathbb{R}^3$, $\alpha(t)=(\cos t,\ \sin t,\ t)$에서 정의된 함수 $f(x,\ y,\ z)=x^2+y^2+z^2$에 대하여 선적분 $\int_\alpha f(x,\ y,\ z)\,ds$를 계산하라.

풀이 곡선 α의 속력 $\|\alpha'(t)\|$은

$$\begin{aligned}\|\alpha'(t)\| &= \sqrt{\sin^2 t+\cos^2 t+1}\\ &= \sqrt{2}.\end{aligned}$$

곡선 α 위에 정의된 함수 f에 대하여 $f(\alpha(t))$는

$$\begin{aligned}f(x,\ y,\ z) &= x^2+y^2+z^2\\ &= \cos^2 t+\sin^2 t+t^2\\ &= 1+t^2.\end{aligned}$$

따라서 선적분의 정의에 의하여

$$\begin{aligned}\int_\alpha f(x,\ y,\ z)\,ds &= \int_0^{2\pi}(1+t^2)\sqrt{2}\,dt\\ &= \frac{2\sqrt{2}\pi}{3}(3+4\pi^2).\end{aligned}$$ □

(3) 곡면적분

스칼라함수의 선적분에서와 같이 면적분은 주어진 평면의 영역 또는 곡면에서 정의된 스칼라장에 대한 적분법이다. 이와 같은 적분은 적분영역인 곡면에 대한 방향성이 결정되어야 하므로, 우선 곡면의 방향성에 대하여 생각해보자.

① 유향곡면

부드러운 곡면이란 곡면 위의 각 점 근방에서 연속적으로 변하는 단위법벡터장이 존재하는 곡면을 의미한다. 예를 들면, 구면, 타원면 등은 부드러운 곡면이다. 한편, 직육

면체의 표면과 같은 면은 부드러운 곡면이 아니다. 예를 들면, 그림 4.12와 같이 모서리 부분의 근방에서는 연속적인 단위법벡터장을 생각할 수 없다. 그러나 6개의 부드러운 곡면들 $\square OABC$, $\square DEGF$, $\square OADF$, $\square ABED$, $\square BCGE$, $\square OCGF$로 구성된 것으로 볼 수 있다. 이와 같이 여러 개의 부드러운 곡면들로 구성된 면을 부드러운 조각곡면이라 한다.

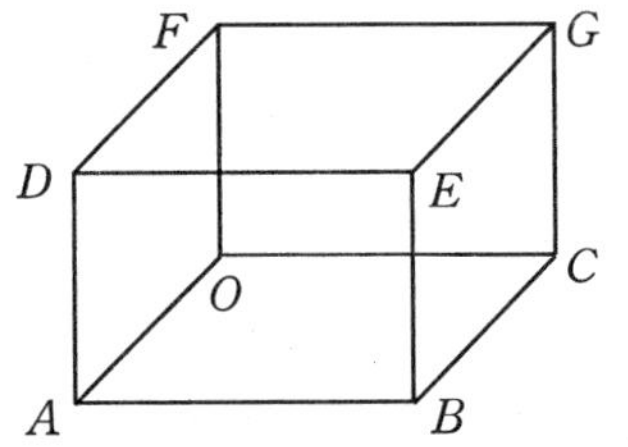

그림 4.12

부드러운 곡면이 연속적인 하나의 단위법벡터장 $\mathbf{n}$을 갖는다면 $-\mathbf{n}$ 또한 연속적인 단위법벡터장이다. 따라서 2개의 연속적인 단위법벡터장이 존재한다. 이 벡터장 가운데 하나를 선택하고 나면 그림 4.13과 같이 벡터장 $\mathbf{n}$을 형성하는 면을 앞면 또는 양의 면이라 하고, 반대쪽의 면을 뒷면 또는 음의 면이라 한다. 그리고 선택한 벡터장의 방향을 양의 방향, 반대방향을 음의 방향이라 한다.

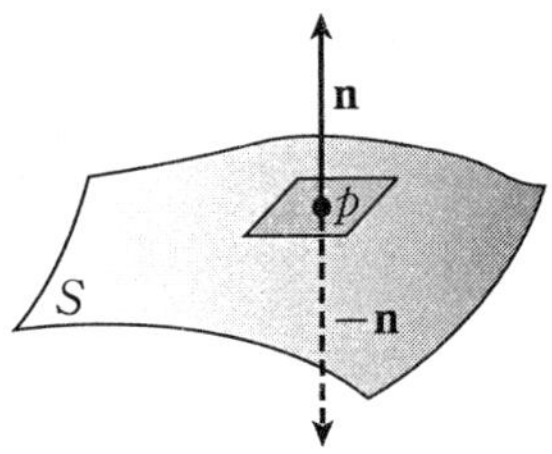

그림 4.13

연속적인 단위법벡터장을 갖지 않는 부드러운 곡면도 있다. 예를 들면, 뫼비우스 띠(그림 4.14)는 부드러운 곡면이지만 앞면 또는 뒷면을 구별할 수 없다. 따라서 부드러운 곡면의 방향성을 다음과 같이 정의한다.

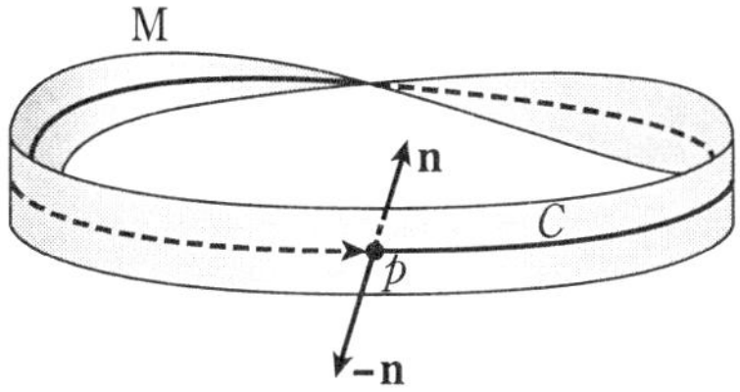

그림 4.14 뫼비우스 띠

> **정의 4.3** Oriented Surfaces
>
> 주어진 곡면의 앞면과 뒷면의 두 면을 구별할 수 있는 곡면을 유향곡면, 그렇지 않은 곡면을 무향곡면이라 한다.

예를 들면, 구면, 직육면체의 표면은 유향곡면이고 뫼비우스 띠와 같은 곡면은 무향곡면이다.

하나의 단순 폐곡선을 경계선으로 하는 부드러운 곡면의 양의 방향이 결정되면, 그림 4.15와 같이 하나의 단위법벡터를 중심으로 경계곡선을 따라 움직이는 두 방향 가운데 왼쪽에 곡면이 오도록 하는 방향을 양의 방향, 반대방향을 음의 방향이라 정의한다.

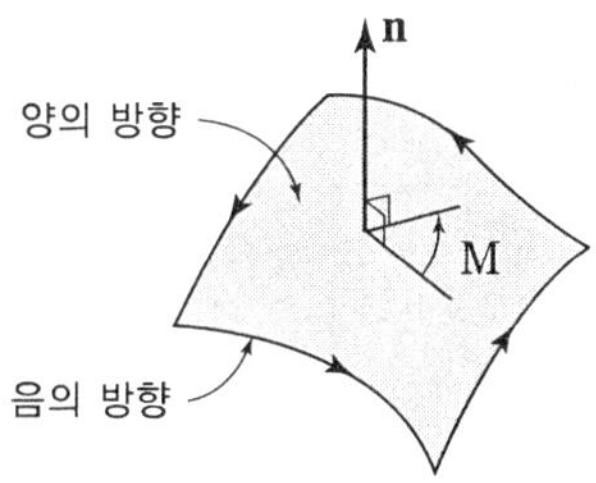

그림 4.15

하나의 곡면 M을 수식으로 표현하는 두 가지 방법으로, 매개변수에 의한 벡터함수의 표현과 방정식에 의한 표현이 있다. 이 두 가지 방법을 이용하여 곡면의 단위법벡터장을 각각 계산할 수 있다. 먼저 매개변수에 의한 벡터함수의 표현과 단위법벡터장의 계산방법을 생각해보자.

〈매개변수표현〉

평면의 영역 R에 대하여, 다음과 같은 벡터함수의 상으로서의 곡면 $\mathrm{M}=\mathbf{X}(R)$을 생각해보자. 즉,

$$\mathbf{X}: R \to \mathbb{R}^3,\ \mathbf{X}(R)=\mathrm{M}.$$

매개변수를 u, v라 하면 벡터함수 $\mathbf{X}$를 다음과 같이 나타낼 수 있다.

$$\mathbf{X}(u,\ v)=x(u,\ v)\boldsymbol{i}+y(u,\ v)\boldsymbol{j}+z(u,\ v)\boldsymbol{k}$$

$\mathbf{X}(u,\ v)$에서 v 또는 u를 고정시키면 다음과 같은 1변수 벡터함수 α, β를 얻을 수 있다.

$$\alpha(u)=\mathbf{X}(u,\ v),$$
$$\beta(v)=\mathbf{X}(u,\ v)$$

이 함수들의 상은 곡면 M 위의 곡선을 나타내므로, α를 u 매개곡선, β를 v 매개곡선이라 한다. 특히, $\mathbf{X}_u=\dfrac{\partial \mathbf{X}}{\partial u}$는 u 매개곡선의 속도벡터인 $\alpha'(u)$이고 $\mathbf{X}_v=\dfrac{\partial \mathbf{X}}{\partial v}$는 v매개곡선의 속도벡터인 $\beta'(v)$이다. $\mathbf{X}_u=\dfrac{\partial \mathbf{X}}{\partial u}$와 $\mathbf{X}_v=\dfrac{\partial \mathbf{X}}{\partial v}$는 각각 점 $\mathbf{X}(u,\ v)\in\mathrm{M}$을 지나는 속도벡터로서 곡면의 접평면에 놓여 있다. 따라서 단위법벡터 $\mathbf{n}$은 $\mathbf{X}_u$와 $\mathbf{X}_v$에 동시에 수직인 단위벡터로서 다음과 같이 계산될 수 있다.

$$\mathbf{n}=\pm\frac{\mathbf{X}_u\times\mathbf{X}_v}{\|\mathbf{X}_u\times\mathbf{X}_v\|}$$

예제 13 $\mathbf{X}(u,\ v)=(u,\ v,\ u^2-v^2)$으로 주어지는 곡면의 점 $(u,\ v)=(1,\ 1)$에서의 단위법벡터를 구하라.

풀이 $\mathbf{X}_u=(1,\ 0,\ 2u)$, $\mathbf{X}_v=(0,\ 1,\ -2v)$이므로 $\mathbf{X}_u(1,\ 1)=(1,\ 0,\ 2)$, $\mathbf{X}_v(1,\ 1)=(0,\ 1,\ -2)$이다. 그러므로

$$\mathbf{n}=\pm\frac{\mathbf{X}_u(1,\ 1)\times\mathbf{X}_v(1,\ 1)}{\|\mathbf{X}_u(1,\ 1)\times\mathbf{X}_v(1,\ 1)\|}$$

$$=\pm\left(-\frac{2}{3},\ \frac{2}{3},\ \frac{1}{3}\right). \qquad \square$$

〈방정식 표현〉

방정식을 이용하여 곡면을 표현하는 방법과 단위법벡터장의 계산법을 생각해보자. 3변수함수 f와 상수 c에 대하여,

$$\mathrm{M}=\{(x,\ y,\ z)\mid f(x,\ y,\ z)=c\}$$

로 나타나는 곡면 M을 다음과 같이 표현한다.

$$\mathrm{M}: f(x,\ y,\ z)=c$$

곡면 M을 결정하는 스칼라함수 f의 기울기 ∇f는 곡면에 수직인 하나의 벡터장이다. 따라서 이 곡면의 단위법벡터장은 다음과 같다.

$$\mathbf{n}=\pm\frac{\nabla f}{\|\nabla f\|}$$

예제 14 반지름의 길이가 r인 구면 $S^2(r)=\{(x,\ y,\ z)\in\mathbb{R}^3 \mid x^2+y^2+z^2=r^2\}$의 단위법벡터장을 구하라.

풀이 스칼라함수 $g(x,\ y,\ z)=x^2+y^2+z^2$에 대하여 반지름의 길이가 r인 구면은

$$S^2(r): g(x,\ y,\ z)=r^2.$$

한편, $\nabla g=2x\boldsymbol{i}+2y\boldsymbol{j}+2z\boldsymbol{k}$이므로

$$\begin{aligned}\mathbf{n}&=\pm\frac{\nabla g}{\|\nabla g\|}=\pm\frac{2x\boldsymbol{i}+2y\boldsymbol{j}+2z\boldsymbol{k}}{2\sqrt{x^2+y^2+z^2}}\\&=\pm\frac{x\boldsymbol{i}+y\boldsymbol{j}+z\boldsymbol{k}}{r}.\end{aligned} \qquad \square$$

② 곡면의 넓이

곡면에서의 면적분에 관한 개념을 이해하기 위해 곡면의 넓이를 계산하는 방법을 필요로 한다. 곡면의 넓이를 계산하는 방법으로 매개변수표현, 방정식표현에 의한 두 가지 방법을 이용할 수 있다.

〈매개변수표현에 의한 곡면의 넓이〉

곡면 M의 매개변수함수를 $\mathbf{X}(u, v)$라 하면,

$$\mathbf{X} : R \to \mathbb{R}^3, \ \mathbf{X}(R) = \mathrm{M},$$
$$\mathbf{X}(u, v) = x(u, v)\boldsymbol{i} + y(u, v)\boldsymbol{j} + z(u, v)\boldsymbol{k}.$$

평면의 영역 $R = \{(u, v) \mid a \le u \le b, \ c \le v \le d\}$을 분할하기 위하여 $[a, b]$와 $[c, d]$를 각각 m, n개로 분할하자.

$$u : a = u_0 < \cdots < u_m = b,$$
$$v : c = v_0 < \cdots < v_m = d$$

이 분할에 의하여 영역 R은 다음과 같은 소영역 R_{ij}로 분할된다.

$$R_{ij} = [u_i, \ u_{i+1}] \times [v_j, \ v_{j+1}], \ 0 \le i \le m-1, \ 0 \le j \le n-1$$

$\mathrm{M}_{ij} = \mathbf{X}(R_{ij})$라 두면, 곡면 $\mathrm{M} = \mathbf{X}(R)$은 그림 4.16과 같이 매개곡선들에 의하여 m, n개의 곡면조각 M_{ij}로 분할된다.

그림 4.16에서 보는 바와 같이, 곡면의 각 부분 M_{ij}는 평면의 한 부분 R_{ij}가 매개변수표현에 의하여 변형된 모양이다. 이때 길이 또는 넓이의 변화량은 각 매개곡선에 의하여 결정된다. 곡면의 조각인 R_{ij}는 다음과 같은 두 벡터를 이웃 변으로 하는 평행사변형과 비슷한 모양을 갖는다.

$$\mathbf{X}(u_i + \Delta u, \ v_j) - \mathbf{X}(u_i, \ v_j),$$
$$\mathbf{X}(u_i, \ v_j + \Delta v) - \mathbf{X}(u_i, \ v_j)$$

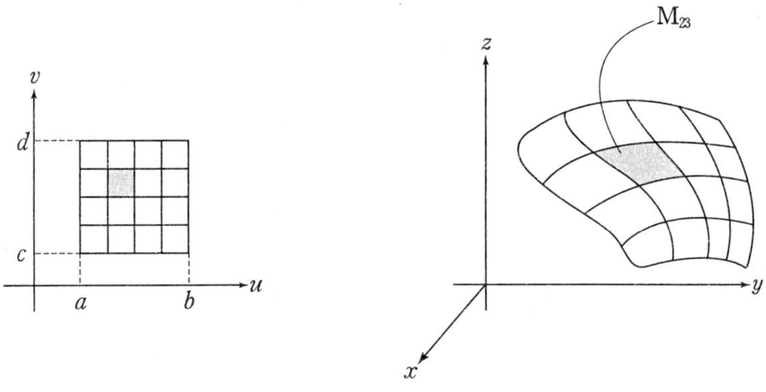

그림 4.16

이 두 벡터는 미분을 이용하여 다음과 같이 근사화될 수 있다.

$$\mathbf{X}(u_i+\Delta u,\ v_j)-\mathbf{X}(u_i,\ v_j)\approx \mathbf{X}_u(u_i,\ v_j)\,du,$$
$$\mathbf{X}(u_i,\ v_j+\Delta v)-\mathbf{X}(u_i,\ v_j)\approx \mathbf{X}_v(u_i,\ v_j)\,dv$$

따라서 곡면조각 M_{ij}의 넓이 ΔS_{ij}의 근삿값 dS_{ij}는 이 두 벡터의 외적에 의하여

$$dS_{ij}=\|\mathbf{X}_u(u_i,\ v_j)\times\mathbf{X}_v(u_i,\ v_j)\|\,du\,dv$$

이와 같은 조각들의 넓이의 근삿값들을 더하여 곡면 넓이의 근삿값을 얻을 수 있다. 즉,

$$\sum_{i=0}^{m-1}\sum_{j=0}^{n-1}dS_{ij}=\sum_{i=0}^{m-1}\sum_{j=0}^{n-1}\|\mathbf{X}_u(u_i,\ v_j)\times\mathbf{X}_v(u_i,\ v_j)\|\,du\,dv$$

이 근삿값을 $m,\ n\to\infty$로 할 때 수렴하는 값이 존재하면 이 값은 곡면 M의 넓이가 되며 다음과 같다.

$$\begin{aligned}\iint_{\mathrm{M}}dS &:= \lim_{m\to\infty}\lim_{n\to\infty}\sum_{i=0}^{m-1}\sum_{j=0}^{n-1}\|\mathbf{X}_u(u_i,\ v_j)\times\mathbf{X}_v(u_i,\ v_j)\|\,du\,dv\\ &=\iint_R\|\mathbf{X}_u\times\mathbf{X}_v\|\,du\,dv\end{aligned}$$

$d\mathbf{S}=\mathbf{X}_u\times\mathbf{X}_v\,du\,dv,\ dS=\|d\mathbf{S}\|$라 두면 곡면의 넓이를 다음과 같이 다양하게 나타낼 수 있다.

$$\iint_{\mathrm{M}}dS,\quad \iint_{\mathrm{M}}\|d\mathbf{S}\|\quad\text{또는}\quad\iint_{\mathrm{M}}\mathbf{n}\cdot d\mathbf{S}$$

여기서, $\mathbf{n}$은 벡터 $d\mathbf{S}$와 같은 방향으로의 단위벡터이다. 즉,

$$\mathbf{n}=\frac{\mathbf{X}_u\times\mathbf{X}_v}{\|\mathbf{X}_u\times\mathbf{X}_v\|}.$$

예제 15 평면의 영역 $D=\{(u,\ v)\mid 0\le u\le 2\pi,\ 0\le v\le 2\pi\}$일 때, 다음과 같은 매개변수함수 $\mathbf{X}(u,\ v)$에 의하여 표현되는 곡면을 윤환면이라 한다. 이 윤환면의 넓이를 구하라.

$$\mathbf{X}(u,\ v) = ((R + r\cos u)\cos v,\ (R + r\cos u)\sin v,\ r\sin u),\ 0 < r < R$$

풀이 $\mathbf{X}_u = (-r\sin u\cos v,\ -r\sin u\sin v,\ r\cos u)$,

$\mathbf{X}_v = (-(R + r\cos u)\sin v,\ (R + r\cos u)\cos v,\ 0)$,

$\|\mathbf{X}_u \times \mathbf{X}_v\| = r(R + r\cos u)$

이므로, 윤환면의 넓이는

$$\begin{aligned}\iint_D \|\mathbf{X}_u \times \mathbf{X}_v\|\, du\, dv &= \int_0^{2\pi}\int_0^{2\pi} r(R + r\cos u)\, du\, dv \\ &= 2\pi r R \int_0^{2\pi} dv \\ &= 4\pi^2 r R.\end{aligned}$$

□

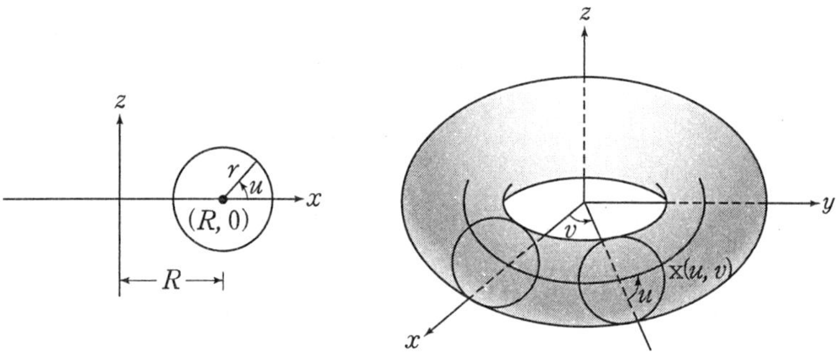

그림 4.17 Torus

〈방정식표현에 의한 곡면의 넓이〉

곡면 M이 다음과 같이 2변수함수 $f : R \subset \mathbb{R}^2 \to \mathbb{R}$ 로 표현된다고 하자.

$$\mathrm{M} : z = f(x,\ y)$$

곡면의 작은 조각의 넓이 dS는 그림 4.18과 같이 영역 R로 정사영한 작은 조각의 넓이 $dx\,dy$와 관련성을 갖는다. 이들 사이의 관계식을 나타내기 위해 곡면의 단위 법벡터를 $\mathbf{n}$이라 하고 이 벡터와 $\boldsymbol{k}$의 끼인각을 $\gamma = \measuredangle(\mathbf{n},\ \boldsymbol{k})$라 하면,

$$dS\,|\cos\gamma| = dx\,dy\,.$$

따라서 곡면 M의 넓이는 다음과 같이 계산될 수 있다.

$$\iint_R \frac{dx\,dy}{|\cos\gamma|}$$

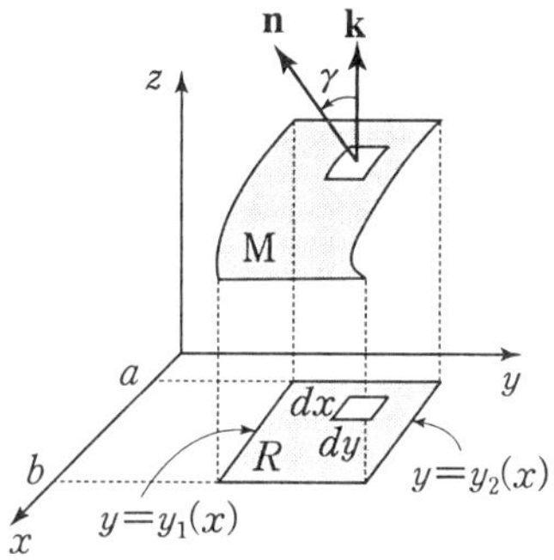

그림 4.18

주 곡면 M : $z=f(x,\ y)$ 에서 함수 f 의 정의역이 xy 평면이므로 끼인각 γ을 계산하기 위하여 벡터 $\boldsymbol{k}$가 선택되었다. 만약 곡면이 $x=g(y,\ z)$로 정의되면 벡터 $\boldsymbol{i}$에 의하여 $\gamma=\measuredangle(\mathbf{n},\ \boldsymbol{i})$ 이다.

예제 16 반구 $x^2+y^2+z^2=1(x\geq 0)$의 넓이를 구하라.

풀이 $f(x,\ y,\ z)=x^2+y^2+z^2$ 라 두면 반구 M_x는 다음과 같다.

$$\mathrm{M}_x : f(x,\ y,\ z)=1\ ,\ x\geq 0$$

따라서 M_x 의 단위법벡터는

$$\mathbf{n}=\frac{\nabla f}{\|\nabla f\|}=x\boldsymbol{i}+y\boldsymbol{j}+z\boldsymbol{k}.$$

단위법벡터 $\mathbf{n}$과 $\boldsymbol{i}$가 이루는 각을 γ라 두면

$$\cos\gamma=\mathbf{n}\cdot\boldsymbol{i}=x\,.$$

주어진 반구를 yz 평면으로 사영시키면 단위원반 $R=\{(y,\ z)\mid y^2+z^2\leq 1\}$ 이므로 극좌표변환을 이용하면 반구의 넓이 S는

$$S = \iint_R \frac{dy\,dz}{|\cos\gamma|} = \int_{-1}^{1} \int_{-\sqrt{1-z^2}}^{\sqrt{1-z^2}} \frac{1}{x} dy\,dz$$

$$= \int_0^{2\pi} \int_0^1 \frac{r}{\sqrt{1-r^2}} dr d\theta$$

$$= 2\pi .$$ □

③ 곡면적분

곡면 M에서 정의된 함수 $f : \mathrm{M} \subset \mathbb{R}^3 \to \mathbb{R}$ 의 면적분을 생각해보기로 하자. 앞에서 곡면의 넓이계산을 위하여 사용한 방법을 그대로 적용하되, 곡면의 조각 M_{ij} 의 넓이 ΔS_{ij}에 함수 f에 의한 가중치 $f(x_{ij}, y_{ij}, z_{ij})$, $(x_{ij}, y_{ij}, z_{ij}) \in \mathrm{M}_{ij}$를 고려하면 다음과 같다.

$$\sum_{i=0}^{m-1} \sum_{j=0}^{n-1} f(x_{ij}, y_{ij}, z_{ij}) \Delta S_{ij}$$

이 근삿값을 $\max \Delta S_{ij} \to 0$ 로 할 때 수렴하는 값이 존재하면, 이 값을 다음과 같이 정의한다.

정의 4.4

곡면 M에서 정의된 함수 $f : \mathrm{M} \subset \mathbb{R}^3 \to \mathbb{R}$ 에 대하여 다음의 적분값 $\iint_{\mathrm{M}} f\,dS$를 M 위에서 함수 f의 곡면적분이라 한다.

$$\iint_{\mathrm{M}} f\,dS := \lim_{\max \Delta S_{ij} \to 0} \sum_{i=0}^{m-1} \sum_{j=0}^{n-1} f(x_{ij}, y_{ij}, z_{ij}) \Delta S_{ij}$$

곡면적분도 곡면의 매개변수표현과 방정식표현의 각각에 대하여 생각할 수 있다.

〈매개변수표현에 의한 곡면적분〉

주어진 곡면의 매개변수표현을 $\mathbf{X}$라 하고 이 함수를 성분으로 표현하면

$$\mathbf{X} : R \to \mathbb{R}^3, \ \mathbf{X}(R) = \mathrm{M},$$

$$\mathbf{X}(u,\ v)=x(u,\ v)\boldsymbol{i}+y(u,\ v)\boldsymbol{j}+z(u,\ v)\boldsymbol{k}.$$

곡면 M의 매개변수표현 $\mathbf{X}(u,\ v)$을 이용하여 곡면의 넓이를 계산하는 식을 다음과 같이 유도하였다.

$$\iint_{\mathrm{M}} dS :=\iint_{R} \|\mathbf{X}_u \times \mathbf{X}_v\|\, du\, dv$$

이 적분은 매개변수함수의 정의역인 평면의 영역 R에서 가중치 $\|\mathbf{X}_u \times \mathbf{X}_v\|$를 부여한 적분을 의미한다. 한편, 곡면 M에서 스칼라함수 $f(x,\ y,\ z)$가 정의되었을 경우, 매개변수함수 $\mathbf{X}(u,\ v)$에 의하여 평면의 영역 R에서 다음과 같은 함수로 표현된다.

$$(f \circ \mathbf{X})(u,\ v)=f(x(u,\ v),\ y(u,\ v),\ z(u,\ v))$$

따라서 곡면 M에서 정의된 스칼라함수 $f(x,\ y,\ z)$의 곡면적분은 영역 R에서 가중치를 $f \circ \mathbf{X}$로 하는 이중적분으로 다음과 같다.

정리 4.7 Surface Integral of Scalar functions

매개변수표현 $\mathbf{X}(u,\ v)$에 의한 곡면 $\mathrm{M}=\mathbf{X}(R)$에서 정의된 스칼라함수 $f(x,\ y,\ z)$의 곡면적분은

$$\iint_{M} f(x,\ y,\ z)dS=\iint_{R} f(\mathbf{X}(u,\ v))\|\mathbf{X}_{\mathrm{u}} \times \mathbf{X}_{\mathrm{v}}\|\, du\, dv$$

예제 17 평면의 영역 $R=\{(u,v) | 0 \le u \le 1,\ 0 \le v \le 2\pi\}$에서 매개변수표현 $\mathbf{X}$가 다음과 같이 정의된 곡면을 M이라 하자.

$$\mathbf{X}(u,v)=(u\cos v,\ u\sin v,\ v)$$

곡면 M에서 정의된 함수 $f(x,\ y,\ z)=\sqrt{x^2+y^2+1}$에 대하여 면적분 $\iint_{\mathrm{M}} f dS$를 계산하라.

풀이 $\mathbf{X}_u=(\cos v, \sin v,\ 0)$, $\mathbf{X}_v=(-u\sin v,\ u\cos v,\ 1)$, $\mathbf{X}_u \times \mathbf{X}_v=(\sin v,$

$-\cos v,\ u)$, $\|\mathbf{X}_u \times \mathbf{X}_v\| = \sqrt{u^2+1}$ 이므로,

$$\begin{aligned}\iint_{M} f\,dS &= \iint_{R} f(\mathbf{X}(u,v))\|\mathbf{X}_u \times \mathbf{X}_v\|\,du\,dv \\ &= \iint_{R} (u^2+1)\,du\,dv \\ &= \int_0^{2\pi}\int_0^1 (u^2+1)\,du\,dv \\ &= \frac{8}{3}\pi.\end{aligned}$$

□

예제 18 $\iint_{M} z^2\,dS$를 계산하라. 여기서, M은 단위구 $x^2+y^2+z^2=1$이다.

풀이 단위구면 M을 다음과 같이 매개변수로 표현하자.

$$\mathbf{X}(\theta,\ \phi) = (\sin\phi\cos\theta,\ \sin\phi\sin\theta,\ \cos\phi),\ 0 \le \theta \le 2\pi,\ 0 \le \phi \le \pi$$

$\|\mathbf{X}_\theta \times \mathbf{X}_\phi\| = \sin\phi$ 이므로

$$\begin{aligned}\iint_{M} z^2\,dS &= \iint_{R} (\cos\phi)^2\|\mathbf{X}_\theta \times \mathbf{X}_\phi\|\,d\theta\,d\phi \\ &= \int_0^{2\pi}\int_0^{\pi} \cos^2\phi\sin\phi\,d\phi\,d\theta \\ &= \frac{1}{3}\int_0^{2\pi}[-\cos^3\phi]_0^{\pi}\,d\theta \\ &= \frac{2}{3}\int_0^{2\pi} d\theta \\ &= \frac{4\pi}{3}.\end{aligned}$$

□

〈방정식표현에 의한 곡면적분〉

곡면 M이 평면 R에서의 2변수함수 $z=g(x,\ y)$로 표현된다면 이 곡면을 다음과 같이 매개변수표현을 할 수 있다.

$$\mathbf{X}(x,\ y)=(x,\ y,\ g(x,\ y))$$

이 함수 $\mathbf{X}$의 편도함수에 의한 가중치 $\|\mathbf{X}_x\times\mathbf{X}_y\|$를 계산하면

$$\mathbf{X}_x=\left(1,\ 0,\ \frac{\partial g}{\partial x}\right),\ \mathbf{X}_y=\left(0,\ 1,\ \frac{\partial g}{\partial y}\right),$$

$$\|\mathbf{X}_x\times\mathbf{X}_y\|=\sqrt{1+\left(\frac{\partial g}{\partial x}\right)^2+\left(\frac{\partial g}{\partial y}\right)^2}.$$

따라서 곡면 M : $z=g(x,\ y)$에서 정의된 스칼라함수 $f(x,\ y,\ z)$의 곡면적분은 다음과 같다.

정리 4.8 Surface Integral of Scalar functions

곡면 M : $z=g(x,\ y)$, $(x,\ y)\in R$에서 정의된 스칼라함수 $f(x,\ y,\ z)$의 곡면적분은

$$\iint_{\mathrm{M}} f(x,\ y,\ z)dS=\iint_R f(x,\ y,\ g(x,\ y))\sqrt{1+\left(\frac{\partial g}{\partial x}\right)^2+\left(\frac{\partial g}{\partial y}\right)^2}\,dx\,dy.$$

예제 19 곡면 M : $z=x^2+y$, $(x,\ y)\in[0,\ 1]\times[-1,\ 1]$에 대하여 $\iint_{\mathrm{M}} x\,dS$를 계산하라.

풀이 $z=g(x,\ y)=x^2+y$라 하면, 면적분은

$$\begin{aligned}\iint_{\mathrm{M}} x\,dS&=\iint_R x\sqrt{1+\left(\frac{\partial g}{\partial x}\right)^2+\left(\frac{\partial g}{\partial y}\right)^2}\,dx\,dy\\&=\int_{-1}^{1}\int_0^1 x\sqrt{2+4x^2}\,dx\,dy\\&=\frac{1}{8}\int_{-1}^{1}\left[\int_0^1(2+4x^2)^{1/2}(8x\,dx)\right]dy\\&=\frac{2}{3}\cdot\frac{1}{8}\int_{-1}^{1}[(2+4x^2)^{3/2}]_0^1dy\end{aligned}$$

$$= \frac{1}{12}\int_{-1}^{1}(6^{3/2} - 2^{3/2})dy$$

$$= \sqrt{2}\left(\sqrt{3} - \frac{1}{3}\right). \qquad \square$$

〈방정식표현에 의한 곡면적분〉

평면의 영역 R에서의 스칼라함수 $g(x, y)$에 의한 곡면 $\mathrm{M} : z = g(x, y)$의 넓이는 곡면의 단위법벡터 $\mathbf{n}$과 벡터 $\boldsymbol{k}$의 끼인각 $\gamma = \measuredangle(\boldsymbol{n}, \boldsymbol{k})$에 의하여 다음과 같이 계산되었다.

$$\iint_R \frac{dx\,dy}{|\cos\gamma|}$$

따라서 곡면 $\mathrm{M} : z = g(x, y)$에서 정의된 스칼라함수 $f(x, y, z)$를 가중치로 하는 곡면적분은 다음과 같다.

정리 4.9 Surface Integral of Scalar Functions

단위법벡터가 $\mathbf{n}$인 곡면 $\mathrm{M} : z = g(x, y)$, $(x, y) \in R$에서 정의된 스칼라함수 $f(x, y, z)$의 곡면적분은 $\gamma = \measuredangle(\mathbf{n}, \boldsymbol{k})$일 때

$$\iint_{\mathrm{M}} f(x, y, z)dS = \iint_R \frac{f(x, y, g(x, y))}{|\cos\gamma|}dx\,dy.$$

예제 20 $\iint_{\mathrm{M}} x\,dS$를 계산하라. 여기서, M은 정점 $(1, 0, 0)$, $(0, 1, 0)$, $(0, 0, 1)$을 꼭짓점으로 하는 삼각형(그림 4.19)의 내부이다.

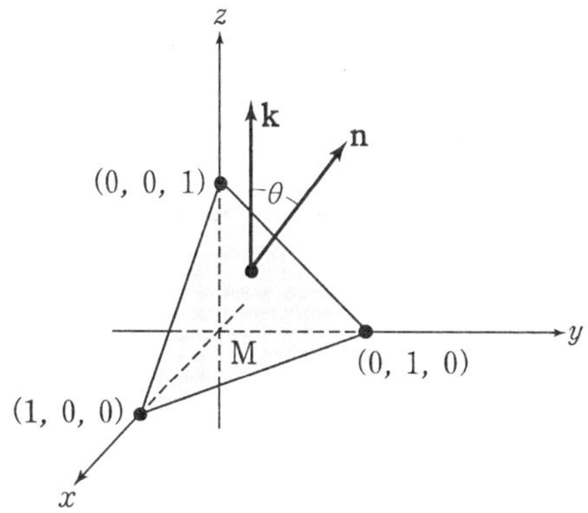

그림 4.19

풀이 곡면 M은 방정식이 $x+y+z=1$인 평면이며, 이 평면의 단위법벡터는 $\mathbf{n}=(1/\sqrt{3}, 1/\sqrt{3}, 1/\sqrt{3})$이다. $\cos\gamma=\mathbf{n}\cdot\boldsymbol{k}=1/\sqrt{3}$이므로, 정리에 의하여

$$\iint_{\mathrm{M}} x\,dS = \sqrt{3}\iint_R x\,dx\,dy\,.$$

여기서 $R=\{(x, y)\mid 0\le x\le 1, 0\le y\le 1-x\}$이므로,

$$\begin{aligned}\sqrt{3}\iint_R x\,dx\,dy &= \sqrt{3}\int_0^1\int_0^{1-x} x\,dy\,dx\\ &= \sqrt{3}\int_0^1 x(1-x)dx\\ &= \frac{\sqrt{3}}{6}\,.\end{aligned}$$

따라서 $\iint_{\mathrm{M}} x\,dS=\dfrac{\sqrt{3}}{6}$이다. □

연습문제 4.1

1. $f(x, y) = 1 - 6x^2 y$, $R: 0 \le x \le 2, -1 \le y \le 1$에 대하여 $\iint_R f(x, y)\, dS$를 계산하라.

2. A는 x축과 직선 $y = x$, $x = 1$로 둘러싸인 삼각형 모양의 xy평면의 영역일 때, $\iint_A \frac{\sin x}{x}\, dS$를 계산하라.

3. 반복적분 $\int_0^2 \int_{x^2}^{2x} (4x + 2)\, dy\, dx$의 적분영역을 그리고, 이 적분값을 계산하라. 또 적분의 순서를 바꾸어서 다시 계산하라.

4. $y = 1$과 $y = x^2$으로 둘러싸인 제1사분면의 영역 R의 넓이를 구하라.

5. 포물선 $y = x^2$과 직선 $y = x + 2$로 둘러싸인 영역 R의 넓이를 구하라.

6. 변환 $u = \frac{2x - y}{2}$, $v = \frac{y}{2}$를 이용하여 uv평면의 적절한 영역에서의 적분으로 바꾸어서 적분 $\int_0^4 \int_{x = y/2}^{x = (y/2) + 1} \frac{2x - y}{2}\, dx\, dy$를 계산하라.

7. 곡면 $z = x^2 + 3y^2$과 $z = 8 - x^2 - y^2$으로 둘러싸인 입체의 부피를 구하라.

8. 변환식 $u = \frac{2x - y}{2}$, $v = \frac{y}{2}$, $w = \frac{z}{3}$를 사용하여 uvw 공간의 적당한 영역에서의 적분으로 바꾸어서 다음의 적분을 계산하라.

$$\int_0^3 \int_0^4 \int_{x = y/2}^{x = (y/2) + 1} \left(\frac{2x - y}{2} + \frac{z}{3} \right) dx\, dy\, dz$$

9. 곡선 C가 단위원 $x^2+y^2=1$의 상반부일 때, $\int_C (x^2y+2)ds$를 계산하라.

10. 평면 $z=1$에 의해 잘린 포물면 $x^2+y^2-z=0$의 아랫부분의 넓이를 구하라.

11. 좌표평면과 평면 $x=1,\ y=1,\ z=1$이 결정하는 정육면체의 표면에서 $g(x,\ y,\ z)=xyz$를 적분하라.

12. M이 $z=x^2+y^2$과 $x^2+y^2 \le 9$로 주어진 포물면의 한 부분일 때, 다음을 구하라.

$$\iint_{\mathrm{M}} (x^2+y^2+3z^2)dS$$

13. R은 xy평면의 세 직선 x축, y축과 $y=1-2x$로 둘러싸인 삼각형의 닫힌 영역이고, M이 R 위에 있는 평면 $2x-y+z=3$의 부분일 때, $\iint_{\mathrm{M}} (x+2y+3z)dS$를 구하라.

4.2 벡터장의 적분

1변수 스칼라함수의 적분을 단순히 적용한 벡터함수의 적분을 생각해보자. 벡터함수 $\mathbf{F}(t)=F_1(t)\boldsymbol{i}+F_2(t)\boldsymbol{j}+F_3(t)\boldsymbol{k}$에서의 각 성분함수 F_i가 적분가능함수라 할 때, 벡터함수 $\mathbf{F}$의 가장 기본적인 적분의 하나로서 다음과 같이 정의된다.

$$\int \mathbf{F}(t)dt=\int F_1(t)dt\,\boldsymbol{i}+\int F_2(t)dt\,\boldsymbol{j}+\int F_3(t)dt\,\boldsymbol{k}$$

또한 구간 $[a, b]$에서의 정적분은 다음과 같이 정의된다.

$$\int_a^b \mathbf{F}(t)dt=\int_a^b F_1(t)dt\,\boldsymbol{i}+\int_a^b F_2(t)dt\,\boldsymbol{j}+\int_a^b F_3(t)dt\,\boldsymbol{k}$$

이와 같은 단순한 적분 이외에 힘의 벡터장 $\mathbf{F}$에 의한 일 또는 유체의 속도벡터장 $\mathbf{F}$에 의한 전유량 등의 물리적 의미로서의 적분에 관하여 생각해보기로 하자.

(1) 선적분

벡터장 $\mathbf{F}$가 정의되어 있는 공간의 한 영역 내에 하나의 곡선 α가 놓여 있다고 하자. 이 벡터장을 힘(force)이라 하고 곡선 α를 따라서 작용하는 힘 $\mathbf{F}$로 한 일의 전량(total work)을 생각해보기로 하자. 물리적 의미로 일(work)이란 물체를 움직이는 데 작용한 힘의 양과 움직인 거리의 곱으로 정의한다. 즉, 그림 4.20과 같이 한 점 P에서 물체의 움직이는 방향에 대하여 각 θ의 방향으로 힘 $\mathbf{F}(\mathrm{P})$가 작용하여 벡터 $\Delta\alpha$만큼 움직였을 때, 다음의 물리적 양

$$W(\mathrm{P})=\|\mathbf{F}(\mathrm{P})\|\cos\theta\,\|\Delta\alpha\|$$

을 점 P에서의 일이라 한다.

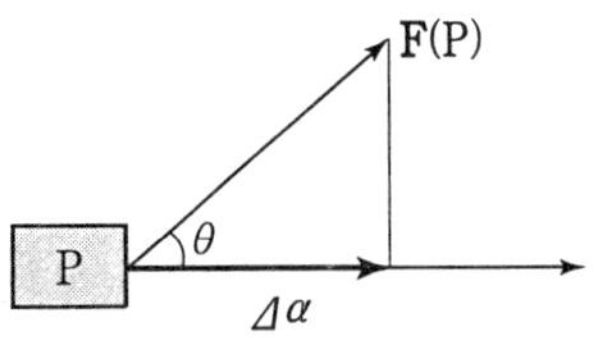

그림 4.20

이 양을 벡터의 내적으로 표시하면 다음과 같다.

$$W(\mathrm{P}) = \mathbf{F}(\mathrm{P}) \cdot \Delta\alpha$$

매개변수 t의 분할에 의하여 곡선 $C : \alpha = \alpha(t),\ a \le t \le b$를 다음과 같이 분할하자.

$$a = t_0 < t_1 < \cdots < t_n = b,$$
$$\Delta t_i = t_{i+1} - t_i,$$
$$\Delta\alpha_i = \alpha_{i+1} - \alpha_i,\ i = 0, \cdots, n-1$$

이 곡선을 따라 작용하는 힘 $\mathbf{F}$에 의한 일의 전량은 곡선의 분할차 $\Delta\alpha_i$에 의하여 다음과 같이 근삿값으로 나타낼 수 있다.

$$\sum_{i=0}^{n-1} \mathbf{F}(\alpha(t_i)) \cdot \Delta\alpha_i \approx \sum_{i=0}^{n-1} \mathbf{F}(\alpha(t_i)) \cdot \alpha'(t_i)\Delta t_i$$

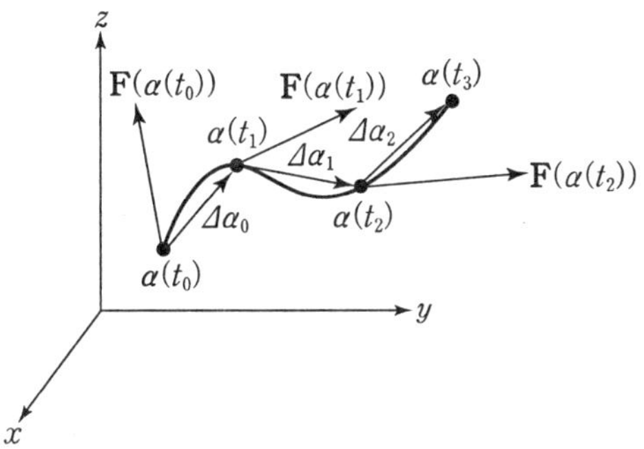

그림 4.21

이 근삿값은 $n \to \infty$일 때 다음과 같이 정적분으로 나타난다.

$$\int_a^b \mathbf{F}(\alpha(t)) \cdot \alpha'(t)dt$$

이와 같이 곡선 위에 정의된 벡터장에 의한 적분은 중요한 의미를 갖는다. 따라서 다음과 같이 벡터장의 선적분을 정의한다.

정의 4.4 Line Integrals

벡터장 $\mathbf{F}$가 정의되어 있는 공간의 영역 내에 있는 곡선 C: $\alpha = \alpha(t)$에 대하여 다음 적분을 곡선 α를 따라 $\mathbf{F}$의 선적분이라 한다.

$$\int_\alpha \mathbf{F} \cdot d\alpha := \int_a^b \mathbf{F}(\alpha(t)) \cdot \alpha'(t)dt$$

주 $d\mathbf{s} = \alpha'(t)dt = d\alpha$이므로, 선적분 $\int_\alpha \mathbf{F} \cdot d\alpha$을 $\int_C \mathbf{F} \cdot d\mathbf{s}$로도 표기한다. 곡선은 매개변수표현에 의하여 방향성이 결정된다. 예를 들면,

$$\alpha(t) = \cos t\,\boldsymbol{i} + \sin t\,\boldsymbol{j}, \quad 0 \le t \le 2\pi$$

는 단위원을 따라 시계반대방향으로 한바퀴 도는 곡선이며, $\beta(t) = \alpha(-t)$는 시계방향으로 도는 곡선이다. 이와 같이 $C : \alpha = \alpha(t)$와 반대방향인 곡선 $\beta(t)$를 C^-로 표기한다. 이 두 곡선을 따라 벡터장 $\mathbf{F}$의 선적분은 정의에 의하여

$$\int_C \mathbf{F} \cdot d\mathbf{s} = -\int_{C^-} \mathbf{F} \cdot d\mathbf{s}.$$

공간 곡선 α를 포함하는 영역에서 정의된 벡터장 $\mathbf{F}$와 곡선의 위치벡터 $\boldsymbol{\alpha}$를 다음과 같이 두자.

$$\mathbf{F}(t) = F_1(t)\boldsymbol{i} + F_2(t)\boldsymbol{j} + F_3(t)\boldsymbol{k}$$
$$\alpha = x\boldsymbol{i} + y\boldsymbol{j} + z\boldsymbol{k}$$

곡선의 미분은 $d\alpha = dx\boldsymbol{i} + dy\boldsymbol{j} + dz\boldsymbol{k}$이므로, 곡선 α를 따라 $\mathbf{F}$의 선적분은 다음과 같다.

$$\int_\alpha \mathbf{F} \cdot d\alpha = \int_\alpha (F_1 dx + F_2 dy + F_3 dz)$$

곡선 α를 변수 t에 의한 성분함수로 표현하면,

$$\alpha = \alpha(t) = x(t)\boldsymbol{i} + y(t)\boldsymbol{j} + z(t)\boldsymbol{k}, \quad a \le t \le b$$

따라서 곡선 α를 따라 벡터장 $\mathbf{F}$의 선적분은 다음과 같다.

$$\int_\alpha \mathbf{F}\cdot d\alpha = \int_a^b \mathbf{F}\cdot \frac{d\alpha}{dt}dt$$
$$= \int_a^b \left(F_1(\alpha(t))\frac{dx}{dt} + F_2(\alpha(t))\frac{dy}{dt} + F_3(\alpha(t))\frac{dz}{dt}\right)dt$$

예제 21 곡선 $\alpha(t) = (\sin t,\ \cos t,\ t), 0 \le t \le 2\pi$ 위에 정의된 벡터장 $\mathbf{F}(x,\ y,\ z) = x\boldsymbol{i} + y\boldsymbol{j} + z\boldsymbol{k}$에 대하여 선적분 $\int_\alpha \mathbf{F}\cdot d\alpha$를 계산하라.

풀이 $\mathbf{F}(\alpha(t)) = \mathbf{F}(\sin t,\ \cos t,\ t) = (\sin t)\boldsymbol{i} + (\cos t)\boldsymbol{j} + t\boldsymbol{k}$ 이므로,

$$\mathbf{F}(\alpha(t))\cdot\alpha'(t) = \sin t\cos t - \cos t\sin t + t = t.$$

따라서

$$\int_\alpha \mathbf{F}\cdot d\alpha = \int_0^{2\pi} t\,dt$$
$$= 2\pi^2.$$

□

예제 22 $\int_\alpha x^2dx + xydy + dz$를 계산하라. 단, $\alpha : [0,\ 1] \to \mathbb{R}^3$, $\alpha(t) = (t,\ t^2,\ 1)$이다.

풀이 $x(t) = t$, $y(t) = t^2$, $z(t) = 1$ 이므로 $\frac{dx}{dt} = 1$, $\frac{dy}{dt} = 2t$, $\frac{dz}{dt} = 0$. 따라서

$$\int_\alpha x^2dx + xydy + dz = \int_0^1 \left(x(t)^2\frac{dx}{dt} + x(t)y(t)\frac{dy}{dt}\right)dt$$
$$= \int_0^1 (t^2 + 2t^4)dt$$
$$= \left[\frac{1}{3}t^3 + \frac{2}{5}t^5\right]_0^1$$
$$= \frac{11}{15}.$$

□

임의의 t에 대하여 곡선 $\alpha(t)$의 속도벡터가 영이 아닐 때, 다음과 같은 단위벡터장 $\mathbf{T}$를 생각할 수 있다.

$$\mathbf{T}(t) = \frac{\alpha'(t)}{\|\alpha'(t)\|}$$

단위벡터장 $\mathbf{T}(t)$를 이용하여 곡선의 선적분을 다음과 같이 나타낼 수 있다.

$$\begin{aligned} \int_\alpha \mathbf{F} \cdot d\alpha &= \int_a^b \mathbf{F}(\alpha(t)) \cdot \alpha'(t)dt \\ &= \int_a^b \mathbf{F}(\alpha(t)) \cdot \frac{\alpha'(t)}{\|\alpha'(t)\|} \|\alpha'(t)\| dt \\ &= \int_C \mathbf{F} \cdot \mathbf{T}\, ds \end{aligned}$$

다시 말하면, 선적분은 벡터장 $\mathbf{F}$에 대한 곡선의 단위접벡터장 $\mathbf{T}$의 성분들을 적분한 값을 의미하므로, 다음과 같이 표기하기도 한다.

$$\int_\alpha \mathbf{F} \cdot \mathbf{T}\, ds$$

기울기 벡터장의 선적분에 대한 다음의 성질을 얻는다.

정리 4.10

C^1 미분가능한 스칼라함수 $f(x, y, z)$와 구간 $[a, b]$에서의 곡선 $\alpha(t)$에 대하여

$$\int_\alpha \nabla f \cdot d\alpha = f(\alpha(b)) - f(\alpha(a)).$$

이 정리는 합성함수의 미분과 적분의 기본정리를 이용하여 쉽게 유도할 수 있다. 즉,

$$\begin{aligned} \int_\alpha \nabla f \cdot d\alpha &= \int_a^b \nabla f(\alpha(t)) \cdot \alpha'(t)\, dt \\ &= \int_a^b (f \circ \alpha)'(t)\, dt \\ &= f(\alpha(b)) - f(\alpha(a)). \end{aligned}$$

예제 23 $\alpha(t) = (t^4/4,\ \sin^3(t\pi/2),\ 0),\ t \in [0,\ 1]$일 때, $\int_\alpha y\,dx + x\,dy$를 계산하라.

풀이 함수 $f(x,\ y,\ z) = xy$의 기울기 벡터장이 $\nabla f = y\boldsymbol{i} + x\boldsymbol{j}$이므로

$$\nabla f \cdot d\alpha = y\,dx + x\,dy.$$

그러므로 정리 4.10에 의하여

$$\begin{aligned}\int_\alpha y\,dx + x\,dy &= \int \nabla f \cdot d\alpha \\ &= f(\alpha(1)) - f(\alpha(0)) \\ &= \frac{1}{4}.\end{aligned}$$

□

(2) 곡면적분

가장 많이 응용하는 면적분의 하나인 유량에 관하여 설명해보기로 하자. 유체와 같은 흐름을 나타내는 속도벡터장 **F**가 단위시간당 주어진 곡면을 통과하는 유량(flux)을 계산하는 방법을 생각해보자. 넓이 ΔS를 갖는 곡면의 작은 조각의 한 점 P에서 유체의 속도는 **F**(P)이다. 곡면의 단위법벡터장을 **n**이라 하면, 점 P에서 조각의 단위법벡터는 **n**(P)이다. 따라서 그림 4.22에서와 같이 단위시간당 조각을 지나는 유량의 근삿값은 **F**(P) · **n**(P)dS이다.

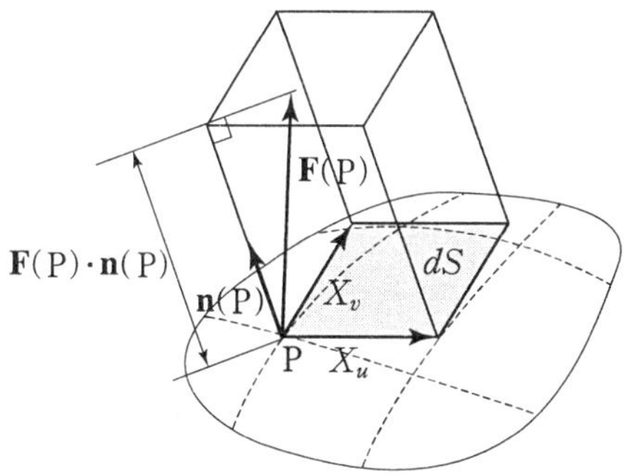

그림 4.22

따라서 단위법벡터장 **n**을 갖는 유향곡면 M에 정의된 벡터장 **F**에 대하여 적분 $\iint_M \mathbf{F} \cdot \mathbf{n}\,dS$가 단위시간당 곡면 M를 지나는 전유량(total flux)을 의미한다.

이미 언급한 표기방법인 $d\mathbf{S}=\mathbf{X}_u\times\mathbf{X}_v\,du\,dv$, $dS=\|d\mathbf{S}\|$, $dS=\mathbf{n}\cdot d\mathbf{S}$를 이용하여 전유량을 다음과 같이 다양하게 나타낼 수 있다.

$$\iint_M \mathbf{F}\cdot\mathbf{n}\,dS,\ \iint_M \mathbf{F}\cdot d\mathbf{S},\ \iint_R \mathbf{F}\cdot\mathbf{X}_u\times\mathbf{X}_v\,du\,dv$$

벡터장에 의하여 곡면을 통과하는 유체의 전유량의 의미로 해석되는 이 적분을 다음과 같이 정의한다.

정의 4.6 Surface Integral of a Vector Field

단위법벡터장 $\mathbf{n}$을 갖는 유향곡면 $M=\boldsymbol{X}(R)$에 정의된 벡터장 $\mathbf{F}$에 대하여 다음의 적분을 벡터장 $\mathbf{F}$의 곡면적분이라 한다.

$$\iint_M \mathbf{F}\cdot\mathbf{n}\,dS=\iint_M \mathbf{F}\cdot d\mathbf{S}=\iint_R \mathbf{F}\cdot\mathbf{X}_u\times\mathbf{X}_v\,du\,dv$$

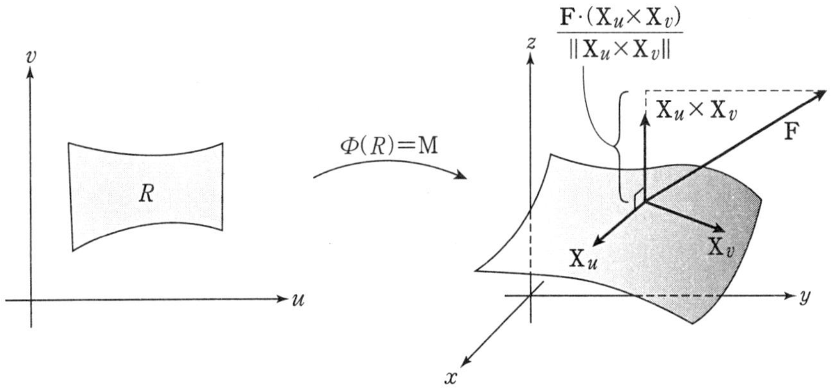

그림 4.23

예제 24 곡면 M이 단위구면일 때, 위치벡터장 $\mathbf{F}(x, y, z)=x\boldsymbol{i}+y\boldsymbol{j}+z\boldsymbol{k}$에 대하여 곡면적분 $\iint_M \mathbf{F}\cdot d\mathbf{S}$를 계산하라.

풀이 구면 M의 매개변수함수 $\mathbf{X}: D=[0, 2\pi]\times[0, \pi]\to\mathbb{R}^3$와 편도함수는 다음과 같다.

$$\mathbf{X}(u,\ v) = (\sin v \cos u,\ \sin v \sin u,\ \cos v),$$
$$\mathbf{X}_u = (-\sin v \sin u)\boldsymbol{i} + (\sin v \cos u)\boldsymbol{j},$$
$$\mathbf{X}_v = (\cos u \cos v)\boldsymbol{i} + (\sin u \cos v)\boldsymbol{j} - (\sin v)\boldsymbol{k}$$

그리고

$$\begin{aligned}
\mathbf{X}_u \times \mathbf{X}_v &= (-\sin^2 v \cos u)\boldsymbol{i} - (\sin^2 v \sin u)\boldsymbol{j} - (\sin v \cos v)\boldsymbol{k},\\
\mathbf{F} \cdot (\mathbf{X}_u \times \mathbf{X}_v) &= (x\boldsymbol{i} + y\boldsymbol{j} + z\boldsymbol{k}) \cdot (\mathbf{X}_u \times \mathbf{X}_v)\\
&= [(\cos u \sin v)\boldsymbol{i} + (\sin u \sin v)\boldsymbol{j} + (\cos v)\boldsymbol{k}] \cdot\\
&\quad (-\sin v)[(\sin v \cos tu)\boldsymbol{i} + (\sin v \sin u)\boldsymbol{j} + (\cos v)\boldsymbol{k}]\\
&= (-\sin v)(\sin^2 v \cos^2 u + \sin^2 v \sin^2 u + \cos^2 v)\\
&= -\sin v.
\end{aligned}$$

그러므로

$$\begin{aligned}
\iint_{\mathrm{M}} \mathbf{F} \cdot d\mathbf{S} &= \iint_R -\sin v\, dv\, du\\
&= \int_0^{2\pi} (-2)\, du\\
&= -4\pi.
\end{aligned}$$

□

곡면 M이 $R \subset \mathbb{R}^2$에서 정의된 2변수함수 M : $z = f(x,\ y)$의 그래프라면 곡면적분은 다음과 같이 표현된다.

$$\iint_{\mathrm{M}} \mathbf{F} \cdot d\mathbf{S} = \iint_R \mathbf{F} \cdot \mathbf{n} \frac{dx\, dy}{|\cos \gamma|}$$

예제 25 $(1,\ 0,\ 0)$, $(0,\ 2,\ 0)$, $(0,\ 0,\ 3)$을 꼭짓점으로 하는 삼각형 위에서 벡터장 $\mathbf{F} = x^2\boldsymbol{i} + xy\boldsymbol{j} + xz\boldsymbol{k}$의 곡면적분을 구하라. 단, 원점에서 멀리 떨어지는 방향을 삼각형의 양의 방향으로 한다.

풀이 삼각형이 놓여 있는 평면의 방정식은 $6x + 3y + 2z - 6 = 0$이므로 삼각형 곡면 M은 영역 $R = \{(x,\ y) \mid 0 \le x \le 1,\ 0 \le y \le 2 - 2x\}$에서

정의된 2변수함수 $z=-3x-\frac{3}{2}y+3$ 의 그래프이다. M의 단위법벡터는 $\mathbf{n}=\frac{6}{7}\boldsymbol{i}+\frac{3}{7}\boldsymbol{j}+\frac{2}{7}\boldsymbol{k}$이므로

$$\mathbf{F}\cdot\mathbf{n}=\frac{6}{7}x^2+\frac{3}{7}xy+\frac{2}{7}xz,$$

$$\cos\gamma=\mathbf{n}\cdot\boldsymbol{k}=\frac{2}{7}.$$

따라서

$$\begin{aligned}\iint_{\mathrm{M}}\mathbf{F}\cdot d\mathbf{S}&=\int_0^1\int_0^{2-2x}\frac{7}{2}\left(\frac{6}{7}x^2+\frac{3}{7}xy+\frac{2}{7}xz\right)dy\,dx\\&=\int_0^1\int_0^{2-2x}\left(3x^2+\frac{3}{2}xy+xz\right)dy\,dx\\&=\int_0^1\int_0^{2-2x}3x\,dy\,dx\\&=\int_0^1 3x(2-2x)dx=1.\end{aligned}$$

□

연습문제 4.2

1. $\mathbf{F}=(3x^2+6y)\boldsymbol{i}-14yz\boldsymbol{j}+20xz^2\boldsymbol{k}$라 하자. $(0, 0, 0)$에서 $(1, 1, 1)$까지 다음의 경로 α를 따라 $\int_C \mathbf{F}\cdot d\alpha$를 계산하라.

   (1) $x=t,\ y=t^2,\ z=t^3$

   (2) $(0, 0, 0)$에서 $(1, 0, 0)$, $(1, 1, 0)$, $(1, 1, 1)$을 차례로 잇는 선분들

   (3) $(0, 0, 0)$과 $(1, 1, 1)$을 연결하는 선분

2. $t=1$에서 $t=2$까지의 곡선 $x=t^2+1$, $y=2t^2$, $z=t^3$을 따라 $\mathbf{F}=3xy\boldsymbol{i}-5z\boldsymbol{j}+10x\boldsymbol{k}$로 주어진 힘으로 한 입자를 움직이기 위한 일의 전량을 구하라.

3. $\mathbf{F}=3xy\boldsymbol{i}-y^2\boldsymbol{j}$일 때, $\int_C \mathbf{F}\cdot d\mathbf{s}$의 값을 구하라. (단, C는 $(0, 0)$에서 $(1, 2)$까지의 평면곡선 $y=2x^2$이다.)

4. xy평면의 원 $C: x^2+y^2=9$를 따라 다음의 힘 $\mathbf{F}$로 한 입자를 한 바퀴 움직이는 일의 전량을 구하라.

$$\mathbf{F}=(2x-y+z)\boldsymbol{i}+(x+y-z^2)\boldsymbol{j}+(3x-2y+4z)\boldsymbol{k}$$

5. 한 물체가 포물선 $y=2x^2$을 따라 벡터장 $\mathbf{F}(x, y)=3xy\boldsymbol{i}+y^2\boldsymbol{j}$의 힘으로 점 $(0, 0)$에서 $(1, 2)$까지 움직인 일의 전량을 구하라.

6. $\iint_{\mathrm{M}} \mathbf{F}\cdot\mathbf{n}\,dS$를 계산하라. 단, $\mathbf{F}=18z\boldsymbol{i}-12\boldsymbol{j}+3y\boldsymbol{k}$이고, $\mathrm{M}=\{(x, y, z)\,|\,2x+3y+6z=12,\ 0\le x, y, z\}$이다.

제5장 적분정리

곡선, 곡면 또는 입체에서의 적분인 선적분, 곡면적분 또는 체적분에 관한 내용을 앞에서 다루었다. 이와 같은 적분을 이용하여 벡터연산자인 발산과 회전에 관한 적분의 중요한 정리인 Green 정리, Stokes 정리, 발산정리를 이 장에서 다루기로 한다. 이 정리들은 물리, 전자기학 등 벡터장과 관련된 여러 분야에서 응용되는 중요한 도구이다.

5.1 평면에서의 적분정리

(1) Green 정리

Green 정리는 평면에서 단순 폐곡선을 따라 선적분한 것과 이 곡선에 의해 둘러싸인 평면의 영역에서의 중적분 사이의 관계를 보여준다.

정리 5.1 Green Theorem

평면에서 단순 폐곡선 ∂R에 의해 둘러싸인 영역 R에서 정의된 C^1 함수 P, Q에 대하여

$$\int_{\partial R} P\,dx + Q\,dy = \iint_R \left(\frac{\partial Q}{\partial x} - \frac{\partial P}{\partial y} \right) dx\,dy.$$

여기서, ∂R는 양의 방향성을 갖는다.

증명 평면에서 유계인 영역은 다양한 형태를 갖는다. 먼저 간단한 형태의 폐곡선에 대하여 Green 정리가 성립함을 보이고, 이를 이용하여 단순 폐곡선에 대하여 성립함을 보이기로 한다. 평면에서 유계인 영역 R의 양의 방향성인 경계를 ∂R라 하고, 먼저 간단한 형태의 폐곡선에 대하여 생각해보자.

(I) 그림 5.1과 같이 각 축에 대하여 2개의 함수 그래프에 의해 영역의 경계가 구성되어 있는 경우를 생각해보자.

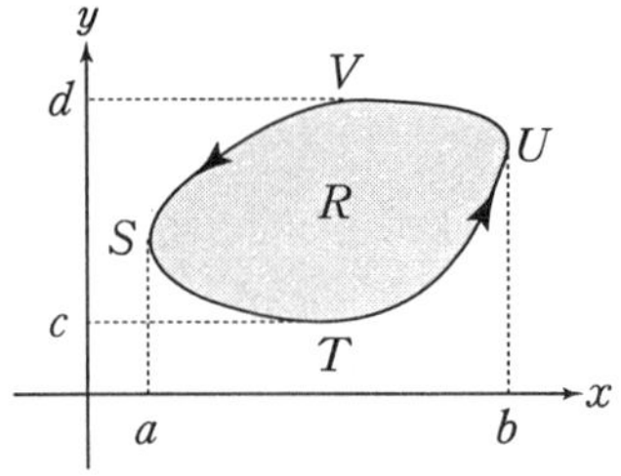

그림 5.1

① x축의 구간 $[a,\ b]$에서의 경계선:
아랫부분의 곡선 STU를 그래프로 하는 함수 $y = y_1(x)$
윗부분의 곡선 SVU를 그래프로 하는 함수 $y = y_2(x)$

② y축의 구간 $[c,\ d]$에서의 경계선:
왼쪽의 곡선 TSV를 그래프로 하는 함수 $x = x_1(y)$
오른쪽의 곡선 TUV를 그래프로 하는 함수 $x = x_2(y)$

주어진 영역 R에서 정의된 두 함수 $P(x,\ y)$, $Q(x,\ y)$가 연속인 편도함수를 가질 때, 다음과 같은 폐곡선 ∂R에서의 선적분을 생각해보자.

$$\int_{\partial R} P\,dx + Q\,dy$$

(1) 선적분 $\int_{\partial R} P\,dx$를 계산하기 위하여 ①과 같이 x축의 구간 $[a,\ b]$에서의 경계선 아랫부분의 곡선 STU를 그래프로 하는 함수를 $y = y_1(x)$라 하고, 윗부분의 곡선 SVU를 그래프로 하는 함수를 $y = y_2(x)$라 하자. 이중적분을 이용하여 선적분을 계산하면 다음과 같다.

$$\begin{aligned}\int_{\partial R} P dx &= \int_a^b P(x,\ y_1(x))dx + \int_b^a P(x,\ y_2(x))dx \\ &= \int_a^b (P(x,\ y_1(x)) - P(x,\ y_2(x))dx \\ &= -\int_a^b \int_{y_1(x)}^{y_2(x)} \frac{\partial P}{\partial y}\,dy\,dx = -\iint_R \frac{\partial P}{\partial y}\,dx\,dy\end{aligned}$$

(2) 선적분 $\int_{\partial R} Q dy$를 계산하기 위하여 ②와 같이 y축의 구간 $[c, d]$에서의 경계선 왼쪽의 곡선 TSV를 그래프로 하는 함수를 $x = x_1(y)$라 하고, 오른쪽의 곡선 TUV를 그래프로 하는 함수를 $x = x_2(y)$라 하자. 이중적분을 이용하여 선적분을 계산하면 다음과 같다.

$$\begin{aligned}\int_{\partial R} Q dx &= \int_d^c Q(x_1(y),\ y)dy + \int_c^d Q(x_2(y),\ y)dy \\ &= \int_c^d (Q(x_2(y),\ y) - Q(x_1(y),\ y)dy \\ &= \int_c^d \int_{x_1(y)}^{x_2(y)} \frac{\partial Q}{\partial x} dx dy = \iint_R \frac{\partial Q}{\partial x} dx dy\end{aligned}$$

따라서 두 식을 더하면 다음과 같은 선적분과 이중적분의 관계식을 얻는다.

$$\int_{\partial R} P dx + Q dy = \iint_R \left(\frac{\partial Q}{\partial x} - \frac{\partial P}{\partial y} \right) dx\, dy$$

이 식은 영역의 경계를 간단한 형태로 가정하였다. 즉, 경계의 상하 또는 좌우의 곡선을 함수의 그래프로 볼 수 있는 경우이다.

(Ⅱ) 간단한 형태의 단순 폐곡선에 대한 Green 정리인 (Ⅰ)을 이용하여 일반적인 단순 폐곡선에 의하여 둘러싸인 영역에서 Green 정리가 성립함을 보이기 위해 그림 5.2와 같은 임의의 단순 폐곡선을 생각해보자.

이 그림의 영역에서의 경계는 단순 폐곡선으로서 각 영역의 좌우와 상하가 각각 $x = x_i(y)$, $y = y_i(x)$의 함수 형태로 표현될 수 있도록 6개의 소영역으로 나눔으로써 각 영역에 대하여 (Ⅰ)을 적용할 수 있다. 이와 같은 방법으로, 단순 폐곡선에 의하여 둘러싸인 임의의 평면 영역 R을 (Ⅰ)에서 언급한 모양의 여러 개의 간단한 단순 폐곡선들에 의하여 둘러싸인 평면의 영역들 $R_i\ (i = 1, \cdots, n)$로 나타낼 수 있다. 즉, 각 영역의 경계선이 각 좌표축에 평행한 직선과 기껏해야 두 점에서

만나도록 영역을 나눌 수 있다. 방향성이 반대인 곡선에서의 선적분은 적분값의 부호가 반대이므로, (I)의 결과를 적용하면

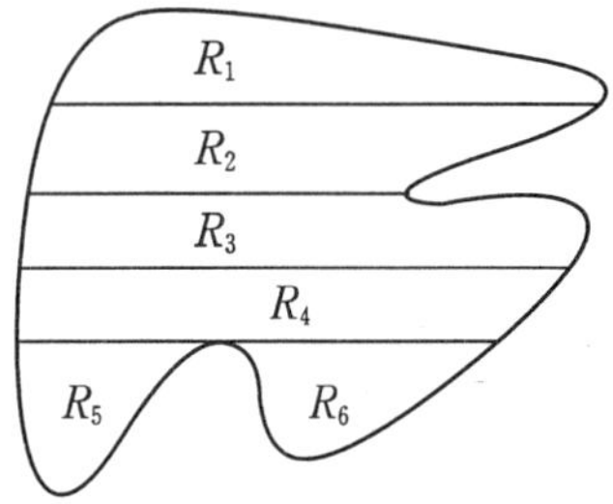

그림 5.2

$$\iint_R \left(\frac{\partial Q}{\partial x} - \frac{\partial P}{\partial y}\right) dx\,dy = \sum_{i=1}^{n} \iint_{R_i} \left(\frac{\partial Q}{\partial x} - \frac{\partial P}{\partial y}\right) dx\,dy$$
$$= \sum_{i=1}^{n} \int_{\partial R_i} P\,dx + Q\,dy$$
$$= \int_{\partial R} P\,dx + Q\,dy$$

그러므로 단순 폐곡선을 경계로 하는 평면 영역에 대하여 Green 정리가 성립한다. □

예제 1 $P(x, y) = x$, $Q(x, y) = xy$에 대하여 Green 정리가 성립함을 보여라. 여기서, 영역 R은 단위원을 포함하는 내부영역인 $x^2 + y^2 \le 1$이다.

풀이 단위원인 ∂R을 매개방정식 $x = \cos t$, $y = \sin t\ (0 \le t \le 2\pi)$로 표현하면,

$$\int_{\partial R} P dx + Q dy = \int_0^{2\pi} [(\cos t)(-\sin t) + \cos t \sin t \cos t] dt$$
$$= \left[\frac{\cos^2 t}{2}\right]_0^{2\pi} + \left[-\frac{\cos^3 t}{3}\right]_0^{2\pi}$$
$$= 0\,.$$

한편,

$$\iint_R \left(\frac{\partial Q}{\partial x} - \frac{\partial P}{\partial y}\right) dx\,dy = \iint_R y\,dx\,dy = \int_{-1}^{1}\left(\int_{-\sqrt{1-y^2}}^{\sqrt{1-y^2}} y\,dx\right)dy = 0$$

이므로 Green 정리가 성립한다. □

주 하나의 단순 폐곡선을 경계로 하는 평면 영역에 대하여 Green 정리가 성립함을 보였다. 그러나 그림 5.3과 같이 여러 개의 단순 폐곡선에 의하여 둘러싸인 영역에 대해서도 이 정리가 성립함을 그림에서 쉽게 알 수 있다.

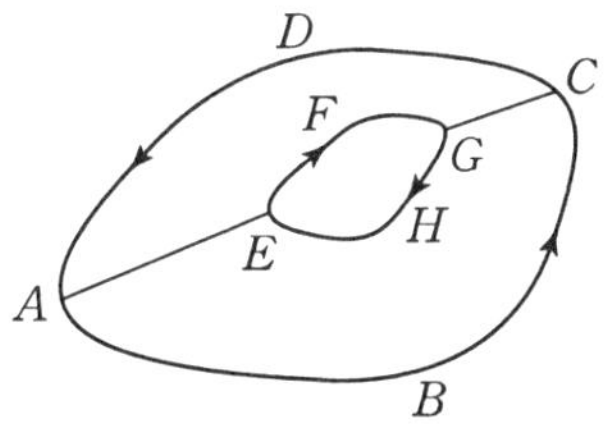

그림 5.3

즉, 이 그림은 방향성을 갖는 2개의 단순 폐곡선 $ABCD$와 $EFGH$에 의해 둘러싸인 영역 R을 2개의 영역인 $R_1 : AEFGCD$와 $R_2 : ABCGHE$로 나누어 생각할 수 있다. 이들 각각은 앞에서 언급한 Green 정리를 적용할 수 있는 영역이므로,

$$\begin{aligned}
&\iint_R \left(\frac{\partial Q}{\partial x} - \frac{\partial P}{\partial y}\right) dx\,dy \\
&= \iint_{R_1} \left(\frac{\partial Q}{\partial x} - \frac{\partial P}{\partial y}\right) dx\,dy + \iint_{R_2} \left(\frac{\partial Q}{\partial x} - \frac{\partial P}{\partial y}\right) dx\,dy \\
&= \int_{\partial R_1} P\,dx + Q\,dy + \int_{\partial R_2} P\,dx + Q\,dy \\
&= \int_{\partial R} P\,dx + Q\,dy.
\end{aligned}$$

평면에서의 Green 정리를 이용하여 단순 폐곡선에 의하여 둘러싸인 영역의 넓이를 경계곡선의 선적분에 의하여 다음과 같이 구할 수 있다.

정리 5.2

평면의 단순 폐곡선에 의하여 둘러싸인 영역 R의 넓이 A는 다음과 같다.

$$A = \frac{1}{2}\int_{\partial R} x\,dy - y\,dx$$

증명 Green 정리에서의 2변수함수 P, Q를 다음과 같이 정의하자.

$$P(x,\ y) = -y,\ \ Q(x,\ y) = x$$

이 함수를 Green 정리에 적용하면,

$$\frac{1}{2}\int_{\partial R} xdy - ydx = \frac{1}{2}\iint_R \left(\frac{\partial x}{\partial x} - \frac{\partial(-y)}{\partial y}\right)dx\,dy$$

$$= \frac{1}{2}\iint_R (1+1)dxdy = \iint_R dxdy = A\,. \qquad \square$$

예제 2 $x^{2/3} + y^{2/3} = a^{2/3}\ (a > 0)$에 의해 정의된 곡선으로 둘러싸인 영역의 넓이를 매개변수 $x = a\cos^3\theta$, $y = a\sin^3\theta\ (0 \le \theta \le 2\pi)$를 이용하여 구하라.

풀이 삼각함수 공식

$$\cos^2\theta + \sin^2\theta = 1,\ \sin 2\theta = 2\sin\theta\cos\theta,\ \sin^2\theta = (1-\cos 2\theta)/2,$$
$$\cos^2\theta = (1+2\cos 2\theta)/2$$

를 이용하면,

$$A = \frac{1}{2}\int_{\partial R} xdy - ydx$$

$$= \frac{1}{2}\int_0^{2\pi} [(a\cos^3\theta)(3a\sin^2\theta\cos\theta) - (a\sin^3\theta)(-3a\cos^2\theta\sin\theta)]d\theta$$

$$= \frac{3}{2}a^2\int_0^{2\pi} (\sin^2\theta\cos^4\theta + \cos^2\theta\sin^4\theta)d\theta$$

$$= \frac{3}{2}a^2\int_0^{2\pi} \sin^2\theta\cos^2\theta\,d\theta$$

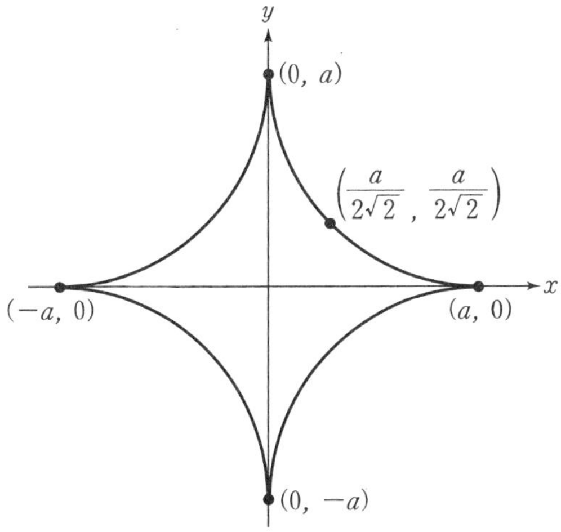

그림 5.4

$$= \frac{3}{8}a^2 \int_0^{2\pi} \sin^2 2\theta \, d\theta$$

$$= \frac{3}{8}a^2 \int_0^{2\pi} \left(\frac{1 - \cos 4\theta}{2} \right) d\theta$$

$$= \frac{3}{8}\pi a^2 . \qquad \square$$

(2) Green 정리의 벡터형식

앞에서 언급한 Green 정리는 평면에서 정의된 두 함수 P, Q에 대하여 영역에서의 적분과 경계곡선에서의 적분에 관한 정리이다. 이 정리는 회전연산자와 발산연산자에 의하여 각각 두 가지의 벡터 형태로 나타낼 수 있다.

Green 정리에서 주어진 두 함수 P, Q에 의하여 정의되는 벡터장 $\mathbf{F} = P\boldsymbol{i} + Q\boldsymbol{j}$를 $\boldsymbol{k}$ 성분이 0인 공간의 벡터장으로 생각하면

$$\int_{\partial R} P\,dx + Q\,dy = \int_{\partial R} \mathbf{F} \cdot d\boldsymbol{s}$$

$$\frac{\partial Q}{\partial x} - \frac{\partial P}{\partial y} = \operatorname{curl} \mathbf{F} \cdot \boldsymbol{k}$$

따라서 회전연산자를 이용하여 Green 정리를 다음과 같이 벡터 형태로 나타낼 수 있다.

정리 5.3 Vector Form of Green's Theorem

Green 정리가 성립하는 평면의 영역 $R \subset \mathbb{R}^2$에서 정의된 C^1 벡터장 $\mathbf{F} = P\boldsymbol{i} + Q\boldsymbol{j}$에 대하여

$$\int_{\partial R} \mathbf{F} \cdot d\boldsymbol{s} = \iint_R \operatorname{curl} \mathbf{F} \cdot \boldsymbol{k} dS.$$

예제 3 곡선 $y = x^2$ 그리고 $y = x$에 의해 둘러싸인 제1사분면 영역 위에서 정의된 벡터장 $\mathbf{F}(x, y) = xy^2\boldsymbol{i} + (y+x)\boldsymbol{j}$에 대하여 $\operatorname{curl}\mathbf{F} \cdot \boldsymbol{k}$를 적분하라.

풀이 방법 1. $\operatorname{curl}\mathbf{F} = \left(0, 0, \dfrac{\partial F_2}{\partial x} - \dfrac{\partial F_1}{\partial y}\right) = (1 - 2xy)\boldsymbol{k}$이므로

$$\operatorname{curl}\mathbf{F} \cdot \boldsymbol{k} = 1 - 2xy.$$

이 함수를 영역 $R = \{(x, y) \mid 0 \le x \le 1,\ x^2 \le y \le x\}$에서 정적분하면

$$\begin{aligned}\iint_D \operatorname{curl}\mathbf{F} \cdot \boldsymbol{k}\, dx\, dy &= \int_0^1 \int_{x^2}^x (1 - 2xy)dy\, dx \\ &= \int_0^1 [y - xy^2]_{x^2}^x dx \\ &= \int_0^1 [x - x^3 - x^2 + x^5]dx \\ &= \frac{1}{12}.\end{aligned}$$

방법 2. 정리 5.3을 이용하여 적분값을 구해보자. $(1, 1)$에서 $(0, 0)$으로 곡선 $y = x$를 따라 $\mathbf{F}$의 선적분은

$$\int_1^0 F_1 dx + F_2 dy = \int_1^0 (x^3 + 2x)dx = -\frac{5}{4}$$

이고, $(0, 0)$에서 $(1, 1)$로 곡선 $y = x^2$을 따라 $\mathbf{F}$의 선적분은

$$\int_0^1 F_1 dx + F_2 dy = \int_0^1 x^5 dx + (x + x^2)(2x dx) = \frac{4}{3}$$

이므로, R의 경계를 따라 $\mathbf{F}$의 선적분은

$$\int_{\partial R} \mathbf{F} \cdot d\boldsymbol{s} = \frac{4}{3} - \frac{5}{4} = \frac{1}{12}.$$

따라서 정리 5.3에 의하여

$$\iint_R \mathrm{curl}\mathbf{F} \cdot \boldsymbol{k}\, ds = \frac{1}{12}. \qquad \square$$

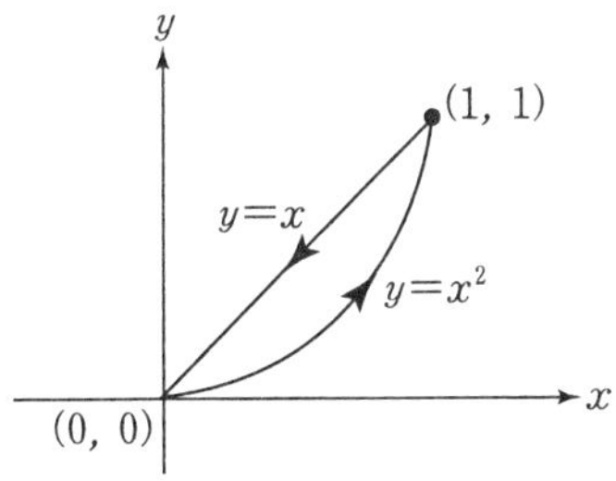

그림 5.5

평면에서의 Green 정리를 회전연산자를 이용하여 벡터 형태로 나타낸 것과 마찬가지로 발산연산자를 이용하여 Green 정리를 나타내는 방법을 생각해보자.

평면에서의 영역 R의 경계곡선인 ∂R를 양의 방향성을 갖도록 매개변수로 다음과 같이 표현하자.

$$\alpha(t) = (x(t),\ y(t)), \quad a \le t \le b$$

이 곡선의 접선에 수직이면서 영역의 바깥쪽으로의 단위벡터를 $\mathbf{n}$이라 하면 다음과 같다.

$$\mathbf{n} = \frac{(y'(t), -x'(t))}{\sqrt{x'(t)^2 + y'(t)^2}}$$

한편, 영역 R에서 정의되는 벡터장 $\mathbf{F} = P\boldsymbol{i} + Q\boldsymbol{j}$에 대하여 Green 정리와 $d\boldsymbol{s} = \alpha'(t)\,dt = (x'(t),\ y'(t))\,dt$를 이용하면

$$
\begin{aligned}
\iint_R \operatorname{div}\mathbf{F}\,dS &= \iint_R \left(\frac{\partial P}{\partial x}+\frac{\partial Q}{\partial y}\right)dx\,dy \\
&= \int_{\partial R} P\,dy - Q\,dx \\
&= \int_a^b [P(x(t),\ y(t))y'(t) - Q(x(t),\ y(t))x'(t)]\,dt \\
&= \int_a^b \frac{P(x(t),\ y(t))y'(t) - Q(x(t),\ y(t))x'(t)}{\sqrt{x'(t)^2+y'(t)^2}}\sqrt{x'(t)^2+y'(t)^2}\,dt \\
&= \int_{\partial R} \mathbf{F}\cdot\mathbf{n}\,ds
\end{aligned}
$$

따라서 발산연산자에 의한 Green 정리의 벡터 형태는 다음과 같다.

정리 5.4 Vector Form of Green's Theorem

Green 정리가 성립되는 평면 영역 $R \subset \mathbb{R}^2$의 경계곡선의 접선에 수직이며 영역 밖으로의 단위벡터를 $\mathbf{n}$이라 하자. 이 영역에서 정의된 C^1 벡터장 $\mathbf{F} = P\boldsymbol{i} + Q\boldsymbol{j}$에 대하여

$$
\int_{\partial R} \mathbf{F}\cdot\mathbf{n}\,ds = \iint_R \operatorname{div}\mathbf{F}\,dS
$$

예제 4 단위정사각형으로 둘러싸인 영역 R에서 정의된 벡터장 $\mathbf{F} = y^3\boldsymbol{i} + x^5\boldsymbol{j}$에 대하여 $\int_{\partial R} \mathbf{F}\cdot\mathbf{n}ds$를 구하라.

풀이 $\operatorname{div}\mathbf{F} = 0$ 이므로 정리 5.4에 의하여,

$$
\int_{\partial R} \mathbf{F}\cdot\mathbf{n}ds = \iint_R \operatorname{div}\mathbf{F}\,dS = 0\,. \qquad \square
$$

연습문제 5.1

1. $\int_{\partial R}(xy+y^2)dx+x^2dy$를 이용하여 Green 정리가 성립함을 보여라. 단, R은 $y=x$와 $y=x^2$에 의해 유계된 영역이다.

2. 타원 $x=a\cos\theta$, $y=b\sin\theta$의 내부 넓이를 구하라.

3. $\int_{\partial R}(y-\sin x)dx+\cos x\,dy$ 값을 계산하라. 단, R은 다음 그림의 삼각형 내부이다.
   (1) 직접 계산
   (2) 평면에서의 Green 정리 사용

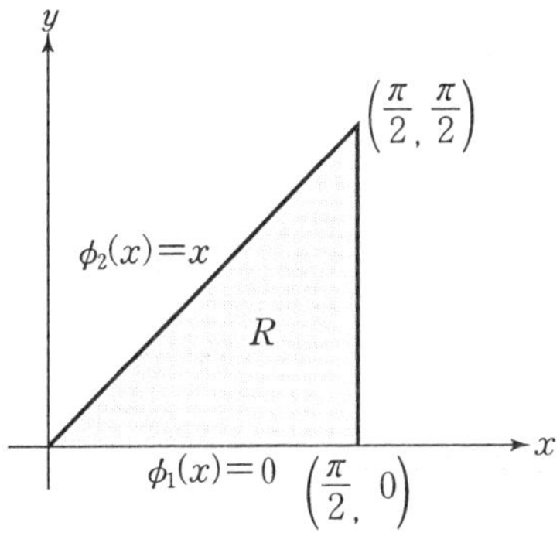

4. $R=\{(x, y)|0\le x\le 1, 1\le y\le 3\}$에 대하여 $\int_{\partial R}xy\,dx+(x-y)dy$를 계산하라.

5. $\mathbf{F}(x, y)=\dfrac{-y\boldsymbol{i}+x\boldsymbol{j}}{x^2+y^2}$일 때 원점을 둘러싸는 모든 단순 폐곡선 $C:\alpha(t)=x(t)\boldsymbol{i}+y(t)\boldsymbol{j}$에 대하여 $\int_C \mathbf{F}\cdot d\alpha=2\pi$임을 보여라.

6. 중심이 원점 $(0, 0)$이고 반지름이 a인 원판영역 R에 대하여, 다음 함수들에 대한 Green 정리가 성립함을 보여라.

(1) $P(x, y) = yx^2, \quad Q(x, y) = -xy^2$

(2) $P(x, y) = x + y, \quad Q(x, y) = -y$

(3) $P(x, y) = xy, \quad Q(x, y) = x$

(4) $P(x, y) = y, \quad Q(x, y) = x$

5.2 공간에서의 적분정리

(1) Stokes 정리

평면곡선에 의하여 둘러싸인 영역에서의 Green 정리가 회전연산자를 이용한 적분정리로 나타내었다. 이 정리를 공간곡선에 의하여 둘러싸인 곡면영역에서의 적분정리로 일반화시킨 Stokes 정리는 다음과 같다.

정리 5.5 Stokes Theorem

공간에서 단순 폐곡선 ∂M에 의해 둘러싸인 유향곡면 M에서 정의된 C^1 벡터장 $\mathbf{F}$에 대하여

$$\iint_{\mathrm{M}} \operatorname{curl} \mathbf{F} \cdot d\mathbf{S} = \int_{\partial \mathrm{M}} \mathbf{F} \cdot d\boldsymbol{s}$$

여기서, ∂M은 곡면 M의 양의 방향성을 갖는 경계곡선이다.

증명 이해를 돕기 위해 다음과 같이 두 단계로 구분하여 정리를 증명한다.

(I) 곡면 M이 C^1 함수 $z=f(x, y)$, $(x, y) \in R \subset \mathbb{R}^2$의 그래프인 경우, 즉

$$\mathrm{M}=\{(x, y, f(x, y)) \mid (x, y) \in R \subset \mathbb{R}^2\}$$

에 대하여 먼저 Stokes 정리가 성립함을 증명해보자.

벡터장 $\mathbf{F}=F_1\boldsymbol{i}+F_2\boldsymbol{j}+F_3\boldsymbol{k}$에 대하여

$$\operatorname{curl} \mathbf{F}=\left(\frac{\partial F_3}{\partial y}-\frac{\partial F_2}{\partial z}\right)\boldsymbol{i}+\left(\frac{\partial F_1}{\partial z}-\frac{\partial F_3}{\partial x}\right)\boldsymbol{j}+\left(\frac{\partial F_2}{\partial x}-\frac{\partial F_1}{\partial y}\right)\boldsymbol{k}.$$

주어진 곡면을 다음과 같이 매개변수로 표현하자.

$$\mathbf{X}=\mathbf{X}(x, y)=(x, y, f(x, y)), \quad (x, y) \in R$$

이 매개변수표현에 의하여

$$\begin{aligned} d\mathbf{S} &= \frac{\partial \mathbf{X}}{\partial x}dx \times \frac{\partial \mathbf{X}}{\partial y}dy \\ &= \left(-\frac{\partial f}{\partial x},\ -\frac{\partial f}{\partial y},\ 1\right)dxdy \end{aligned}$$

그러므로

$$\begin{aligned} &\iint_{\mathrm{M}} \mathrm{curl}\,\mathbf{F} \cdot d\mathbf{S} \\ &= \iint_R \left[\left(\frac{\partial F_3}{\partial y} - \frac{\partial F_2}{\partial z}\right)\left(-\frac{\partial f}{\partial x}\right) + \left(\frac{\partial F_1}{\partial z} - \frac{\partial F_3}{\partial x}\right)\left(-\frac{\partial f}{\partial y}\right) + \left(\frac{\partial F_2}{\partial x} - \frac{\partial F_1}{\partial y}\right)\right] dx\,dy \end{aligned}$$

한편, $dz = \dfrac{\partial f}{\partial x}dx + \dfrac{\partial f}{\partial y}dy$이므로

$$\begin{aligned} \int_{\partial \mathrm{M}} \mathbf{F} \cdot d\mathbf{S} &= \int_{\partial \mathrm{M}} F_1\,dx + F_2\,dy + F_3\,dz \\ &= \int_{\partial \mathrm{M}} \left(F_1 + F_3\frac{\partial f}{\partial x}\right)dx + \left(F_2 + F_3\frac{\partial f}{\partial y}\right)dy \end{aligned}$$

R는 평면의 영역이므로 Green 정리와 연쇄법칙을 적용하면

$$\begin{aligned} &\int_{\partial \mathrm{M}} \mathbf{F} \cdot d\mathbf{s} \\ &= \iint_R \left[\frac{\partial(F_2 + F_3\,\partial f/\partial y)}{\partial x} - \frac{\partial(F_1 + F_3\,\partial f/\partial x)}{\partial y}\right] dx\,dy \\ &= \iint_R \left[\left(\frac{\partial F_2}{\partial x} + \frac{\partial F_2}{\partial z} \cdot \frac{\partial f}{\partial x} + \frac{\partial F_3}{\partial x} \cdot \frac{\partial f}{\partial y} + \frac{\partial F_3}{\partial z} \cdot \frac{\partial f}{\partial x} \cdot \frac{\partial f}{\partial y} + F_3 \cdot \frac{\partial^2 f}{\partial x \partial y}\right)\right. \\ &\quad \left. - \left(\frac{\partial F_1}{\partial y} + \frac{\partial F_1}{\partial z} \cdot \frac{\partial f}{\partial y} + \frac{\partial F_3}{\partial y} \cdot \frac{\partial f}{\partial x} + \frac{\partial F_3}{\partial z} \cdot \frac{\partial f}{\partial y} \cdot \frac{\partial f}{\partial x} + F_3 \cdot \frac{\partial^2 f}{\partial y \partial x}\right)\right] dxdy \\ &= \iint_{\mathrm{M}} \mathrm{curl}\,\mathbf{F} \cdot d\mathbf{S} \end{aligned}$$

(Ⅱ) M이 일반곡면인 경우, (Ⅰ)의 경우를 만족하는 n개의 곡면 M_i로 분할하여 생각할 수 있다. 즉,

$$\mathrm{M} = \bigcup_{i=1}^{n} \mathrm{M}_i,\ \mathrm{M}_i = \left\{(x,\ y,\ f_i(x,\ y)) \in \mathbb{R}^3 \mid (x,\ y) \in R_i \subset \mathbb{R}^2\right\}$$

이 경우 각 곡면 M_i에 대하여 Stokes 정리가 성립함을 (I)에서 확인하였다. 따라서 (I)의 결과를 이용하면

$$\iint_{M} \operatorname{curl} \mathbf{F} \cdot d\mathbf{S} = \sum_{i=1}^{n} \int_{M_i} \operatorname{curl} \mathbf{F} \cdot d\mathbf{S}$$

$$= \sum_{i=1}^{n} \int_{\partial M_i} \mathbf{F} \cdot d\mathbf{S}$$

$$= \int_{\partial M} \mathbf{F} \cdot d\mathbf{S}.$$

□

예제 5 함수의 그래프인 곡면 M에서 정의된 벡터장 $\mathbf{F} = ye^z\boldsymbol{i} + xe^z\boldsymbol{j} + xye^z\boldsymbol{k}$에 대하여, M의 경계인 유향단순 폐곡선 C를 따라 $\mathbf{F}$의 선적분이 0임을 보여라.

풀이 $\operatorname{curl} \mathbf{F} = \begin{vmatrix} \boldsymbol{i} & \boldsymbol{j} & \boldsymbol{k} \\ \dfrac{\partial}{\partial x} & \dfrac{\partial}{\partial y} & \dfrac{\partial}{\partial z} \\ ye^z & xe^z & xye^z \end{vmatrix} = 0$이므로 Stokes 정리에 의하여

$$\int_{C} \mathbf{F} \cdot d\mathbf{s} = \iint_{M} \operatorname{curl} \mathbf{F} \cdot d\mathbf{s} = 0.$$

그러므로 $\int_{C} \mathbf{F} \cdot d\mathbf{s} = 0$이다. □

(2) 발산정리

평면곡선에 의하여 둘러싸인 영역에서의 Green 정리가 발산연산자를 이용한 적분정리로 나타내었다. 이 정리를 공간곡선에 의하여 둘러싸인 곡면영역에서의 적분정리로 일반화시킨 발산정리는 다음과 같다.

정리 5.6 Gauss's Divergence Theorem

공간의 유향곡면 ∂B에 의해 둘러싸인 영역 B에서 정의된 벡터장 $\mathbf{F}$에 대하여

$$\iiint_{B} \operatorname{div} \mathbf{F}\, dV = \iint_{\partial B} \mathbf{F} \cdot d\mathbf{S} = \iint_{\partial B} \mathbf{F} \cdot \mathbf{n}\, dS$$

여기서, $\mathbf{n}$은 유향곡면 ∂B의 양의 방향인 단위법벡터이다.

증명 벡터장 $\mathbf{F}$를 $\mathbf{F}=F_1\boldsymbol{i}+F_2\boldsymbol{j}+F_3\boldsymbol{k}$라 하면, 좌변의 체적분은

$$\iiint_{\mathrm{B}} \operatorname{div}\mathbf{F}\,dV = \iiint_{\mathrm{B}} \frac{\partial F_1}{\partial x}dV + \iiint_{\mathrm{B}} \frac{\partial F_2}{\partial y}dV + \iiint_{\mathrm{B}} \frac{\partial F_3}{\partial z}dV$$

한편,

$$\begin{aligned}\iint_{\mathrm{B}} \mathbf{F}\cdot\mathbf{n}\,dS &= \iint_{\partial\mathrm{B}} (F_1\boldsymbol{i}+F_2\boldsymbol{j}+F_3\boldsymbol{k})\cdot\mathbf{n}\,dS \\ &= \iint_{\partial\mathrm{B}} F_1\boldsymbol{i}\cdot\mathbf{n}\,dS + \iint_{\partial\mathrm{B}} F_2\boldsymbol{j}\cdot\mathbf{n}\,dS + \iint_{\partial\mathrm{B}} F_3\boldsymbol{k}\cdot\mathbf{n}\,dS\end{aligned}$$

그러므로 발산정리는 다음의 세 가지 등식이 성립함을 의미한다.

$$\iint_{\partial\mathrm{B}} F_1\boldsymbol{i}\cdot\mathbf{n}\,dS = \iiint_{\mathrm{B}} \frac{\partial F_1}{\partial x}dV \qquad (1)$$

$$\iint_{\partial\mathrm{B}} F_2\boldsymbol{j}\cdot\mathbf{n}\,dS = \iint_{\partial\mathrm{B}} \frac{\partial F_2}{\partial y}dV \qquad (2)$$

$$\iint_{\partial\mathrm{B}} F_3\boldsymbol{k}\cdot\mathbf{n}\,dS = \iiint_{\mathrm{B}} \frac{\partial F_3}{\partial z}dV \qquad (3)$$

영역 B를 평면의 닫힌 영역 $D_i\subset\mathbb{R}^2\ (i=1,\ \cdots,\ n)$에서 정의된 2개의 2변수함수의 그래프 $f_{i1}(x,\ y)$, $f_{i2}(x,\ y)$를 아래위 곡면으로 하는 입체 영역 B_i들이 영역들의 면 또는 모서리들로만 인접할 수 있도록 다음과 같이 분할할 수 있다.

$$\mathrm{B}=\bigcup_{i=1}^{n}\mathrm{B}_i$$

$$\begin{aligned}\mathrm{B}_i=\{(x,\ y,\ z)\in\mathbb{R}^3\,|\,&a_i\le x\le b_i,\ g_{i1}(x)\le y\le g_{i2}(x)\\ &f_{i1}(x,\ y)\le z\le f_{i2}(x,\ y),\ (x,\ y)\in R_i\subset\mathbb{R}^2\}\end{aligned}$$

중적분의 성질에 의하여

$$\begin{aligned}\iiint_{\mathrm{B}_i} \frac{\partial F_3}{\partial z}dV &= \iint_{R_i}\left(\int_{f_{i1}(x,y)}^{f_{i2}(x,y)} \frac{\partial F_3}{\partial z}dz\right)dx\,dy \\ &= \iint_{R_i} [F_3(x,\ y,\ f_{i2}(x,\ y)) - F_3(x,\ y,\ f_{i1}(x,\ y))]\,dx\,dy\end{aligned}$$

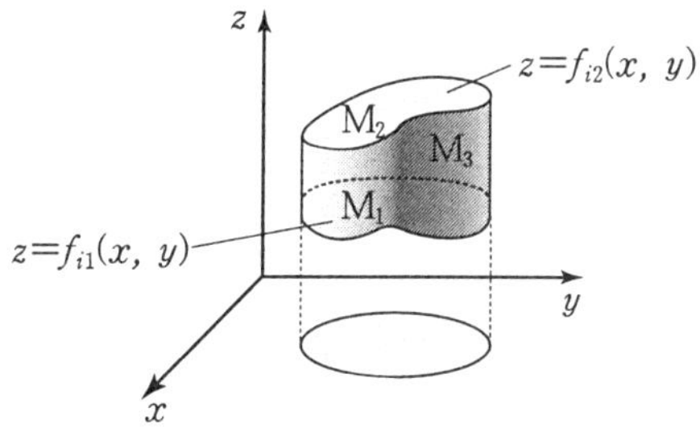

그림 5.6

한편, 유향곡면 $\partial \mathrm{B}_i$는 그림 5.6과 같이 3개의 곡면 $\mathrm{M}_{ij}\ (j=1,\ 2,\ 3)$를 갖는다. 이 가운데 아래 곡면과 위 곡면을 각각 다음과 같이 두자.

$$\mathrm{M}_{i1} : z = f_{i1}(x,\ y)$$
$$\mathrm{M}_{i2} : z = f_{i2}(x,\ y)$$

M_{i1}, M_{i2}를 제외한 옆면은 $\boldsymbol{k}$와 수직인 단위법벡터를 갖는다. 그러므로, M_{i1}, M_{i2}의 단위법벡터를 각각 $\mathbf{n}_{i1}$, $\mathbf{n}_{i2}$라 하면

$$\iint_{\partial \mathrm{B}_i} F_3\,\boldsymbol{k}\cdot\mathbf{n}\,dS = \iint_{\mathrm{M}_{i1}} F_3\,\boldsymbol{k}\cdot\mathbf{n}_{i1}\,dS + \iint_{\mathrm{M}_{i2}} F_3\,\boldsymbol{k}\cdot\mathbf{n}_{i2}\,dS$$

곡면 M_{i1}은 $z = f_{i1}(x,\ y)$의 그래프이므로 영역 밖으로의 단위법벡터는

$$\mathbf{n}_{i1} = \frac{\dfrac{\partial f_{i1}}{\partial x}\boldsymbol{i} + \dfrac{\partial f_{i1}}{\partial y}\boldsymbol{j} - \boldsymbol{k}}{\sqrt{\left(\dfrac{\partial f_{i1}}{\partial x}\right)^1 + \left(\dfrac{\partial f_{i1}}{\partial y}\right)^2 + 1}}$$

이고, 곡면 M_{i2}는 $z = f_{i2}(x,\ y)$의 그래프이므로 영역 밖으로의 단위법벡터는

$$\mathbf{n}_{i2} = -\frac{\dfrac{\partial f_{i2}}{\partial x}\boldsymbol{i} + \dfrac{\partial f_{i2}}{\partial y}\boldsymbol{j} - \boldsymbol{k}}{\sqrt{\left(\dfrac{\partial f_{i2}}{\partial x}\right)^2 + \left(\dfrac{\partial f_{i2}}{\partial y}\right)^2 + 1}}.$$

이 단위법벡터의 $\boldsymbol{k}$성분은

$$\boldsymbol{k}\cdot\mathbf{n}_{i1}=\frac{-1}{\sqrt{\left(\frac{\partial f_{i1}}{\partial x}\right)^2+\left(\frac{\partial f_{i1}}{\partial y}\right)^2+1}}$$

$$\boldsymbol{k}\cdot\mathbf{n}_{i2}=\frac{1}{\sqrt{\left(\frac{\partial f_{i2}}{\partial x}\right)^2+\left(\frac{\partial f_{i2}}{\partial y}\right)^2+1}}$$

이므로,

$$\iint_{\mathrm{M}_{i1}} F_3\,\boldsymbol{k}\cdot\mathbf{n}_{i1}\,dS$$

$$=\iint_{\mathrm{M}_{i1}} F_3(x,\ y,\ f_{i1}(x,\ y))\,\boldsymbol{k}\cdot\mathbf{n}_{i1}\sqrt{\left(\frac{\partial f_{i1}}{\partial x}\right)^2+\left(\frac{\partial f_{i1}}{\partial y}\right)^2+1}\ dx\,dy$$

$$=-\iint_{R_i} F_3(x,\ y,\ f_{i1}(x,\ y))dx\,dy$$

$$\iint_{\mathrm{M}_{i2}} F_3\,\boldsymbol{k}\cdot\mathbf{n}_{i2}\,dS$$

$$=\iint_{\mathrm{M}_{i2}} F_3(x,\ y,\ f_{i2}(x,\ y))\,\boldsymbol{k}\cdot\mathbf{n}_{i2}\sqrt{\left(\frac{\partial f_{i2}}{\partial x}\right)^2+\left(\frac{\partial f_{i2}}{\partial y}\right)^2+1}\ dx\,dy$$

$$=\iint_{R_i} F_3(x,\ y,\ f_{i2}(x,\ y))dx\,dy$$

따라서

$$\iint_{\partial\mathrm{B}_i} F_3\,\boldsymbol{k}\cdot\mathbf{n}\,dS$$

$$=\iint_{\mathrm{M}_{i1}} F_3\,\boldsymbol{k}\cdot\mathbf{n}_{i1}\,dS+\int_{\mathrm{M}_{i2}} F_3\,\boldsymbol{k}\cdot\mathbf{n}_{i2}\,dS$$

$$=\iint_{R_i} F_3(x,\ y,\ f_{i2}(x,\ y))dx\,dy-\iint_{R_i} F_3(x,\ y,\ f_{i1}(x,\ y))dx\,dy$$

$$=\iint_{R_i}\left[F_3(x,\ y,\ f_{i2}(x,\ y))-F_3(x,\ y,\ f_{i1}(x,\ y))\right]dx\,dy$$

$$=\iiint_{\mathrm{B}_i}\frac{\partial F_3}{\partial z}dV$$

나머지 식 (1), (2)도 같은 방법으로 유도할 수 있다.

이 식은 분할 영역 B_i 각각에 대하여 발산정리가 성립함을 의미한다. 그런데 이 영역들 가운데 인접한 두 영역의 공통면은 각 영역에 대하여 방향성이 반대이므로 곡면의 적분값이 상쇄된다. 따라서 인접하지 않는 영역, 즉 영역의 경계면에 대한 곡면적분만 고려하면 되므로

$$\begin{aligned}\iiint_{B} \operatorname{div}\mathbf{F}\,dV &= \sum_{i=1}^{n} \iiint_{B_i} \operatorname{div}\mathbf{F}\,dV \\ &= \sum_{i=1}^{n} \iint_{\partial B_i} \mathbf{F}\cdot\mathbf{n}\,dS \\ &= \iint_{\partial B} \mathbf{F}\cdot\mathbf{n}\,dS. \qquad \square\end{aligned}$$

예제 6 단위구면에 의하여 둘러싸인 영역 B에서 정의된 벡터장 $\mathbf{F} = 2x\boldsymbol{i} + y^2\boldsymbol{j} + z^2\boldsymbol{k}$에 대하여 $\iint_{\partial B} \mathbf{F}\cdot\mathbf{n}\,dS$를 계산하라.

풀이 $\operatorname{div}\mathbf{F} = 2 + 2y + 2z$이므로

$$\begin{aligned}\iiint_{B} (\operatorname{div}\mathbf{F})\,dV &= 2\iiint_{B} (1+y+z)\,dV \\ &= 2\iiint_{B} dV + 2\iiint_{B} y\,dV + 2\iiint_{B} z\,dV\end{aligned}$$

$$\iiint_{B} y\,dV = \iiint_{B} z\,dV = 0, \quad \iiint_{B} dV = \frac{4\pi}{3}$$

발산정리에 의하여

$$\begin{aligned}\iint_{\partial B} \mathbf{F}\cdot\mathbf{n}\,dS &= 2\iiint_{B} (1+y+z)\,dV \\ &= 2\iiint_{B} dV = \frac{8\pi}{3}. \qquad \square\end{aligned}$$

예제 7 발산정리를 이용하여 $\iint_{\partial B} (x^2 + y + z)\,dS$를 계산하라. 여기서, $B : x^2 + y^2 + z^2 \leq 1$이다.

풀이 발산정리를 이용하기 위하여 $\mathbf{F}\cdot\mathbf{n}=x^2+y+z$를 만족하는 B에서의 벡터장 $\mathbf{F}=F_1\boldsymbol{i}+F_2\boldsymbol{j}+F_3\boldsymbol{k}$를 찾아보자. $\partial\mathrm{B}$는 반지름이 1인 구면이므로 점 $(x, y, z)\in\partial\mathrm{B}$에 대하여 $\partial\mathrm{B}$의 외부법벡터 $\mathbf{n}$은 $\mathbf{n}=x\boldsymbol{i}+y\boldsymbol{j}+z\boldsymbol{k}$임을 쉽게 알 수 있다. 한편,

$$F_1x+F_2y+F_3z=\mathbf{F}\cdot\mathbf{n}=x^2+y+z$$

그러므로 $F_1x=x^2$, $F_2y=y$, $F_3z=z$를 만족하는 $F_1=x$, $F_2=1$, $F_3=1$에 의하여 $\mathbf{F}\cdot\mathbf{n}=x^2+y+z$를 만족하는 벡터장은 $\mathbf{F}=x\boldsymbol{i}+\boldsymbol{j}+\boldsymbol{k}$이다. $\mathrm{div}\,\mathbf{F}=1$이므로, 발산정리에 의하여

$$\begin{aligned}\iint_{\partial\mathrm{B}}\mathbf{F}\cdot\mathbf{n}\,dS&=\iiint_{\mathrm{B}}\mathrm{div}\,\mathbf{F}\,dV\\&=\iiint_{\mathrm{B}}dV=\frac{4}{3}\pi.\end{aligned}$$

□

연습문제 5.2

1. Stokes 정리를 이용하여, 평면 $z=2$에서의 단위원 C를 따라 벡터장 $\mathbf{F}(x,\ y,\ z)=(z-2y)\boldsymbol{i}+(3x-4y)\boldsymbol{j}+(z+3y)\boldsymbol{k}$의 선적분 $\int_C \mathbf{F}\cdot d\mathbf{s}$을 계산하라.

2. $\mathbf{F}=(2x-y)\boldsymbol{i}-yz^2\boldsymbol{j}-y^2z\boldsymbol{k}$에 대한 Stokes 정리를 확인하라. 단, $\mathrm{M}=\{(x,\ y,\ z)\mid x^2+y^2+z^2=1,\ z\geq 0\}$이다.

3. 곡면 $\mathrm{M}:\ y=\sqrt{1-x^2-z^2}$에서 정의된 벡터장 $\mathbf{F}=x\boldsymbol{i}+y\boldsymbol{j}+z\boldsymbol{k}$에 대하여 Stokes 정리를 확인하라.

4. $x^2+y^2=4,\ z=0$과 $z=3$으로 유계된 영역에서 정의된 벡터장 $\mathbf{F}=4x\boldsymbol{i}-2y^2\boldsymbol{j}+z^2\boldsymbol{k}$에 대한 발산정리를 확인하라.

5. M이 $x=0,\ x=1,\ y=0,\ y=1$과 $z=0$, 그리고 $z=1$로 둘러싸인 정육면체의 곡면일 때, $\mathbf{F}(x,\ y,\ z)=4xz\boldsymbol{i}-y^2\boldsymbol{j}+yz\boldsymbol{k}$에 대하여 $\iint_{\mathrm{M}} \mathbf{F}\cdot\mathbf{n}\,dS$를 계산하라.

6. $\mathrm{M}=\{(x,\ y,\ z)\mid 2x+3y+6z=12,\ 0\leq x,\ y,\ z\}$일 때, 발산정리를 이용하여 벡터장 $\mathbf{F}(x,\ y,\ z)=18z\boldsymbol{i}-12\boldsymbol{j}+3y\boldsymbol{k}$에 대한 $\iint_{\mathrm{M}} \mathbf{F}\cdot\mathbf{n}\,dS$를 구하라.

7. $\mathrm{B}=[0,\ 1]^3$일 때, 곡면 $\partial\mathrm{B}$ 위에서 다음의 벡터장 $\mathbf{F}$에 대한 곡면적분을 구하라.
   (1) $\mathbf{F}=x\boldsymbol{i}+y\boldsymbol{j}+z\boldsymbol{k}$
   (2) $\mathbf{F}=\boldsymbol{i}+\boldsymbol{j}+\boldsymbol{k}$
   (3) $\mathbf{F}=x^3\boldsymbol{i}+y^3\boldsymbol{j}+z^3\boldsymbol{k}$

참고문헌

[1] 김향숙, 이일룡 & 표용수, 벡터해석기하와 Mathematica, 교우사, 2010.

[2] 이건창, 벡터해석, 경문사, 2005.

[3] 황석윤, 선형변환의 기초, 대구대학교 출판부, 2005.

[4] J. E. Marsden & A. J. Tromba, Vector calculus, Freeman, 2005.

연습문제 풀이

제1장 연습문제

1. (1)

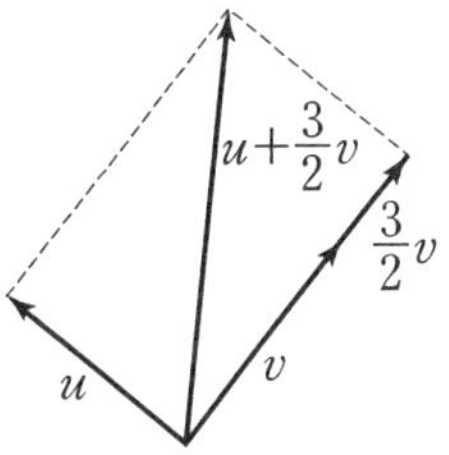

(3)

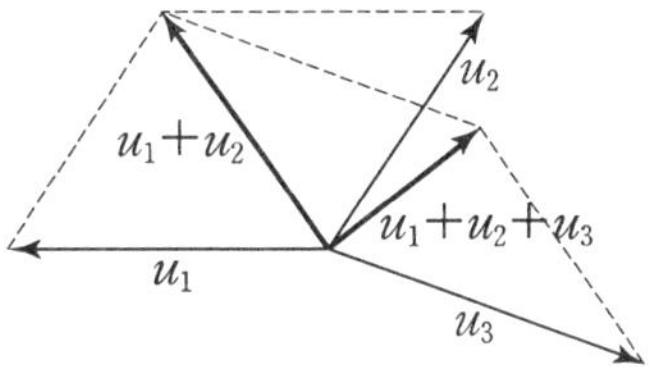

2. $\mathbf{w}=\frac{1}{2}(\mathbf{u}+\mathbf{v})$

3. (1) $\overrightarrow{P_1P_2}=(4-1,\ 5-2)=(3,\ 3)$ $\quad\therefore\ 3e_1+3e_2$

(2) $\overrightarrow{P_1P_2}=(-2-(-1),\ 1-(-3))=(-1,\ 4)$ $\quad\therefore\ -e_1+4e_2$

4. (1) $\frac{[3,\ -4,\ 5]}{\sqrt{3^2+(-4)^2+5^2}}=\left[\frac{3}{\sqrt{50}},\ \frac{-4}{\sqrt{50}},\ \frac{5}{\sqrt{50}}\right]$

(2) 길이가 5인 벡터는 $5\left[\frac{3}{\sqrt{50}},\ \frac{-4}{\sqrt{50}},\ \frac{5}{\sqrt{50}}\right]=\left[\frac{-3}{\sqrt{2}},\ \frac{4}{\sqrt{2}},\ \frac{-5}{\sqrt{2}}\right]$이므로,

길이가 5이고 반대방향인 벡터는 $-\left[\frac{-3}{\sqrt{2}},\ \frac{4}{\sqrt{2}},\ \frac{-5}{\sqrt{2}}\right]$

5. (1) $[-9,\ 1]$ (2) -5 (3) -10 (4) -70 (5) $4\sqrt{2}$ (6) 0

6. (1) $\|\mathbf{a}\|=5$, $\|\mathbf{b}\|=10$, $\mathbf{a}\cdot\mathbf{b}=-50$이므로 $\cos\theta=-1$. $\therefore\ \theta=180^\circ$

(2) $\|\mathbf{a}\|=3$, $\|\mathbf{b}\|=7$, $\mathbf{a}\cdot\mathbf{b}=4$이므로 $\cos\theta=\frac{4}{21}$. $\therefore\ \theta=79^\circ$

(3) $\|\mathbf{a}\|=2$, $\|\mathbf{b}\|=\sqrt{12}$, $\mathbf{a}\cdot\mathbf{b}=4\sqrt{3}$이므로 $\cos\theta=1$. $\therefore\ \theta=0^\circ$

(4) $\|\mathbf{a}\|=\sqrt{14}$, $\|\mathbf{b}\|=\sqrt{24}$, $\mathbf{a}\cdot\mathbf{b}=0$이므로 $\cos\theta=0$. $\therefore\ \theta=90^\circ$

7. (1) $\mathbf{u}=\left[-\frac{3}{5},\ -\frac{4}{5}\right]$ (2) $\mathbf{u}=\left[\frac{1}{\sqrt{50}},\ -\frac{7}{\sqrt{50}}\right]$

(3) $\mathbf{u}=[0,\ -1]$ (4) $\mathbf{u}=\left[-\frac{5}{13},\ -\frac{12}{13}\right]$

8. $\left[-\frac{3}{2}c,\ -\frac{9}{4}c,\ c\right]$, $c\in\mathbb{R}$

9. $\pm\frac{[-10,\ 10,\ -60]}{\sqrt{38}}$

10. (1) $\frac{3}{35}\mathbf{b}$ (2) $\frac{1}{27}\mathbf{b}$

11. (1) $[1,\ -2,\ 3]$ (2) $[1,\ -1,\ 0]$ (3) -25 (4) $[-14,\ -11,\ -9]$

12. $\mathbf{a}\times\mathbf{b}=[-14,\ -2,\ 6]$은 $\mathbf{a}$, $\mathbf{b}$에 오른손방향으로의 수직인 벡터이므로 동시에 수직인

벡터는 반대방향인 $-\mathbf{a}\times\mathbf{b}$도 포함한다.

$\therefore\ \pm[-14,\ -2,\ 6]$

13. $\mathbf{a}\times\mathbf{b}=[-7,\ 9,\ 4]$ 이므로 평행사변형의 넓이는 $\|\mathbf{a}\times\mathbf{b}\|=\sqrt{146}$ 이다.

14. $A=(3,\ 2,\ 1)$, $B=(2,\ 4,\ 6)$, $C=(-1,\ 2,\ 5)$ 라 하면
$\overrightarrow{AB}=[-1,\ 2,\ 5]$, $\overrightarrow{AC}=[-4,\ 0,\ 4]$ 이므로 삼각형의 넓이는
$\frac{1}{2}\|\overrightarrow{AB}\times\overrightarrow{AC}\|=\frac{1}{2}\sqrt{384}$ 이다.

15. $\mathbf{a}\times\mathbf{b}=\|\mathbf{a}\times\mathbf{b}\|\boldsymbol{e}=\|\mathbf{a}\|\|\mathbf{b}\||\sin\theta|\boldsymbol{e}=\mathbf{0}$ 이고 $\mathbf{a}$, $\mathbf{b}$가 $\mathbf{0}$이 아니라면, $\sin\theta=0$.
따라서 $\theta=0^\circ$ 혹은 $\theta=180^\circ$

17. 벡터방정식 : $(x,\ y,\ z)=(-2,\ 0,\ 4)+t(2,\ 4,\ -2)$
성분방정식 : $x=-2+2t,\ y=4t,\ z=4-2t$

18. 점 $A(-3,\ 2,\ -3)$를 지나고 방향벡터 $\overrightarrow{AB}=(4,\ -3,\ 7)$ 이므로 직선의
벡터방정식 : $(x,\ y,\ z)=(-3,\ 2,\ -3)+t(4,\ -3,\ 7)$,
성분방정식 : $x=-3+4t,\ y=2-3t,\ z=-3+7t$.

19. $\mathbf{a}\times\mathbf{b}$는 평면의 $\mathbf{0}$ 아닌 법벡터이므로 평면의 방정식은
$(\boldsymbol{X}-\boldsymbol{A})\cdot\mathbf{a}\times\mathbf{b}=\mathbf{0}$ 이다.
한편, $\mathbf{a}$와 $\mathbf{b}$가 일차독립이므로 또 다른 평면의 방정식은
$\boldsymbol{X}=\lambda\mathbf{a}+\mu\mathbf{b}+\boldsymbol{A},\ -\infty<\lambda,\ \mu<\infty$

20. 벡터방정식 : $((x,\ y,\ z)-(3,\ 0,\ 7))\cdot(5,\ 2,\ -1)=0$
성분방정식 : $5(x-3)+2(y)+(-1)(z-7)=0$

21. 평면에 수직인 벡터를 하나 구하고, 이것과 그 위의 한 점을 써서 평면의 방정식을 구한다.
$\overrightarrow{AB}\times\overrightarrow{AC}=3\boldsymbol{i}+2\boldsymbol{j}+6\boldsymbol{k}$은 평면에 수직이다. 이 벡터의 성분과 점 $A(0,\ 0,\ 1)$을 방정식
$lx+my+nz+d=0$에 적용하면
$3(0)+2(0)+6(1)=6$, $\therefore\ 3x+2y+6z=6$.

22. (1) $[3]$ (2) $\begin{bmatrix}2\\-4\end{bmatrix}$ (3) $[2\ 3]$

(4) $\begin{bmatrix}1&2\\-2&1\\1&-1\end{bmatrix}$ (5) $\begin{bmatrix}2&1&0\\1&1&1\end{bmatrix}$ (6) $\begin{bmatrix}1&-1&-1\\2&-1&1\\1&0&1\end{bmatrix}$

23. (1) $f(x)=7x$ (2) $f(x,\ y,\ z)=-2x+y+4z$
(3) $f(x,\ y)=(5x+3y,\ -2x+3y)$
(4) $f(x,\ y,\ z)=(x+2y+z,\ x+2y+3z,\ 3x-y+4z)$

24. (1) $[y]=[2][x]$ (2) $[y]=[3\ \ -1\ \ 2]\begin{bmatrix}x_1\\x_2\\x_3\end{bmatrix}$ (3) $\begin{bmatrix}y_1\\y_2\end{bmatrix}=\begin{bmatrix}1&1\\1&-1\end{bmatrix}\begin{bmatrix}x_1\\x_2\end{bmatrix}$

(4) $\begin{bmatrix}y_1\\y_2\\y_3\end{bmatrix}=\begin{bmatrix}1\\-2\\-1\end{bmatrix}[x]$ (5) $\begin{bmatrix}y_1\\y_2\\y_3\end{bmatrix}=\begin{bmatrix}2&1&2\\0&2&1\\3&2&3\end{bmatrix}\begin{bmatrix}x_1\\x_2\\x_3\end{bmatrix}$

25. (1) 504

(2) ① $\mathbf{a}=[1, 3, 4]$, $\mathbf{b}=[2, 1, 0]$, $\mathbf{c}=[3, 5, -1]$로 두고 $\mathbf{a}\times\mathbf{b}\cdot\mathbf{c}$를 계산한다.

$\mathbf{a}\times\mathbf{b}=[3(0)-(4)(1), (4)(2)-(1)(0), (1)(1)-(3)(2)]=[-4, 8, -5]$ 이므로

$\mathbf{a}\times\mathbf{b}\cdot\mathbf{c}=(-4)(3)+(8)(5)+(-5)(-1)=33$ 이다.

② $1\begin{vmatrix}1 & 0\\5 & -1\end{vmatrix}-3\begin{vmatrix}2 & 0\\3 & -1\end{vmatrix}+4\begin{vmatrix}2 & 1\\3 & 5\end{vmatrix}=1(-1)-3(-2)+4(7)=33$

(3) 39

26. 이 변환의 행렬은 $\begin{bmatrix}0 & -1\\-1 & 0\end{bmatrix}$이므로 행렬식은 -1 이다. 그러므로 음의 방향성을 가지며, 넓이의 변화는 없다.

27. 이 변환의 행렬은 $\begin{bmatrix}-1 & 0\\0 & -1\end{bmatrix}$이므로 행렬식은 1 이다. 그러므로 양의 방향성을 가지며, 넓이의 변화는 없다.

28. 이 변환의 행렬은 $\begin{bmatrix}1 & 4\\3 & 2\end{bmatrix}$이므로 행렬식은 -10 이다. 그러므로 음의 방향으로 변환된 영역의 넓이는 50이다.

29. 이 변환의 행렬은 $\begin{bmatrix}0 & -1 & 0\\-1 & 0 & 0\\0 & 0 & 1\end{bmatrix}$이므로 행렬식은 -1 이다. 그러므로 음의 방향성을 가지며, 부피의 변화는 없다.

30. 이 변환의 행렬은 $\begin{bmatrix}-1 & 0 & 0\\0 & -1 & 0\\0 & 0 & -1\end{bmatrix}$이므로 행렬식은 -1 이다. 그러므로 음의 방향성을 가지며, 부피의 변화는 없다.

연습문제 2.1

1. (1) $dy=(12x^2-14x+2)dx$

(2) $dy=(\cos x - x\sin x)dx$

(3) $dy=\left(\sqrt{x-1}+x\dfrac{1}{2\sqrt{x-1}}\right)dx$

(4) $dy=\dfrac{3x^2+3}{2\sqrt{x^3+3x}}dx$

(5) $dy=(4x^3-6x)\cos(x^4-3x^2+11)dx$

2. $dy=\dfrac{2x}{x^2}dx=\dfrac{2}{x}dx$ 이므로

(1) $dy=2dx=1$

(2) $dy = -dx = -0.5$

3. $f'(x) = 2x + 3$ 이므로 접선의 방정식은 $y = f'(1)(x-1) + f(1) = 5(x-1) + 5 = 5x$ 이다.

4. (1) $3\frac{15}{16}$ (2) 3.025

5. (1) $dz = (2xy + y^2)dx + (x^2 + 2xy)dy$

(2) $dz = \frac{y}{1+x^2y^2}dx + \frac{x}{1+x^2y^2}dy$

(3) $dz = (e^x \sin y - e^y \sin x)dx + (e^x \cos y + e^y \cos x)dy$

(4) $dz = \left(\frac{y^2}{xy^2} + \cosh x\right)dx + \left(\frac{2xy}{xy^2}\right)dy$

6. (1) 4.15 (2) -0.1

7. (1) $\frac{\partial f}{\partial x} = 2x - y,\ \frac{\partial f}{\partial y} = -x + 2y$

(2) $\frac{\partial f}{\partial x} = \frac{\partial f}{\partial y} = -\frac{1}{(x+y)^2}$

(3) $\frac{\partial f}{\partial x} = \frac{x}{\sqrt{x^2+y^2}},\ \frac{\partial f}{\partial y} = \frac{y}{\sqrt{x^2+y^2}}$

(4) $\frac{\partial f}{\partial x} = (y - x - 1)e^x,\ \frac{\partial f}{\partial y} = e^x$

8. (1) $\frac{\partial z}{\partial x} = \frac{1}{2\sqrt{x+y^2}}$ 이므로 $\frac{\partial z}{\partial x}(1, 2) = \frac{1}{2\sqrt{5}}$

(2) $\frac{\partial z}{\partial y} = \frac{2y}{2\sqrt{x+y^2}}$ 이므로 $\frac{\partial z}{\partial y}(1, 2) = \frac{2}{\sqrt{5}}$

9. (1) $df = (2x - y)dx + (-x + 2y)dy$

(2) $df = -\frac{1}{(x+y)^2}(dx + dy)$

(3) $df = \frac{1}{\sqrt{x^2+y^2}}(xdx + ydy)$

(4) $df = (y - x - 1)e^x dx + e^x dy$

10. $z = x^2 + y^2$ 의 편미분을 계산하면 $\frac{\partial z}{\partial x} = 2x,\ \frac{\partial z}{\partial y} = 2y$.

점 $(x_0, y_0, z_0) = (1, -1, 2)$ 라 두면 점 (x_0, y_0) 에서의 편미분의 값은 각각 $2, -2$를 가진다. 그러므로 접평면의 방정식은 $z = 2(x-1) - 2(y+1) + 2$,

즉 $z = 2(x-1) - 2(y+1) + 2 = 2x - 2y - 2$ 이다.

11. $df(\mathbf{x}) = 6xy\,dx + (3x^2 - 3y^2z^2)dy - 2y^3z\,dz$이므로

$df(1, -2, -1) = -8dx - 9dy - 16dz,\ Df(1, -2, -1) = [-8\ -9\ -16]$.

연습문제 2.2

1. 미분 $d\alpha = \alpha'(t)dt$

$$= \cos t\,dt\boldsymbol{i} - \sin t\,dt\boldsymbol{j} + dt\boldsymbol{k}$$

도함수 $D\alpha(t) = [\cos t \ \ -\sin t \ \ 1]$

2. $\dfrac{\partial \mathbf{F}}{\partial x} = (4xy - 4x^3)\boldsymbol{i} + (ye^{xy} - y\cos x)\boldsymbol{j} + 2x\cos y\boldsymbol{k}$

$\dfrac{\partial \mathbf{F}}{\partial y} = 2x^2\boldsymbol{i} + (xe^{xy} - \sin x)\boldsymbol{j} - x^2\sin y\boldsymbol{k}$

3. $\phi\mathbf{F} = x^2y^2z^2\boldsymbol{i} - x^2y^4z\boldsymbol{j} + xy^3z^3\boldsymbol{k}$

$\dfrac{\partial}{\partial z}(\phi\mathbf{F}) = 2x^2y^2z\boldsymbol{i} - x^2y^4\boldsymbol{j} + 3xy^3z^2\boldsymbol{k}$

$\dfrac{\partial^2}{\partial x\partial z}(\phi\mathbf{F}) = 4xy^2z\boldsymbol{i} - 2xy^4\boldsymbol{j} + 3y^3z^2\boldsymbol{k}$

$\dfrac{\partial^3}{\partial x^2\partial z}(\phi\mathbf{F}) = 4y^2z\boldsymbol{i} - 2y^4\boldsymbol{j}$

그러므로 $\dfrac{\partial^3}{\partial x^2\partial z}(\phi\,\mathbf{F})(2, -1, 1) = 4\boldsymbol{i} - 2\boldsymbol{j}.$

4. (1) $d\mathbf{F} = (2xy^2dx + 2x^2ydy,\ dx + dy)$이므로 $D\mathbf{F}(\boldsymbol{x}) = \begin{bmatrix} 2xy^2 & 2x^2y \\ 1 & 1 \end{bmatrix}$

5. (1) $d\mathbf{F} = (ydx + xdy,\ zdy + ydz)$이므로 $d\mathbf{F}(1, 1, 1) = (dx + dy,\ dy + dz)$,

$D\mathbf{F}(1, 1, 1) = \begin{bmatrix} 1 & 1 & 0 \\ 0 & 1 & 1 \end{bmatrix}.$

연습문제 2.3

1. $f(x, y) = xy,\ \ x = \cos t,\ \ y = \sin t$

$\dfrac{\partial f}{\partial x} = y = \sin t,\ \dfrac{\partial f}{\partial y} = x = \cos t$

$\dfrac{dx}{dt} = -\sin t,\ \dfrac{dy}{dt} = \cos t$

$\dfrac{df}{dt} = \dfrac{\partial f}{\partial x}\dfrac{dx}{dt} + \dfrac{\partial f}{\partial y}\dfrac{dy}{dt} = (\sin t)(-\sin t) + (\cos t)(\cos t) = \cos 2t$

2. $\dfrac{df}{dt} = \dfrac{\partial f}{\partial x}\dfrac{dx}{dt} + \dfrac{\partial f}{\partial y}\dfrac{dy}{dt} + \dfrac{\partial f}{\partial z}\dfrac{dz}{dt} = (y)(-\sin t) + (x)(\cos t) + 1(1) = 1 + \cos 2t$

$$\left(\frac{df}{dt}\right)(0)=2$$

3. (1) $\frac{df}{dr}=\frac{\partial f}{\partial x}\frac{dx}{dr}+\frac{\partial f}{\partial y}\frac{dy}{dr}=(2x)(1)+(2y)(1)=4r$

$\frac{df}{ds}=\frac{\partial f}{\partial x}\frac{dx}{ds}+\frac{\partial f}{\partial y}\frac{dy}{ds}=(2x)(-1)+(2y)(1)=4s$

(2) $\frac{df}{dr}=\frac{\partial f}{\partial x}\frac{dx}{dr}+\frac{\partial f}{\partial y}\frac{dy}{dr}+\frac{\partial f}{\partial z}\frac{dz}{dr}=(1)\left(\frac{1}{s}\right)+(2)(2r)+(2z)(2)=\frac{1}{s}+12r$

$\frac{df}{ds}=\frac{\partial f}{\partial x}\frac{dx}{ds}+\frac{\partial f}{\partial y}\frac{dy}{ds}+\frac{\partial f}{\partial z}\frac{dz}{dr}=(1)\left(-\frac{r}{s^2}\right)+(2)\left(\frac{1}{s}\right)+(2z)(0)=-\frac{r}{s^2}+\frac{2}{s}$

4. x, y, z는 독립변수, u, v, w는 중간변수

$\frac{\partial f}{\partial x}=\frac{\partial f}{\partial u}\frac{\partial u}{\partial x}+\frac{\partial f}{\partial v}\frac{\partial v}{\partial x}+\frac{\partial f}{\partial w}\frac{\partial w}{\partial x}=\frac{\partial f}{\partial u}(1)+\frac{\partial f}{\partial v}(0)+\frac{\partial f}{\partial w}(-1)=\frac{\partial f}{\partial u}-\frac{\partial f}{\partial w}$

같은 방법으로 계산하면 $\frac{\partial f}{\partial y}=-\frac{\partial f}{\partial u}+\frac{\partial f}{\partial v}$, $\frac{\partial f}{\partial z}=-\frac{\partial f}{\partial v}+\frac{\partial f}{\partial w}$.

$\therefore \frac{\partial f}{\partial x}+\frac{\partial f}{\partial y}+\frac{\partial f}{\partial z}=0$

연습문제 2.4

1. (1) $\frac{\partial f}{\partial x}=\cos y+ye^x$, $\frac{\partial f}{\partial y}=-x\sin y+e^x$

(2) $\frac{\partial^2 f}{\partial x^2}=\frac{\partial}{\partial x}\left(\frac{\partial f}{\partial x}\right)=ye^x$, $\frac{\partial^2 f}{\partial y^2}=\frac{\partial}{\partial y}\left(\frac{\partial f}{\partial y}\right)=-x\cos y$, $\frac{\partial^2 f}{\partial y\partial x}=\frac{\partial}{\partial y}\left(\frac{\partial f}{\partial x}\right)=-\sin y+e^x$

$\frac{\partial^2 f}{\partial x\partial y}=\frac{\partial}{\partial x}\left(\frac{\partial f}{\partial y}\right)=-\sin y+e^x$

(3) $\frac{\partial^3 f}{\partial x^3}=\frac{\partial}{\partial x}\left(\frac{\partial^2 f}{\partial x^2}\right)=ye^x$, $\frac{\partial^3 f}{\partial y^3}=x\sin y$,

$\frac{\partial^3 f}{\partial y\partial x^2}=\frac{\partial}{\partial y}\left(\frac{\partial^2 f}{\partial x^2}\right)=e^x$, $\frac{\partial^3 f}{\partial x\partial y^2}=-\cos y$

2. $z_x=\frac{\partial}{\partial x}f(u,v)=f_u u_x+f_v v_x=f_u(1)+f_v(y)=f_u+yf_v$

$z_{xy}=\frac{\partial}{\partial y}(f_u+yf_v)=\frac{\partial}{\partial y}(f_u)+y\frac{\partial}{\partial y}(f_v)+f_v\frac{\partial}{\partial y}(y)=\frac{\partial}{\partial y}(f_u)+y\frac{\partial}{\partial y}(f_v)+f_v$

$\frac{\partial}{\partial y}(f_u)=f_{uu}\frac{\partial u}{\partial y}+f_{uv}\frac{\partial v}{\partial y}=f_{uu}+xf_{uv}$, $\frac{\partial}{\partial y}(f_v)=f_{vu}\frac{\partial u}{\partial y}+f_{vv}\frac{\partial v}{\partial y}=f_{vu}+xf_{vv}$

$z_{xy}=\frac{\partial}{\partial y}(f_u)+y\frac{\partial}{\partial y}(f_v)+f_v=f_{uu}+xf_{uv}+y(f_{vu}+xf_{vv})+f_v$

$$= f_{uu} + xf_{uv} + yf_{vu} + xyf_{vv} + f_v = f_{uu} + uf_{uv} + vf_{vv} + f_v$$

3. (1) $f_{xy}(x, y) = 12xy^2 - 15x^2y^4 = f_{yx}(x, y)$

4. $f_x(0, y) = \lim_{h\to 0}\frac{f(h, y) - f(0, y)}{h} = \lim_{h\to 0}\frac{y(h^2-y^2)}{h^2+y^2} = -y$

$$f_{xy}(0, 0) = \lim_{k\to 0}\frac{f_x(0, k) - f_x(0, 0)}{k} = \lim_{k\to 0}\frac{-k-0}{k} = -1$$

$$f_y(x, 0) = \lim_{h\to 0}\frac{f(x, h) - f(x, 0)}{h} = \lim_{h\to 0}\frac{x(x^2-h^2)}{x^2+h^2} = x$$

$$f_{yx}(0, 0) = \lim_{k\to 0}\frac{f_y(k, 0) - f_y(0, 0)}{k} = \lim_{k\to 0}\frac{k-0}{k} = 1$$

$$\therefore\ f_{xy}(0, 0) \neq f_{yx}(0, 0)$$

5. $\frac{\partial T}{\partial w} = \frac{\partial}{\partial w}(ze^{w^2+x^2+y^2}) = 2wze^{w^2+x^2+y^2}$

$$\frac{\partial T}{\partial x} = \frac{\partial}{\partial w}(ze^{w^2+x^2+y^2}) = 2xze^{w^2+x^2+y^2}$$

$$\frac{\partial T}{\partial y} = \frac{\partial}{\partial y}(ze^{w^2+x^2+y^2}) = 2yze^{w^2+x^2+y^2}$$

$$\frac{\partial T}{\partial z} = \frac{\partial}{\partial z}(ze^{w^2+x^2+y^2}) = e^{w^2+x^2+y^2}$$

$$\frac{\partial^2 T}{\partial w\partial x} = \frac{\partial^2}{\partial w\partial x}(ze^{w^2+x^2+y^2}) = \frac{\partial}{\partial w}(2xze^{w^2+x^2+y^2}) = 4wxze^{w^2+x^2+y^2}$$

$$\frac{\partial^2 T}{\partial x\partial w} = \frac{\partial^2}{\partial x\partial w}(ze^{w^2+x^2+y^2}) = \frac{\partial}{\partial x}(2wze^{w^2+x^2+y^2}) = 4wxze^{w^2+x^2+y^2}$$

$$\frac{\partial^2 T}{\partial z^2} = \frac{\partial^2}{\partial z^2}(ze^{w^2+x^2+y^2}) = \frac{\partial}{\partial z}(2xze^{w^2+x^2+y^2}) = 0$$

연습문제 2.5

1. $\alpha(t) = (t,\ |t|),\ -1 \le t \le 1$

2. $\alpha(t) = (t,\ t^2 + t)$

3. $\alpha(t) = (2t^2,\ t^2 - 4t,\ 3t - 5)$라 두면, $\alpha'(t) = (4t,\ 2t - 4,\ 3)$, $\alpha''(t) = (4,\ 2,\ 0)$이므로, $t = 1$에서 속도는 $\alpha'(1) = (4,\ -2,\ 3)$, 가속도는 $\alpha''(1) = (4,\ 2,\ 0)$이다.

4. $\alpha(t) = (e^t,\ e^t)$라 두면, $\alpha(0) = (1,\ 1)$, $\alpha'(0) = (1,\ 1)$이므로 접선의 식은 $\mathbf{x}(t) = \alpha(0) + t\alpha'(0) = (t+1,\ t+1)$

5. $\alpha\left(\frac{\pi}{3}\right)=(0, 0, 0)$

$\alpha'\left(\frac{\pi}{3}\right)=\left(-\frac{3}{2}, -\frac{3\sqrt{3}}{2}, 0\right)$이므로 $\mathbf{x}=\left(-\frac{3}{2}t, -\frac{3\sqrt{3}}{2}t, 0\right)$

6. $f'(t)=(2-2t)\boldsymbol{i}+4\sqrt{t}\boldsymbol{j}$, $\| f'(t) \|=2(t+1)$

$s=\int_1^3 2(t+1)\,dt=12$

7. $f(0)=(1, 0, 0)$, $f(2\pi)=(0, 1, 2\pi)$이므로

$\| f'(t) \| = \sqrt{(-\sin t)^2+\cos^2 t+1}=\sqrt{2}$

$s=\int_0^{2\pi} \| f'(t) \|\,dt=\int_0^{2\pi}\sqrt{2}\,dt=2\sqrt{2}\pi$

8. $\alpha(t)=(x_0+tu_1, y_0+tu_2, z_0+tu_3)$라 두면

$\alpha'(t)=(u_1, u_2, u_3)$이므로 $\|\alpha'(t)\|=1$.

$\therefore s=\int_0^t \|\alpha'(t)\|dt=t$

9. (3) $\alpha'(t)=(4\cos t, -4\sin t, 0)$ 이므로 $\|\alpha'(t)\|=\sqrt{(4\cos t)^2+(-4\sin t)^2}=4$.

그러므로 호장함수 $s(t)=\int_0^t 4dt=4t$.

연습문제 3.1

2. (1) $\phi\mathbf{F}=xy^2z(xz\boldsymbol{i}-xy^2\boldsymbol{j}+yz^2\boldsymbol{k})=(x^3y^2z^2\boldsymbol{i}-x^2y^4z\boldsymbol{j}+xy^3z^3\boldsymbol{k})$,

$\mathbf{F}-\mathbf{G}=xz(1-z)\boldsymbol{i}-y(xy+2)\boldsymbol{j}+z(yz-3x)\boldsymbol{k}$

(3) $\phi(2, -1, 1)\mathbf{F}=2xz\boldsymbol{i}-2xy^2\boldsymbol{j}+2yz^2\boldsymbol{k}$

$\phi\mathbf{F}(2, -1, 1)=\phi(2, -1, 1)\mathbf{F}(2, -1, 1)=2(2\boldsymbol{i}-2\boldsymbol{j}-\boldsymbol{k})$

3. $\|\mathbf{a}\|=\sqrt{(2)^2+(-3)^2+(6)^2}=7$, $\mathbf{u}=\frac{\mathbf{a}}{\|\mathbf{a}\|}=\frac{2}{7}\boldsymbol{i}-\frac{3}{7}\boldsymbol{j}+\frac{6}{7}\boldsymbol{k}$

$\phi_x(1, 1, 0)=2$, $\phi_y(1, 1, 0)=-2$

$\phi_z(1, 1, 0)=-1$

$\nabla\phi(1, 1, 0)=2\boldsymbol{i}-2\boldsymbol{j}-\boldsymbol{k}$

$\nabla\phi(1, 1, 0)\cdot\mathbf{u}=(2\boldsymbol{i}-2\boldsymbol{j}-\boldsymbol{k})\cdot\left(\frac{2}{7}\boldsymbol{i}-\frac{3}{7}\boldsymbol{j}+\frac{6}{7}\boldsymbol{k}\right)=\frac{4}{7}$

4. $\overrightarrow{P_0P_1}=2\boldsymbol{i}+\boldsymbol{j}-2\boldsymbol{k}$, $\mathbf{u}=\frac{\overrightarrow{P_0P_1}}{|\overrightarrow{P_0P_1}|}=\frac{\overrightarrow{P_0P_1}}{3}=\frac{2}{3}\boldsymbol{i}+\frac{1}{3}\boldsymbol{j}-\frac{2}{3}\boldsymbol{k}$

$\nabla\phi(2,0,0)=(e^0\boldsymbol{i}+(2e^0+0)\boldsymbol{j}+0\boldsymbol{k})=\boldsymbol{i}+2\boldsymbol{j}$

$\nabla\phi(P_0)\cdot\boldsymbol{u}=(\boldsymbol{i}+2\boldsymbol{j})\cdot\left(\frac{2}{3}\boldsymbol{i}+\frac{1}{3}\boldsymbol{j}-\frac{2}{3}\boldsymbol{k}\right)=\frac{4}{3}$

$d\phi=\nabla\phi(P_0)\cdot\boldsymbol{u}\,ds=\frac{2}{15}$

5. $\nabla\phi=2x\boldsymbol{i}+2y\boldsymbol{j}+2z\boldsymbol{k}$, $(1,1,1)$에서의 값을 구하면 $\nabla\phi=2\boldsymbol{i}+2\boldsymbol{j}+2\boldsymbol{k}$.

$|\nabla\phi|=\sqrt{4+4+4}=2\sqrt{3}$

ϕ의 방향도함수가 최대인 방향의 단위벡터는 $\mathbf{u}=\frac{\nabla\phi}{|\nabla\phi|}=\frac{1}{\sqrt{3}}(\boldsymbol{i}+\boldsymbol{j}+\boldsymbol{k})$.

이 방향으로 ϕ의 방향도함수는 $\nabla\phi\cdot\boldsymbol{u}=|\nabla\phi|=2\sqrt{3}$.

$(1,1,1)$에서 ϕ의 방향도함수가 최소인 방향은 $-\mathbf{u}=-\frac{1}{\sqrt{3}}(\boldsymbol{i}+\boldsymbol{j}+\boldsymbol{k})$,

이 방향으로의 방향도함수는 $-|\nabla\phi|=-2\sqrt{3}$.

6. (1) $f(x,y)=x^2+y^2$, $f_x(1,1)=2$

$f_y(1,1)=2$, $(\nabla f)(1,1)=f_x(1,1)\boldsymbol{i}+f_y(1,1)\boldsymbol{j}$이므로 단위벡터 $\boldsymbol{u}=u_1\boldsymbol{i}+u_2\boldsymbol{j}$방향으로의 방향도함수는 $(\nabla f)(1,1)\cdot\mathbf{u}=(2\boldsymbol{i}+2\boldsymbol{j})\cdot\mathbf{u}=2u_1+2u_2$

한편, 방향도함수가 0이므로

$\boldsymbol{u}_1+\boldsymbol{u}_2=0$. 그러므로

$\boldsymbol{u}=\pm\left(\frac{1}{\sqrt{2}}\boldsymbol{i}-\frac{1}{\sqrt{2}}\boldsymbol{j}\right)$

연습문제 3.2

1. $\mathrm{curl}\mathbf{V}=\begin{vmatrix}\boldsymbol{i} & \boldsymbol{j} & \boldsymbol{k}\\ \frac{\partial}{\partial x} & \frac{\partial}{\partial y} & \frac{\partial}{\partial z}\\ x+2y+az & bx-3y-z & 4x+cy+2z\end{vmatrix}=(c+1)\boldsymbol{i}+(a-4)\boldsymbol{j}+(b-2)\boldsymbol{k}$

$\therefore$ $a=4$, $b=2$, $c=-1$ 일 때 $\mathrm{curl}\,\mathbf{V}=0$.

2. $\nabla\cdot(\phi\boldsymbol{A})=(\nabla\phi)\cdot\boldsymbol{A}+\phi(\nabla\cdot\boldsymbol{A})$ 에서 $\phi=r^{-3}$, $\boldsymbol{A}=\mathbf{r}$ 이라 두면,

$\nabla\cdot(r^{-3}\mathbf{r})=(\nabla r^{-3})\cdot\mathbf{r}+(r^{-3})(\nabla\cdot\mathbf{r})=0$

3. $\nabla\times(\nabla\phi)=\nabla\times\left(\frac{\partial\phi}{\partial x}\boldsymbol{i}+\frac{\partial\phi}{\partial x}\boldsymbol{j}+\frac{\partial\phi}{\partial z}\boldsymbol{k}\right)=\begin{vmatrix}\boldsymbol{i} & \boldsymbol{j} & \boldsymbol{k}\\ \frac{\partial}{\partial x} & \frac{\partial}{\partial y} & \frac{\partial}{\partial z}\\ \frac{\partial\phi}{\partial x} & \frac{\partial\phi}{\partial y} & \frac{\partial\phi}{\partial z}\end{vmatrix}$

$=\left[\frac{\partial}{\partial y}\left(\frac{\partial\phi}{\partial z}\right)-\frac{\partial}{\partial z}\left(\frac{\partial\phi}{\partial y}\right)\right]\boldsymbol{i}+\left[\frac{\partial}{\partial z}\left(\frac{\partial\phi}{\partial x}\right)-\frac{\partial}{\partial x}\left(\frac{\partial\phi}{\partial z}\right)\right]\boldsymbol{j}+\left[\frac{\partial}{\partial x}\left(\frac{\partial\phi}{\partial y}\right)-\frac{\partial}{\partial y}\left(\frac{\partial\phi}{\partial x}\right)\right]\boldsymbol{k}$

$$=\left(\frac{\partial^2\phi}{\partial y\partial z}-\frac{\partial^2\phi}{\partial z\partial y}\right)\boldsymbol{i}+\left(\frac{\partial^2\phi}{\partial z\partial x}-\frac{\partial^2\phi}{\partial x\partial z}\right)\boldsymbol{j}+\left(\frac{\partial^2\phi}{\partial x\partial y}-\frac{\partial^2\phi}{\partial y\partial x}\right)\boldsymbol{k}=\mathbf{0}$$

4. $\nabla\cdot(\nabla\times\mathbf{A})=\nabla\cdot\begin{vmatrix}\boldsymbol{i} & \boldsymbol{j} & \boldsymbol{k}\\ \dfrac{\partial\phi}{\partial x} & \dfrac{\partial\phi}{\partial y} & \dfrac{\partial\phi}{\partial z}\\ A_1 & A_2 & A_3\end{vmatrix}$

$$=\nabla\cdot\left[\left(\frac{\partial A_3}{\partial y}-\frac{\partial A_2}{\partial z}\right)\boldsymbol{i}+\left(\frac{\partial A_1}{\partial z}-\frac{\partial A_3}{\partial x}\right)\boldsymbol{j}+\left(\frac{\partial A_2}{\partial x}-\frac{\partial A_1}{\partial y}\right)\boldsymbol{k}\right]$$

$$=\frac{\partial}{\partial x}\left(\frac{\partial A_3}{\partial y}-\frac{\partial A_2}{\partial z}\right)+\frac{\partial}{\partial y}\left(\frac{\partial A_1}{\partial z}-\frac{\partial A_3}{\partial x}\right)+\frac{\partial}{\partial z}\left(\frac{\partial A_2}{\partial x}-\frac{\partial A_1}{\partial y}\right)$$

$$=\frac{\partial^2A_3}{\partial x\partial y}-\frac{\partial^2A_2}{\partial x\partial z}+\frac{\partial^2A_1}{\partial y\partial z}-\frac{\partial^2A_3}{\partial y\partial x}+\frac{\partial^2A_2}{\partial z\partial x}-\frac{\partial^2A_1}{\partial z\partial y}=0$$

5. (4) $\dfrac{\partial f}{\partial x}=\dfrac{-x}{(x^2+y^2+z^2)^{3/2}},\ \dfrac{\partial f}{\partial y}=\dfrac{-y}{(x^2+y^2+z^2)^{3/2}},\ \dfrac{\partial f}{\partial z}=\dfrac{-z}{(x^2+y^2+z^2)^{3/2}}$

$$\frac{\partial^2 f}{\partial x^2}=\frac{3x^2}{(x^2+y^2+z^2)^{5/2}}-\frac{1}{(x^2+y^2+z^2)^{3/2}},$$

$$\frac{\partial^2 f}{\partial y^2}=\frac{3y^2}{(x^2+y^2+z^2)^{5/2}}-\frac{1}{(x^2+y^2+z^2)^{3/2}},$$

$$\frac{\partial^2 f}{\partial z^2}=\frac{3z^2}{(x^2+y^2+z^2)^{5/2}}-\frac{1}{(x^2+y^2+z^2)^{3/2}}$$

$$\frac{\partial^2 f}{\partial x^2}+\frac{\partial^2 f}{\partial y^2}+\frac{\partial^2 f}{\partial z^2}=\frac{3(x^2+y^2+z^2)}{(x^2+y^2+z^2)^{5/2}}-\frac{3}{(x^2+y^2+z^2)^{3/2}}$$

$$=\frac{3}{(x^2+y^2+z^2)^{3/2}}-\frac{3}{(x^2+y^2+z^2)^{3/2}}=0$$

7. (1) $\mathbf{F}$가 보존벡터장이라 가정하면 $\mathbf{F}=\nabla\phi$인 스칼라함수 ϕ가 존재한다. 즉,

$-y\boldsymbol{i}+x\boldsymbol{j}=\nabla\phi=\dfrac{\partial\phi}{\partial x}\boldsymbol{i}+\dfrac{\partial\phi}{\partial y}\boldsymbol{j}+\dfrac{\partial\phi}{\partial z}\boldsymbol{k}$이므로 $\dfrac{\partial\phi}{\partial x}=-y,\ \dfrac{\partial\phi}{\partial y}=x,\ \dfrac{\partial\phi}{\partial z}=0.$

그런데 $\dfrac{\partial}{\partial y}\left(\dfrac{\partial\phi}{\partial x}\right)=-1,\ \dfrac{\partial}{\partial x}\left(\dfrac{\partial\phi}{\partial y}\right)=1$이므로 모순이다.

따라서 $\mathbf{F}$는 보존벡터장이 아니다.

8. (1) $\phi(x,y)=2xy^2-3x^4y^3$은 미분가능하고 $\mathbf{F}=\nabla\phi$를 만족하기 때문에 보존벡터장이 된다.

9. (1) $\phi=xy+\sin xz+c$

연습문제 4.1

1. Fubini 정리를 사용한다.

$$\iint_R f(x, y)dS = \int_{-1}^{1}\int_{0}^{2}(1-6x^2y)dxdy$$
$$= \int_{-1}^{1}(2-16y)dy$$
$$=4$$

2. 먼저 y에 관해 적분하고 다시 x에 관해 적분하자.

$$\int_0^1\left(\int_0^x \frac{\sin x}{x}dy\right)dx = \int_0^1\left(\left[y\frac{\sin x}{x}\right]_{y=0}^{y=x}\right)dx = \int_0^1 \sin x dx = -\cos(1)+1$$

3. (i) $\displaystyle\int_0^2\int_{x^2}^{2x}(4x+2)\,dy\,dx = \int_0^2[4xy+2y]_{y=x^2}^{y=2x}\,dx$

$$= \int_0^2(8x^2+4x-4x^3-2x^2)dx$$
$$= \int_0^2(6x^2+4x-4x^3)dx$$

(ii) $\displaystyle\int_0^4\int_{y/2}^{\sqrt{y}}(4x+2)\,dx\,dy = \int_0^4[2x^2+2x]_{x=y^2}^{x=\sqrt{y}}\,dy$

$$= \int_0^4\left(2y+2\sqrt{y}-\frac{y^2}{2}-y\right)dy$$
$$= \int_0^4\left(y+2\sqrt{y}-\frac{y^2}{2}\right)dy$$
$$=8$$

4. $\displaystyle\int_0^1\int_{x^2}^1 dydx = \int_0^1(1-x^2)dx = \frac{2}{3}$

5. $\displaystyle\int_{-1}^2\int_{x^2}^{x+2}dydx = \int_{-1}^2[y]_{x^2}^{x+2}dx = \int_{-1}^2(x+2-x^2)dx$

$$= \frac{9}{2}$$

7. $\displaystyle\int_{-2}^2\int_{-\sqrt{(4-x^2)/2}}^{\sqrt{(4-x^2)/2}}\int_{x^2+3y^2}^{8-x^2-y^2}dz\,dy\,dx = \int_{-2}^2\int_{-\sqrt{(4-x^2)/2}}^{\sqrt{(4-x^2)/2}}(8-2x^2-4y^2)dydx$

$$= \int_{-2}^2\left(8\left(\frac{4-x^2}{2}\right)^{3/2} - \frac{8}{3}\left(\frac{4-x^2}{2}\right)^{3/2}\right)dx$$
$$= \frac{4\sqrt{2}}{3}\int_{-2}^2(4-x^2)^{3/2}dx = 8\pi\sqrt{2}$$

9. 단위원은 매개변수방정식 $x=\cos t,\ y=\sin t$로 나타나고, 이 원의 상반부는 구간 $0 \le t \le \pi$에 의하여 표시되므로

$$\int_C(x^2y+2)ds = \int_0^\pi(2+\cos^2 t\sin t)\sqrt{\sin^2 t+\cos^2 t}\,dt$$

$$=\int_0^{\pi}(2+\cos^2 t\sin t)dt=2\pi+\frac{2}{3}$$

10. $f(x, y, z)=x^2+y^2-z$, $\nabla f=2x\boldsymbol{i}+2y\boldsymbol{j}-\boldsymbol{k}$ 이므로, 법벡터와 $\boldsymbol{k}$가 이루는 각을 γ라 두면 $\frac{(2x\boldsymbol{i}+2y\boldsymbol{j}-\boldsymbol{k})\cdot\boldsymbol{k}}{\sqrt{4x^2+4y^2+1}}=-\frac{1}{\sqrt{4x^2+4y^2+1}}$ 이므로 곡면의 넓이 S는

$$S=\iint\frac{dxdy}{|\cos\gamma|}=\iint_{x^2+y^2\le 1}\sqrt{4x^2+4y^2+1}\,dxdy=\int_0^{2\pi}\int_0^1\sqrt{4r^2+1}rdrd\theta$$

$$=\int_0^{2\pi}\frac{1}{12}(5^{3/2}-1)d\theta=\frac{\pi}{6}(5\sqrt{5}-1)$$

11. $\iint_M g(x, y, z)dS=\int_0^1\int_0^1 xydxdy+\int_0^1\int_0^1 xzdxdz+\int_0^1\int_0^1 yzdydz$

$$=\frac{1}{4}+\frac{1}{4}+\frac{1}{4}=\frac{3}{4}$$

12. $f(x, y)=x^2+y^2$ 이므로 $f_x=2x$, $f_y=2y$ 이고 $dS=\sqrt{1+4x^2+4y^2}\,dxdy$ 이다. 그러므로 $\iint_M(x^2+y^2+3z^2)dS=\iint_R[x^2+y^2+3(x^2+y^2)^2]\sqrt{1+4x^2+4y^2}\,dxdy$ 가 된다.

여기서 R은 xy 평면에서 원반 $x^2+y^2\le 9$ 이다.

극좌표 $x^2+y^2=r^2$을 이용하여

$$\int_0^{2\pi}\int_0^3[r^2+3(r^2)^2]\sqrt{1+4r^2}\,rdrd\theta=\int_0^{2\pi}\int_0^3(r^3+3r^5)\sqrt{1+4r^2}\,drd\theta$$

$$=2\pi\int_0^3(r^3+3r^5)\sqrt{1+4r^2}\,dr$$

을 얻는다. 이 적분값을 구하면

$$2\pi\left\{21(37)^{3/2}+\frac{1}{120}[1-55(37)^{5/2}]+\frac{1}{280}(37^{7/2}-1)\right\}$$

13. $\mathbf{N}=2\boldsymbol{i}-\boldsymbol{j}+\boldsymbol{k}$가 $2x-y+z=3$으로 주어진 평면 M에 수직을 이루므로, 단위법벡터는 $\mathbf{n}=\frac{\mathbf{N}}{\|\mathbf{N}\|}=(1/\sqrt{6})(2\boldsymbol{i}-\boldsymbol{j}-\boldsymbol{k})$ 가 된다. 따라서 $\cos\gamma=\mathbf{n}\cdot\boldsymbol{k}=\frac{1}{\sqrt{6}}$ 이고, $\frac{1}{\cos}\gamma=\sqrt{6}$ 을 얻는다. 그러므로

$$\iint_M(x+2y+3z)dS=\iint_R[(x+2y)+3(3-2x+y)]\sqrt{6}\,dxdy$$

$$=\sqrt{6}\int_0^{1/2}\int_0^{1-2x}(9-5x+5y)dydx$$

$$=\sqrt{6}\int_0^{1/2}\left[9(1-2x)-5x(1-2x)+\frac{5}{2}(1-2x)^2\right]dx$$

$$=\sqrt{6}\int_0^{1/2}\left(20x^2-33x+\frac{23}{2}\right)dx=\frac{59}{24}\sqrt{6}$$

연습문제 4.2

1. (1) $\mathbf{F}=9t^2\boldsymbol{i}-14t^5\boldsymbol{j}+20t^7\boldsymbol{k}$, $\mathbf{r}=x\boldsymbol{i}+y\boldsymbol{j}+z\boldsymbol{k}=t\boldsymbol{i}+t^2\boldsymbol{j}+t^3\boldsymbol{k}$,

$d\mathbf{r}=(\boldsymbol{i}+2t\boldsymbol{j}+3t^2\boldsymbol{k})dt$ 이므로

$$\int_C \mathbf{F}\cdot d\mathbf{r}=\int_0^1(9t^2\boldsymbol{i}-14t^5\boldsymbol{j}+20t^7\boldsymbol{k})\cdot(\boldsymbol{i}+2t\boldsymbol{j}+3t^2\boldsymbol{k})dt$$

$$=\int_0^1(9t^2-28t^6+60t^9)dt=5.$$

(2) $(0, 0, 0)$에서 $(1, 0, 0)$으로의 선분에서 $y=0$, $z=0$, $dy=0$, $dz=0$.

단, x는 0에서 1로 변화한다. 이 선분을 따라 적분은

$$\int_{x=0}^1(3x^2+6(0))dx-14(0)(0)(0)+20x(0)^2(0)=\int_0^1 3x^2dx=[x^3]_0^1=1$$

$(1, 0, 0)$에서 $(1, 1, 0)$으로의 선분에서 $x=1$, $z=0$, $dx=0$, $dz=0$.

단, y는 0에서 1로 변화한다. 이 선분을 따라 적분은

$$\int_{y=0}^1(3(1)^2+6y)0-14y(0)dy+20(1)(0)^2 0=0$$

$(1, 1, 0)$에서 $(1, 1, 1)$으로의 선분에서 $x=1$, $y=1$, $dx=0$, $dy=0$.

단, z는 0에서 1로 변화한다. 이 선분을 따라 적분은

$$\int_{z=0}^1(3(1)^2+6(1))0-14(1)z(0)dy+20(1)z^2dz=\int_{z=0}^1 20z^2dz$$

$$=\frac{20}{3}$$

그러므로 $\int_C \boldsymbol{A}\cdot d\boldsymbol{r}=1+0+\frac{20}{3}=\frac{23}{3}$.

(3) $(0, 0, 0)$과 $(1, 1, 1)$을 연결하는 직선은 $x=t$, $y=t$, $z=t$인 매개변수형태로 주어진다. 그러면

$$\int_C \mathbf{F}\cdot d\mathbf{r}=\int_0^1(3t^2+6t)dt-14(t)(t)dt+20(t)(t^2)dt$$

$$=\int_0^1(3t^2+6t-14t^2+20t^3)dt=\int_0^1(6t-11t^2+20t^3)dt=\frac{13}{3}.$$

2. 일의 전량$=\int_C \mathbf{F}\cdot d\mathbf{r}=\int_C(3xy\boldsymbol{i}-5z\boldsymbol{j}+10x\boldsymbol{k})\cdot(dx\boldsymbol{i}+dy\boldsymbol{j}+dz\boldsymbol{k})$

$$=\int_C 3xydx-5zdy+10xdz$$

$$=\int_1^2(12t^5+10t^4+12t^3+30t^2)dt$$

$$=303$$

3. 적분은 xy 평면($z=0$) 안에서 수행되므로, $\mathbf{r}=x\boldsymbol{i}+y\boldsymbol{j}$ 라 하자. 그러면

$$\int_C \mathbf{F}\cdot d\mathbf{r}=\int_C (3xy\boldsymbol{i}-y^2\boldsymbol{j})\cdot(dx\,\boldsymbol{i}+dy\,\boldsymbol{j})=\int_C 3xy\,dx-y^2dy.$$

C의 매개변수방정식은 $x=t,\ y=2t^2(0\le t\le 1)$.

따라서

$$\int_C \mathbf{F}\cdot d\mathbf{r}=\int_{t=0}^1 3(t)(2t^2)dt-(2t^2)^2d(2t^2)=\int_{t=0}^1 (6t^3-16t^5)dt=-\frac{7}{6}.$$

4. 평면 $z=0$ 에서 $\mathbf{F}=(2x-y)\boldsymbol{i}+(x+y)\boldsymbol{j}+(3x-2y)\boldsymbol{k}$ 이고 $d\mathbf{r}=dx\,\boldsymbol{i}+dy\,\boldsymbol{j}$ 이므로, 일의 전량은

$$\int_C \mathbf{F}\cdot d\mathbf{r}=\int [(2x-y)\boldsymbol{i}+(x+y)\boldsymbol{j}+(3x-2y)\boldsymbol{k}]\cdot(dx\boldsymbol{i}+dy\boldsymbol{j})$$

$$=\int_C (2x-y)dx+(x+y)dy.$$

원의 매개변수방정식 $x=3\cos t,\ y=3\sin t(0\le t\le 2\pi)$에 의하여 선적분은

$$\int_0^{2\pi}[2(3\cos t)-3\sin t][-3\sin t]dt+[3\cos t+3\sin t][3\cos t]dt$$

$$=\int_0^{2\pi}(9-9\sin t\cos t)dt=18\pi.$$

5. C를 매개변수방정식 $C:\ \alpha(t)=t\boldsymbol{i}+2t^2\boldsymbol{j},\ 0\le t\le 1$ 로 표시할 수 있으므로, 일의 전량은

$$\int_C \boldsymbol{F}\cdot d\alpha=\int_0^1[(6t^3)1+(4t^4)(4t)]dt=\int_0^1(6t^3+16t^5)dt=\frac{25}{6}.$$

6. $\iint_M \mathbf{F}\cdot\mathbf{n}\,dS=\iint_D \mathbf{F}\cdot\mathbf{n}\frac{dxdy}{|\mathbf{n}\cdot\boldsymbol{k}|}$ 이다. 곡면 $2x+3y+6z=12$ 에 수직인 한 벡터는

$\nabla(2x+3y+6z)=2\boldsymbol{i}+3\boldsymbol{j}+6\boldsymbol{k}$ 이므로 단위법벡터는 $\mathbf{n}=\dfrac{2\boldsymbol{i}+3\boldsymbol{j}+6\boldsymbol{k}}{\sqrt{2^2+3^2+6^2}}=\dfrac{2}{7}\boldsymbol{i}+\dfrac{3}{7}\boldsymbol{j}+\dfrac{6}{7}\boldsymbol{k}$

이고 $\mathbf{n}\cdot\boldsymbol{k}=\left(\dfrac{2}{7}\boldsymbol{i}+\dfrac{3}{7}\boldsymbol{j}+\dfrac{6}{7}\boldsymbol{k}\right)\cdot\boldsymbol{k}=\dfrac{6}{7}$ 이므로 $\dfrac{dxdy}{|\mathbf{n}\cdot\boldsymbol{k}|}=\dfrac{7}{6}dxdy$ 이다.

또한 $z=\dfrac{12-2x-3y}{6}$ 이므로,

$$\mathbf{F}\cdot\mathbf{n}=(18z\boldsymbol{i}-12\boldsymbol{j}+3y\boldsymbol{k})\cdot\left(\frac{2}{7}\boldsymbol{i}+\frac{3}{7}\boldsymbol{j}+\frac{6}{7}\boldsymbol{k}\right)=\frac{36z-36+18y}{7}=\frac{36-12x}{7},$$

$$\iint_M \mathbf{F}\cdot\mathbf{n}\,dS=\iint_D \mathbf{F}\cdot\mathbf{n}\frac{dxdy}{|\mathbf{n}\cdot\boldsymbol{k}|}=\iint_R\left(\frac{36-12x}{7}\right)\frac{7}{6}dxdy=\iint_R(6-2x)dxdy.$$

R 위에 이 이중적분의 값을 구하기 위하여, x를 고정시키고 $y=0$ 으로부터 $y=\dfrac{12-2x}{3}$ 까지 y에 관하여 적분한 후에 $x=0$ 에서 $x=6$ 까지 x에 관하여 적분한다. 따라서

$$\int_{x=0}^6\int_{y=0}^{(12-2x)/3}(6-2x)dydx=\int_{x=0}^6\left(24-12x+\frac{4x^2}{3}\right)dx=24.$$

연습문제 5.1

1. $y=x$ 와 $y=x^2$ 은 $(0,0)$과 $(1,1)$에서 교차한다. $y=x^2$ 을 따라 선적분은

$$\int_0^1((x)(x^2)+x^4)dx+(x^2)(2x)dx=\int_0^1(3x^3+x^4)dx=\frac{19}{20}.$$

$(1,1)$ 에서 $(0,0)$ 에로의 $y=x$ 를 따라 선적분은

$$\int_1^0((x)(x)+x^2)dx+x^2dx=\int_1^0(3x^2)dx=-1.$$

따라서 $\int_R(xy+y^2)dx+x^2dy=\frac{19}{20}-1=-\frac{1}{20}.$

$M=xy+y^2$, $N=x^2$ 이라 두면

$$\begin{aligned}\iint_R\left(\frac{\partial N}{\partial x}-\frac{\partial M}{\partial y}\right)dxdy&=\iint_R\left[\frac{\partial}{\partial x}(x^2)-\frac{\partial}{\partial y}(xy+y^2)\right]dxdy\\&=\iint_R(x-2y)dxdy=\int_{x=0}^1\int_{y=x^2}^x(x-2y)dydx\\&=\int_{x=0}^1\left[\int_{x^2}^x(x-2y)dy\right]dx=\int_{x=0}^1[(xy-y^2)]_{x^2}^x\,dx\\&=\int_{x=0}^1(x^4-x^3)dx=-\frac{1}{20}\end{aligned}$$

2. $$\begin{aligned}\frac{1}{2}\int_C x\,dy-y\,dx&=\frac{1}{2}\int_0^{2\pi}(a\cos\theta)(b\cos\theta)-(b\sin\theta)(-a\sin\theta)d\theta\\&=\frac{1}{2}\int_0^{2\pi}ab(\cos^2\theta+\sin^2\theta)d\theta=\frac{1}{2}\int_0^{2\pi}abd\theta=\pi ab\end{aligned}$$

3. (a) OA를 따라 $y=0$, $dy=0$. 따라서

$$\int_0^{\pi/2}(0-\sin x)dx+(\cos x)(0)=\int_0^{\pi/2}-\sin x dx=-1.$$

AB를 따라 $x=\frac{\pi}{2}$, $dx=0$. 따라서 $\int_0^1(y-1)0+0dy=0.$

BO를 따라 $y=\frac{2x}{\pi}$, $dy=\frac{2}{\pi}dx$. 따라서

$$\int_{\pi/2}^0\left(\frac{2x}{\pi}-\sin x\right)dx+\frac{2}{\pi}\cos x dx=1-\frac{\pi}{4}-\frac{2}{\pi}.$$

그러므로 $\int_{\partial R}(y-\sin x)dx+\cos x\,dy=-\frac{\pi}{4}-\frac{2}{\pi}.$

(b) $M=y-\sin x$, $N=\cos x$라 두면 $\frac{\partial N}{\partial x}=-\sin x$, $\frac{\partial M}{\partial y}=1$. 따라서

$$\int_{\partial R}Mdx+Ndy=\iint_R\left(\frac{\partial N}{\partial x}-\frac{\partial M}{\partial y}\right)dxdy=\iint_R(-\sin x-1)dydx$$

$$= \int_{x=0}^{\pi/2}\left[\int_{y=0}^{x}(-\sin x - 1)dy\right]dx$$

$$= \int_{0}^{\pi/2}\left(-\frac{2x}{\pi}\sin x - \frac{2x}{\pi}\right)dx = -\frac{2}{\pi} - \frac{\pi}{4}.$$

4. $P(x, y) = xy$, $Q(x, y) = x - y$ 로 두면 $\dfrac{\partial Q}{\partial x} = 1$, $\dfrac{\partial P}{\partial y} = x$ 이므로

$$\int_{\partial R} xy\,dx + (x-y)dy = \iint_R \left(\frac{\partial Q}{\partial x} - \frac{\partial P}{\partial y}\right)dxdy = \int_0^1\int_1^3 (1-x)dydx$$

$$= \int_0^1 2(1-x)dx = 1.$$

5. C' 을 중심이 원점이고 반지름이 a 인 시계반대방향을 갖는 원이라 하고, R 을 C 와 C' 에 의하여 둘러싸인 영역이라 하자. 단, C' 이 C 에 포함될 수 있도록 a 를 택한다. 여기서 양의 방향으로의 R 의 경계는 $C \cup (-C')$ 이다. $P = \dfrac{-y}{x^2+y^2}$, $Q = \dfrac{x}{x^2+y^2}$ 라 두면 Green 정리에 의하여

$$\int_C P\,dx + Q\,dy + \int_{-C'} P\,dx + Q\,dy = \iint_R \left(\frac{\partial Q}{\partial x} - \frac{\partial P}{\partial y}\right)dxdy$$

$$= \iint_R \left[\frac{y^2-x^2}{(x^2+y^2)^2} - \frac{y^2-x^2}{(x^2+y^2)^2}\right]dxdy = 0$$

이므로 $\int_C Pdx + Qdy = \int_{C'} Pdx + Qdy$, 즉 $\int_C \boldsymbol{F} \cdot d\boldsymbol{r} = \int_{C'} \boldsymbol{F} \cdot d\boldsymbol{r}$.

따라서 $\boldsymbol{r}(t) = (a\cos t)\boldsymbol{i} + (a\sin t)\boldsymbol{j}$, $0 \le t \le 2\pi$ 로 주어진 곡선 C' 의 매개변수방정식을 이용하면

$$\int_C \boldsymbol{F} \cdot d\boldsymbol{r} = \int_{C'} \boldsymbol{F} \cdot d\boldsymbol{r} = \int_0^{2\pi} \boldsymbol{F}(\boldsymbol{r}(t)) \cdot \boldsymbol{r}'(t)dt$$

$$= \int_0^{2\pi} \frac{(-a\sin t)(-a\sin t) + (a\cos t)(a\cos t)}{a^2\cos^2 t + a^2\sin^2 t}dt = 2\pi.$$

6. $x = a\cos\theta$, $y = a\sin\theta$ 라 두면,

$$\int_{\partial R} Pdx + Qdy = -2a^4\int_0^{2\pi}\sin^2\theta\cos^2\theta\,d\theta = -\frac{\pi a^4}{2}.$$

$$\iint_R \left(\frac{\partial Q}{\partial y} - \frac{\partial P}{\partial x}\right)dxdy = \iint_R (-y^2 - x^2)\,dxdy = -\iint_R r^2 \cdot rdr\,d\theta$$

$$= -\int_0^{2\pi}\int_0^a r^3\,dr\,d\theta = -\frac{\pi a^4}{2}.$$

연습문제 5.2

1. C를 매개변수방정식으로 표시하면, $\mathbf{r}(t)=(\cos t)\boldsymbol{i}+(\sin t)\boldsymbol{j}+2\boldsymbol{k}$이고, C는 평면 $z=2$ 에서

단위원반 M : $x^2+y^2\le 1$의 경계가 됨은 분명하다. 따라서 $\int_{\partial C}\mathbf{F}\cdot d\mathbf{r}=\iint_{\mathrm{M}}\mathrm{curl}\,\mathbf{F}\cdot d\mathbf{S}$

가 성립한다. 한편 $\mathbf{n}=\boldsymbol{k}$이고

$$\mathrm{curl}\,\mathbf{F}=\begin{vmatrix}\boldsymbol{i} & \boldsymbol{j} & \boldsymbol{k}\\ \dfrac{\partial}{\partial x} & \dfrac{\partial}{\partial y} & \dfrac{\partial}{\partial z}\\ z-2y & 3x-4y & z+3y\end{vmatrix}=3\boldsymbol{i}+\boldsymbol{j}+5\boldsymbol{k}$$

이므로 $\iint_{\mathrm{M}}\mathrm{curl}\,\mathbf{F}\cdot d\mathbf{S}=\iint_{\mathrm{M}}\mathrm{curl}\,\mathbf{F}\cdot\mathbf{n}d\mathbf{S}=\iint_{\mathrm{M}}5d\mathbf{S}=5\pi.$

2. M의 경계 C는 원점을 중심으로 하고 반지름이 1인 xy평면 안의 한 원이다. $x=\cos t$, $y=\sin t$, $z=0\ (0\le t<2\pi)$을 C의 매개방정식이라 하자. 그러면

$$\int_{\partial C}\mathbf{F}\cdot d\mathbf{r}=\int_{\partial C}(2x-y)dx-yz^2dz-y^2zdz=\int_0^{2\pi}(2\cos t-\sin t)(-\sin t)dt=\pi$$

또한 $\nabla\times\mathbf{F}=\begin{vmatrix}\boldsymbol{i} & \boldsymbol{j} & \boldsymbol{k}\\ \dfrac{\partial}{\partial x} & \dfrac{\partial}{\partial y} & \dfrac{\partial}{\partial z}\\ 2x-y & -yz^2 & -y^2z\end{vmatrix}=\boldsymbol{k}.$

한편 $\mathbf{n}\cdot\boldsymbol{k}dS=dxdy$이고 R은 xy평면 위에 M의 사영이므로,

$$\iint_{\mathrm{M}}(\nabla\times\mathbf{F})\cdot\mathbf{n}\,dS=\iint_{\mathrm{M}}\boldsymbol{k}\cdot\mathbf{n}\,dS=\iint_R dxdy=\pi.$$

따라서 Stoke 정리는 증명된다.

4. $\iiint_V\nabla\cdot\mathbf{F}dV=\iiint_V\left[\dfrac{\partial}{\partial x}(4x)+\dfrac{\partial}{\partial x}(-2y^2)+\dfrac{\partial}{\partial z}(z^2)\right]dV$

$$=\iiint_V(4-4y+2z)dV=\int_{x=-2}^{2}\int_{y=-\sqrt{4-x^2}}^{\sqrt{4-x^2}}\int_{z=0}^{3}(4-4y+2z)dz\,dy\,dx=84\pi$$

원주의 곡면 M은 아랫면 $S_1(z=0)$, 위쪽면 $S_2(z=3)$와 볼록부분 $S_3(x^2+y^2=4)$를 구성하므로

$$\iint_{\mathrm{M}}\mathbf{F}\cdot\mathbf{n}\,dS=\iint_{\mathrm{M}_1}\mathbf{F}\cdot\mathbf{n}\,dS_1+\iint_{\mathrm{M}_2}\mathbf{F}\cdot\mathbf{n}\,dS_2+\iint_{\mathrm{M}_3}\mathbf{F}\cdot\mathbf{n}\,dS_3.$$

$\mathrm{M}_1(z=0)$에 대해, $\mathbf{n}=-\boldsymbol{k}$, $\mathbf{F}=4x\boldsymbol{i}-2y^2\boldsymbol{j}$ 그리고 $\mathbf{F}\cdot\mathbf{n}=0$. 따라서

$$\iint_{\mathrm{M}_1}\mathbf{F}\cdot\mathbf{n}\,d\mathrm{M}_1=0.$$

$\mathrm{M}_2(z=3)$에 대해 $\mathbf{n}=\boldsymbol{k}$, $\mathbf{F}=4x\boldsymbol{i}-2y^2\boldsymbol{j}+9\boldsymbol{k}$ 그리고 $\mathbf{F}\cdot\mathbf{n}=9$.

M_2 의 넓이는 4π 이므로, $\iint_{M_2} \mathbf{F}\cdot\mathbf{n}\,dM_2 = 9\iint_{M_2} dM_2 = 36\pi$.

$M_3(x^2+y^2=4)$ 에 대해, $\nabla(x^2+y^2) = 2x\boldsymbol{i}+2y\boldsymbol{j}$ 이므로 $\mathbf{n} = \dfrac{2x\boldsymbol{i}+2y\boldsymbol{j}}{\sqrt{4x^2+4y^2}} = \dfrac{x\boldsymbol{i}+y\boldsymbol{j}}{2}$. 그러므로 $\mathbf{F}\cdot\mathbf{n} = (4x\boldsymbol{i}-2y^2\boldsymbol{j}+z^2\boldsymbol{k})\cdot\left(\dfrac{x\boldsymbol{i}+y\boldsymbol{j}}{2}\right) = 2x^2-y^3$.

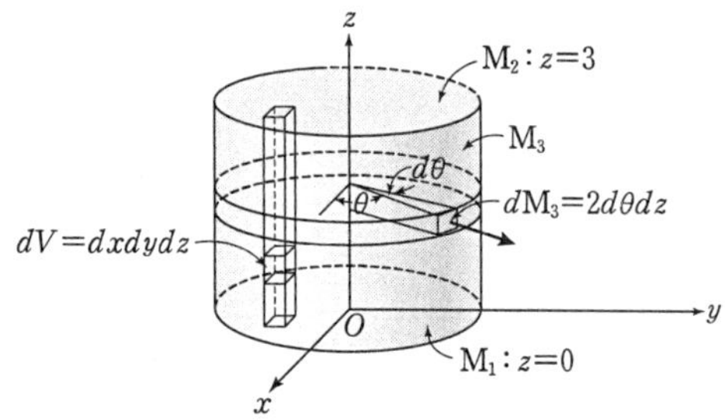

위의 그림으로부터, $x=2\cos\theta$, $y=2\sin\theta$, $dM_3 = 2d\theta dz$. 따라서

$$\iint_{M_3} \mathbf{F}\cdot\mathbf{n}\,dM_3 = \int_{\theta=0}^{2\pi}\int_{z=0}^{3} [2(2\cos\theta)^2 - (2\sin\theta)^3]2\,dzd\theta$$

$$= \int_{\theta=0}^{2\pi} (48\cos^2\theta - 48\sin^3\theta)d\theta = \int_{\theta=0}^{2\pi} 48\cos^2\theta d\theta = 48\pi.$$

그러므로 $\iint_M \mathbf{F}\cdot\mathbf{n}\,dM = 0+36\pi+48\pi = 84\pi$.

5. $\mathrm{div}\mathbf{F} = 4z-y$ 이므로

$$\iint_S \mathbf{F}\cdot\mathbf{n}dS = \iiint_W (4z-y)dzdxdy = \int_0^1\int_0^1\int_0^1 (4z-y)dzdydx$$

$$= \int_0^1\int_0^1 (2-y)dydx = \frac{3}{2}.$$

6. R 를 xy 평면 위의 곡면 M 의 정사영이라 하고, $\iint_R \mathbf{F}\cdot\mathbf{n}\dfrac{dxdy}{|\mathbf{n}\cdot\boldsymbol{k}|}$ 를 구하면 된다. 곡면 $2x+3y+6z=12$ 에 수직인 하나의 벡터는 $\nabla(2x+3y+6z) = 2\boldsymbol{i}+3\boldsymbol{j}+6\boldsymbol{k}$ 이므로 S 의 단위법벡터는 $\mathbf{n} = \dfrac{2\boldsymbol{i}+3\boldsymbol{j}+6\boldsymbol{k}}{\sqrt{2^2+3^2+6^2}} = \dfrac{2}{7}\boldsymbol{i}+\dfrac{3}{7}\boldsymbol{j}+\dfrac{6}{7}\boldsymbol{k}$.

$\mathbf{n}\cdot\boldsymbol{k} = \left(\dfrac{2}{7}\boldsymbol{i}+\dfrac{3}{7}\boldsymbol{j}+\dfrac{6}{7}\boldsymbol{k}\right)\cdot\boldsymbol{k} = \dfrac{6}{7}$ 이므로 $\dfrac{dxdy}{|\mathbf{n}\cdot\boldsymbol{k}|} = \dfrac{7}{6}dxdy$ 를 얻는다. 또한

$\mathbf{F}\cdot\mathbf{n} = (18z\boldsymbol{i}-12\boldsymbol{j}+3y\boldsymbol{k})\cdot\left(\dfrac{2}{7}\boldsymbol{i}+\dfrac{3}{7}\boldsymbol{j}+\dfrac{6}{7}\boldsymbol{k}\right) = \dfrac{36-12x}{7}$ 이므로

$$\iint_S \mathbf{F}\cdot\mathbf{n}\,d\boldsymbol{S} = \iint_R \mathbf{F}\cdot\mathbf{n}\frac{dxdy}{|\boldsymbol{n}\cdot\boldsymbol{k}|}$$

$$= \iint_R \left(\frac{36-12x}{7}\right)\frac{7}{6}dxdy = \iint_R (6-2x)dxdy.$$

이중적분을 구하기 위하여, x를 고정시키고 $y=0$으로부터 $y=\dfrac{12-2x}{3}$ 까지 y에 관하여 적분한 후에 $x=0$에서 $x=6$까지 x에 관하여 적분하면

$$\int_0^6\int_0^{\frac{12-2x}{3}}(6-2x)dydx=\int_0^6\left(24-12x+\frac{4x^2}{3}\right)=24.$$

그러므로 $\iint_S \boldsymbol{F}\cdot\boldsymbol{n}\,d\boldsymbol{S}=24$. 한편 위 그림에서 반대되는 단위법벡터 $\mathbf{n}$을 택하면 -24를 얻는다.

7. (3) $\mathbf{F}=x^3\boldsymbol{i}+y^3\boldsymbol{j}+z^3\boldsymbol{k}$의 발산은 $\mathrm{div}\,\mathbf{F}=3x^2+3y^2+3z^2$
발산정리에 의하여 $\iint_{\partial B}\mathbf{F}\cdot d\boldsymbol{S}=\iiint_B \mathrm{div}\,\mathbf{F}dV=3$.

ㅇ

ㅈ

ㅊ

ㅋ

ㅍ

ㅎ

기타

벡터해석

지은이 황석윤
펴낸이 조경희
펴낸곳 경문사
펴낸날 2013년 9월 1일 1판 1쇄
2017년 3월 2일 1판 2쇄
등 록 1979년 11월 9일 제 313-1979-23호
주 소 04057, 서울특별시 마포구 와우산로 174
전 화 (02) 332-2004 팩스 (02) 336-5193
이메일 kyungmoon@kyungmoon.com
facebook facebook.com/kyungmoonsa

값 16,000원

ISBN 978-89-6105-275-7